KB063523

1년에
1000만 원,
모을 수 있을까?

1년에 1000만 원 모은다!

초절약 살림법

1년에 1000만 원 모은다!

초절약 살림법

조윤경 지음

책밥

intro.

매달 저축을 하지만, 매일 궁핍하게 살기 싫은 당신이

'1년에 1000만 원 모으는 마법 같은 살림 노하우!'

누구나 알뜰하게 살림해서 집도 사고 차도 바꾸는 행복한 미래를 꿈꿉니다.

하지만 특별히 사치하는 타입도 아닌데 저축은 쉽지 않습니다. 주말이면 남들처럼 외식도 하고 싶고, 일 년에 한두 번 해외여행도 가고 싶습니다. '티끌 모아 티끌'이라는 말처럼 푼돈 아낀다고 부자 될 것 같지도 않아 소비를 줄이고 싶지도 않습니다. 한 달에 몇천 원 아끼려고 매번 콘센트 뽑고, 난방비 아낀다고 창문마다 뽁뽁이 붙여가며 살고 싶지도 않습니다. 그러다 보니 우리 집 가계부는 이달에도 결국… 적자입니다. 요즘 주부들의 마음은 누구 하나 다를 바 없다고 생각합니다. 남들에게 인정받는 당당하고 화려한 삶이 우선입니다. 1000원짜리 지폐 한 장을 아끼는 것은 바람직한 자세이자 알뜰한 면모로 비칠 수 있으나, 그럼에도 쓰고 싶은 마음은 마찬가지죠. 아등바등 사는 궁핍한 모습을 타인에게 보이며 살고 싶지는 않습니다. 저는 물론이고 모든 사람이 똑같은 마음을 지녔다는 확신에서 이번 책의 내용을 정리하기 시작했고, 이에 도움 될 수 있는 내용을 최대한 담고자 했습니다.

쓸 데 쓰면서 똑똑하게 아끼는 초절약 살림법을 알려드립니다.

절약은 돈을 안 쓰는 것이 아니라 낭비되는 돈을 모아 꼭 필요한 곳에 쓰는 것입니다. 소비전력이 큰 가전 사용법만 검토해도 연간 30만 원 이상의 전기요금을 절약할 수 있고, 가치소비와 알뜰소비를 겸하면 품격 있으면서 실속 갖춘 쇼핑을 할 수 있습니다. 게다가 통장을 쪼개면 절약하지 않아도 매월 자동으로 저축하는 구조를 갖출 수도 있지요.

'돈은 쓰려고 버는 것인데, 쓸 데 쓰면서 똑똑하게 절약할 수 있는 방법은 없을까?'라는 생각에 **생활에서 발견한 모든 절약 원칙을 빈틈없이 적용해보았습니다.** 필요 없는 물건을 충동 구매하던 잘못된 소비 습관을 점검하고 낭비를 줄이니 지출이 줄고 저축은 늘어났습니다. 그뿐인가요. 살림이 간소해지면서 수납과 청소 등 모든 과정 역시 효율성이 훨씬 높아져 몸의 피로마저 줄었습니다. 그동안 몇 권의 저서를 통해 수납과 살림법을 소개하고 매번 큰 호응을 받을 때마다 진심으로 뿌듯한 마음이 들었습니다. 이번 책에서는 **기존의 살림 노하우를 바탕으로 해서 점점 더 힘들어지기만 하는 모든 가정의 경제에 도움 되는, 신개념 절약 살림법을 소개하고자 합니다.**

더욱 실용적이고 탄탄해진 털팽이의 절약 노하우.
'1년에 1000만 원 모으는 절약 살림법'을 함께 시작해볼까요?

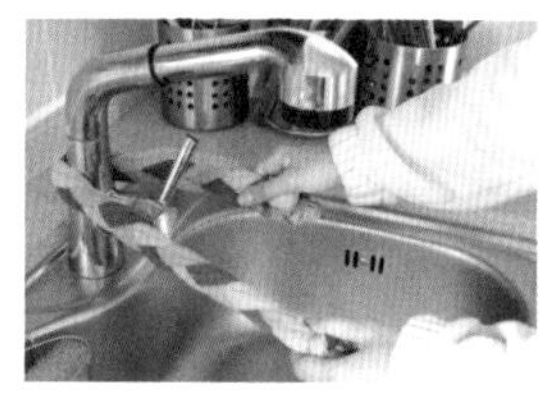

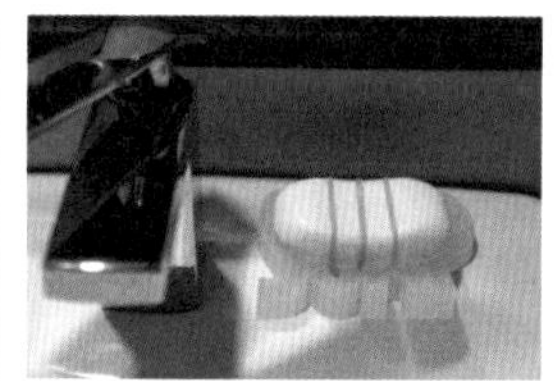

초절약 살림, 결코 어렵지 않습니다!
제 일상의 절약 살림법에 관한 몇 가지 모습을 담아보았습니다. '왜 그렇게까지 하면서 신경 써야 하나'라고 생각할 수도 있습니다. 하지만 생활 비용을 줄이려면 나와 가족의 작은 실천이 뒤따라야 합니다. 사실 이런 실천과 작은 변화들은 우리 모두가 걱정하는 환경문제와도 직결된 부분이니, 도전해볼 가치가 충분하지 않은가요?

'초절약 살림법', 이런 분들에게 필요합니다.

1

사치하는 타입도 아닌데 돈이 모이지 않는 **주부**

2

식비보다 외식비를 **더 많이 쓰는 워킹맘**

3

매달 벌렁거리는 마음으로 카드 명세서를 **확인하는 주부**

4

카페의 '핫딜 게시판'에 **알람을 설정해둔 사람**

5

1000원짜리 물건으로 스트레스 쇼핑하는 **다이소 VIP**

6

오늘 번 돈을 오늘 탕진해버리는 **싱글족**

7

창고형 할인 마트가 쇼핑 주력지!

버리고 나눠주는 물건이 더 많은 사람

8

그래도 절약해서 부자가 되고 싶은 **모든 사람!**

절약 생활의 **포인트**

1
목표를 먼저 세운 뒤 저축하세요.

돈은 쓰기 위해 벌고, 저축도 쓰기 위해 모으는 법입니다. 돈을 모으는 목표가 명확해야 절약도 즐거워집니다.

2
자동으로 돈이 모이는 시스템부터 만드세요.

주먹구구식으로 대충 쓰고 남은 돈을 저축하려고 하면 절대 돈을 모을 수 없어요. 저축 계좌와 지출 계좌를 구분한 후 월수입의 25~30%를 우선 저축하고, 남은 생활비를 적절히 배분하면 저축 의지와 상관없이 자동적으로 돈이 모입니다.

3
불필요한 소비를 줄이세요.

돈은 버는 것보다 쓰는 것이 더 중요합니다. 지갑에서 돈을 꺼낼 때마다 꼭 필요한 소비인지, 자신에게 반드시 물어보세요.

4
생활 속의 소소한 낭비를 줄여보세요.

양치질할 때 물을 틀어두는 등의 소소한 낭비부터 의식적으로 줄여보세요. 귀찮게 느껴지던 일도 꾸준히 반복하면 습관이 되고, 작은 절약 습관이 모여 큰 절약으로 연결됩니다.

contents

CHAPTER 03

Zero-cost Housekeeping

청소·세탁·수납·재활용까지, 생활비 걱정 확 줄이는

365일 가사

CHAPTER 04

Save on Utility charges

에너지 절약의 포인트는 낭비되는 물·불·전기 줄이기!

공공요금 다이어트

CHAPTER 05

Be a Master of Shopping

잘못된 소비 습관부터 바로잡는다

절약 고수 쇼핑법

CHAPTER
06

From Savings Comes Having

벌고, 아끼고, 불린다! 연간 1000만 원 모으는
저축의 기술

CHAPTER

01

Basic : Economic Housekeeping

일상의 작은 습관들을 바꾸는 데에서 시작한다!

1년에 1000만 원 모으는 절약 살림법

하루는 남편에게 결혼 18년 차인 제 살림 점수를 물어보았습니다. "요리는 100점, 청소는 80점, 세탁은 40점!" 세탁은 왜 40점이냐고 따졌더니, 남편은 세탁소에서 드라이클리닝한 옷을 입고 싶은데 제가 어떻게든 돈 안 들이면서 해결하려고 하기 때문이랍니다. 외벌이로 아파트와 상가를 마련하기까지 세탁, 청소는 물론 매일 식사와 간식, 야식까지 돈 들이지 않고 내 손으로 만들었습니다. 남편이 벌어다 주는 월급은 한 푼도 헤프게 쓰지 않기 위해 가계부를 적으며 지출을 반성했습니다. 돈만 내면 주부의 수고도 덜 수 있는 시대지만, 주부가 손품을 들이고 지혜를 모으면 절약도 되고 살림의 재미까지 재발견할 수 있답니다. 돈이 모이지 않는 것은 우리 가정의 수익, 즉 월급이 적어서가 아닙니다. 무심코 돈을 쓰는 잘못된 습관만 고쳐도 누구나 '절약형 인간'이 될 수 있습니다. 우선 절약 살림의 3단계부터 익혀볼까요? 이를 시작으로 낭비 없는 절약 살림의 고수가 되어봅시다.

절약 살림, **'숨은 낭비'를 줄이는 데에서 시작한다**

절약이란 숨은 낭비를 줄여 꼭 필요한 곳에 돈을 쓰는 것입니다. 30년 동안 번 돈으로 출산과 내 집 마련, 자녀 교육과 노후 자금까지 60년을 대비하려면 낭비를 줄여 돈을 비축해두어야 합니다. 따라서 절약은 돈을 쓰지 않는 것이 아니라 낭비를 줄여 돈을 현명하게 쓰는 것입니다.

지출은 저축과 고정비, 변동비 3가지 항목으로 구분된다

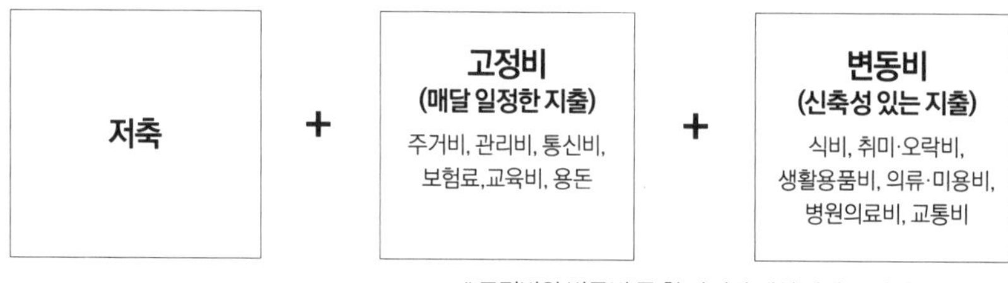

* 고정비와 변동비 중 한 가지만 새어 나가도 낭비가 됩니다.

절약 살림법이란 지출의 3가지 항목인 저축, 고정비, 변동비가 새어나가지 않도록 관리해 낭비 없는 살림을 하는 것입니다. 즉 **step** ① 자동 저축 구조를 통해 수입의 30%를 먼저 저축하여 저축을 늘립니다. **step** ② 매달 정해진 지출인 고정비 항목을 재검토하여 고정비를 줄이고, **step** ③ 필요한 물건만 저가에 구입해 소진하는 '목적·저가·소진 구매'를 통해 변동비를 줄입니다.

초절약 살림법 3단계의 핵심은?

Step 1

선저축

↓

자동 저축 구조

저축 의지와 상관없이
자동으로 돈이 모인다.

저축

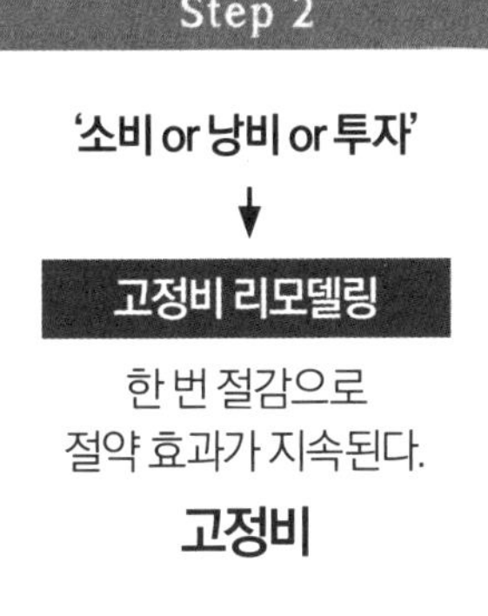

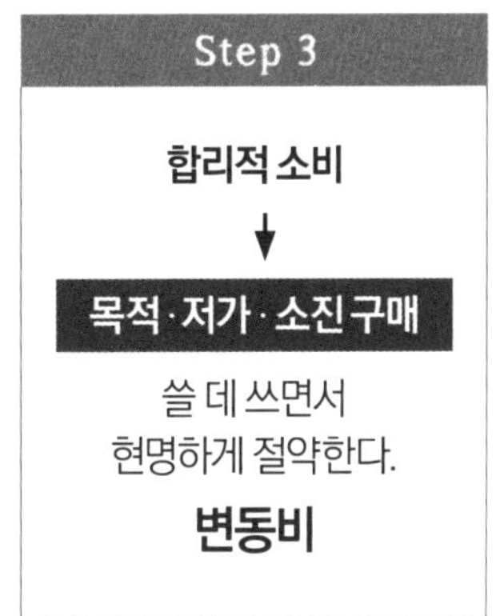

자동 저축 구조로 선저축

'선저축 후소비'의 '자동 저축 구조'로 바꾸면 매월 자동으로 돈이 모입니다. 계좌는 저축통장+고정비통장+변동비통장으로 나누고 ①월급의 25% 이상을 저축통장으로 자동이체해 선저축 하고, ②고정비 이체 후 ③남은 돈을 변동비통장으로 이체해 후소비 합니다.

고정비 리모델링이 필수!

보험이나 휴대전화비와 같은 고정비는 매달 정해진 금액이 나가기 때문에 한번 절감으로 절약 효과가 지속됩니다. 따라서 지출을 줄이기 위해서는 고정비 리모델링을 통해 불필요한 고정비부터 절감하는 것이 효율적입니다. 한 달 동안의 고정비를 가계부에 적고 '소비, 낭비, 투자'의 3가지 척도로 불필요한 항목을 가려낸 뒤 절감합니다.

변동비 줄이기

자유지출, 즉 변동비를 너무 줄이면 생활의 재미가 사라질 수 있습니다. 그런 만큼 절약의 포인트는 '소비 억제'가 아닌 '목적·저가·소진 구매'를 통한 합리적 소비입니다. 즉 쓸데없는 물건이 아닌 꼭 필요한 물건만 구입하고(목적), 좋은 품질의 물건을 10원이라도 싸게 구입하며(저가), 필요한 만큼만 구입해 남기지 않고 다 쓰는 것(소진)입니다.

저축이 늘고 고정비와 변동비가 절감되어 낭비 없는 살림을 하는 생활

초절약 살림법

Basic : Economic Housekeeping **02**

초절약 살림법의 **3단계 매뉴얼**

가계를 주먹구구식으로 운영하다 보면 새어나가는 지출을 관리하기가 쉽지 않습니다. 절약 살림법의 3가지 포인트인 자동 저축 구조, 고정비 리모델링, 목적·저가·소진 구매를 차근차근 실천하면 낭비를 줄이고 합리적으로 소비하는 절약 살림의 고수가 될 수 있습니다.

Step 1 자동 저축 구조 만들기

세상에 남는 돈이란 없다.

쓸 것 다 쓰고 남는 돈으로 저축한다면 게임 끝! 인간은 통장에 있는 돈을 다 써도 만족할 수 없는 존재이기 때문에, 쓰고 남은 돈으로 저축한다는 것은 고양이에게 생선을 맡기는 것과 같습니다.

'선저축 후소비'로 강제 저축한다.

절약 살림의 첫 단추는 선저축 후소비, 즉 저축하고 남은 돈으로 지출하는 것입니다. 돈의 흐름만 바꾸어도 자동으로 돈이 모입니다.

수입 - 지출 = 저축 [돈이 모이지 않는다]

↓ **돈의 흐름을 바꾼다**

수입 - 저축 = 지출 [자동으로 돈이 모인다]

자동 저축 구조 실행하는 법

1 3개의 계좌를 준비한다.

· 월급통장(=변동비통장, 체크카드 연계)
· 저축통장
· 고정비통장

2 저축 : 고정비 : 변동비 = 3 : 4 : 3

일반적으로 수입은 저축 30% : 고정비 40% : 변동비 30%로 배분하는 것이 가장 이상적입니다. 상황에 휩쓸리지 않고 매달 수입의 30%를 자동이체로 강제 저축합니다.

3 돈의 흐름을 만든다

· 월급날, 월급 30% 이상을 저축통장에 자동이체
· 고정비를 고정비통장에 이체
· 남은 돈은 체크카드를 이용해 변동비(생활비)로 사용

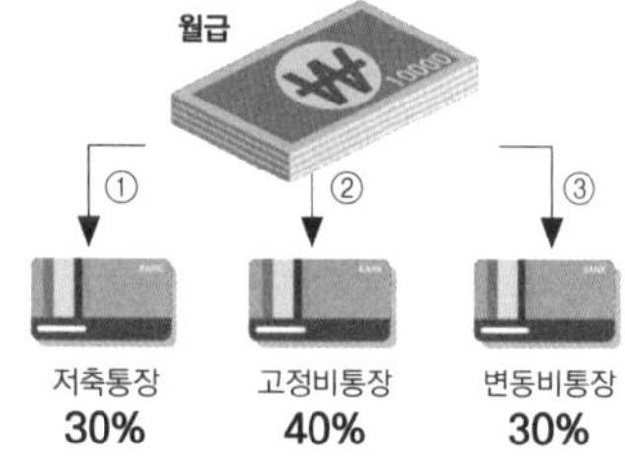

© GettyImagesBank

월급 400만 원 기준이라면?

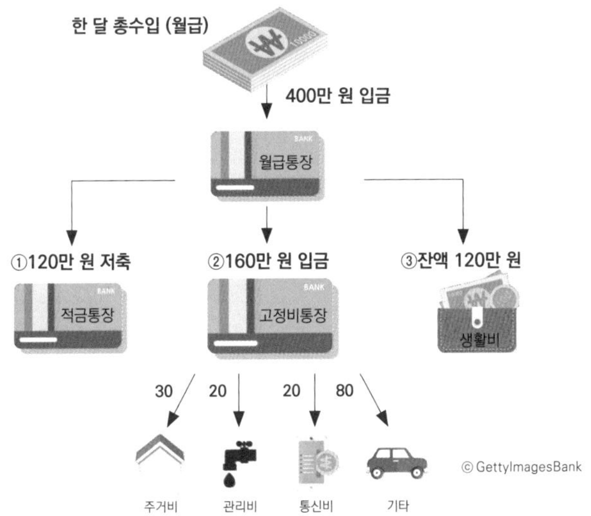

© GettyImagesBank

Step 2 고정비 리모델링하기

숨만 쉬어도 사라지는 돈은 얼마?

고정비는 소비 행동을 하지 않아도 지불해야 하는 비용입니다. 집과 차, 각종 보험을 유지하기 위해 필요한 돈은 가구당 월평균 200만 원 내외! 불필요한 고정비를 줄이면 적은 돈으로도 살 수 있어 삶이 홀가분해집니다.

고정비 리모델링으로 인색하지 않게 절약한다.

식비나 외식비, 의복비 등의 변동비는 매 순간 아껴야 줄일 수 있습니다. 반면에 고정비는 매달 지불되는 비용이기 때문에 한 번의 절감만으로도 지출을 지속적으로 줄일 수 있습니다.

줄여야 할 고정비 : WORST 3

1 도박과 다름없는 고액의 생명보험

보험과 도박은 같은 구조입니다. 암보험의 경우, 암에 걸릴 확률이 30%라면 암에 걸리지 않는 70%는 보험사에 고액의 돈을 잃게 되고, 암에 걸린 30%만 돈을 버는 도박과 다름없는 고위험 투자입니다. 또한 보험은 사업비 명목으로 원금을 돌려받기가 어렵고, 보험사에 유리한 세부 약관 때문에 불상사가 생겼을 때 별 도움이 안 되는 경우도 비일비재하므로 검토가 필요합니다.

2 주머니 사정에 맞지 않는 주거비

월세나 주택대출의 적정 비중은 월급의 10%, 주거비가 월급의 30%를 초과하면 저축을 방해하기 때문에 검토하는 것이 좋습니다.

3 학습 의욕이 없는 자녀의 학원비

학습 의욕이 없는 아이에게 성적 향상을 기대하며 학원비를 과소비하는 것은 낭비입니다. 학원을 보내는 이유가 성적 향상인지 맞벌이로 인한 돌봄 문제 때문인지 파악하고 목적에 맞는 학원을 선택해 합리적인 비용을 지불하는 것이 필요합니다.

털팽이의 7월 고정비

항목	금액	분류	절감
* 관리비			
전기	58,710	(낭비)	15,000 ↓
급탕	28,180	(낭비)	10,000 ↓
수도	11,280	(소비)	
* 통신비			
휴대폰(남편)	56,100	(낭비)	26,500 ↓
(나)	29,600	(소비)	
(진이)	10,780	(소비)	
TV·인터넷	29,600	(소비)	
* 보험료			
CI	162,716	(낭비)	162,716 ↓
실비	172,230	(투자)	
암보험	50,000	(낭비)	50,000 ↓
치아 라이나	32,900	(투자)	
* 교육비			
진이 영어학원	230,000	(투자)	
수학학원	280,000	(투자)	
권이 수학과외	400,000	(낭비)	12만 원 ↓

합 계 1,552,196 원
- 384,216 원 절감
= 1,167,980 원

총 25% 절감!

(털팽이의 한 달 고정비 절감 예)

고정비 리모델링 실행법

1 가계부에 한 달 동안 지불해야 하는 고정비를 적는다.

주거비(주택대출상환, 월세 등),
관리비(경비비, 전기·가스·수도요금),
통신비(전화, 인터넷, TV),
보장성보험, 교육비 등 매달 고정적으로 나가는 지출

2 '소비, 낭비, 투자'의 3가지 척도로 불필요한 항목을 가려낸다.

예를 들어 케이블 TV 시청료는 살아가는 데 필요한 지출인 '소비'다. 하지만 채널이 많아 채 보지도 못하는 다채널의 TV 시청료는, 쓴 돈에 비해 누리는 혜택이 적기 때문에 결국은 '낭비'다.

3 '낭비'인 경우 절감한다.

낭비로 분류된 항목은 비용을 줄이거나 삭제해 고정비를 절감한다.

돈의 3가지 척도란?

소비
일상생활에 필요한 지출
비용 = 가치
1만 원을 지불하면
1 만 원의 가치를 얻을 수 있다.

낭비
없어도 살 수 있는 지출
비용 〉 가치
사라지는 돈

투자
미래를 위한 지출
비용 〈 가치
1만 원을 지불하면 향후
1만 원 이상의 보상을 받을 수 있다.

 〈 

© GettyImagesBank

Step 3 목적에 따른 저가 & 소진 구매를 실천할 것

변동비 지출의 포인트는 '소비 억제'가 아닌 '합리적 소비'

식비나 외식비, 의복비 등의 변동비를 줄이려면 매 순간 절약해야 해서 스트레스가 쌓이고 생활이 궁핍해진다. 그래서 변동비를 현명하게 절약하려면 소비 억제가 아닌 '목적·저가·소진 구매'를 통해 합리적으로 소비해야 한다.

절약 ≠ 인색

절약이라면 한 가지 반찬에 밥을 먹는다든지, 빗물을 받아 빨래를 하는 등 궁상맞은 생활을 떠올리기 쉽다. 하지만 극단적으로 아끼는 것은 인색한 것이지 결코 절약이 아니다.

	절약	인색
슈퍼	시식을 하고 구입을 결정한다.	시식으로 배를 채운다.
호텔	치약, 빗, 티백 등 사용하지 않은 어메니티를 가져온다.	목욕 가운과 수건을 가져온다.
화장실	휴지는 큰 것을 10칸, 작은 것은 4칸만 사용한다.	휴지 4칸으로 코를 먼저 푼 다음 밑을 닦는다.
패스트푸드점	모바일 앱에서 쿠폰을 지참해 구입한다.	해피밀은 내가 먹으려고 주문한다.
집	주스는 저렴한 과일로 직접 만든다.	시판 주스를 물에 희석해 마신다.

절약 생활은?
꼭 필요한 곳에 쓰기 위해 낭비를 줄이는 것.

인색한 생활은?
돈을 쓰지 않는 것 자체가 목적. 본인도 스트레스 받고, 타인에게도 불쾌감을 주게 되는 상황.

필요한 물건만 '목적 구매' 한다

남자는 필요한 물건을 비싸게 사고 여자는 불필요한 물건을 싸게 산다는 말이 있습니다. 누가 더 낭비한 것일까요? 당연히 여자입니다. 아무리 싸게 사더라도 필요 없는 물건을 구입하는 것은 낭비이기 때문입니다.

마트를 멀리한다.

마트에 가서 돈 한 푼 쓰지 않고 나오는 것은 고문! 눈에 띄는 곳에 이벤트성 물건을 진열해 충동구매를 유도하기 때문이다. 따라서 마트 가는 횟수만 줄여도 변동비를 절약할 수 있다.

쇼핑 리스트를 작성한다.

막연히 '뭔가 사고 싶다'는 생각으로 쇼핑하다 보면 쓸데없는 물건을 사게 된다. 옷을 사고 싶다면 우선 옷장을 검토하고 먹을 것이라면 냉장고를 살핀 뒤 쇼핑 리스트를 작성해 구입한다.

첫눈에 반한 물건은 바로 사지 않는다.

쉽게 반한 물건은 그만큼 쉽게 싫증나기 마련이다. 사고 싶은 물건이 있다면 최소한 하룻밤에서 1주일 정도 구입을 검토해야 충동구매를 줄일 수 있다.

좋은 품질의 물건을 '저가 구매'한다

절약은 저렴한 물건을 사는 것이라고 생각하기 쉽지만 가격이 싸더라도 쉽게 망가진다면 절약이 아닙니다. 오히려 물건값이 좀 비싸더라도 품질이 우수해 오래 사용한다면 결과적으로 돈을 절약하는 것입니다.

오래 쓸 수 있는 물건을 고른다.

값싼 물건을 자주 사는 사람은 비싼 물건을 신중하게 사는 사람보다 더 많은 돈을 쓰게 된다. 2배 비싸더라도 품질 좋은 물건을 사면, 쓰는 동안도 기분 좋고 오래 쓸 수 있어 더욱 절약할 수 있다.

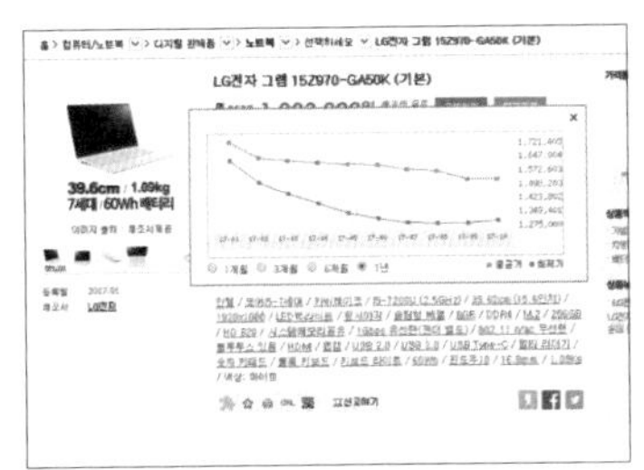

최저가도 변한다.

구매 시기에 따라 최저가도 낮출 수 있다. 예를 들어 에어컨은 성수기에 가격이 상승하고 선풍기는 성수기에 가격이 하락한다. '다나와', '네이버쇼핑' 등으로 가격 동향을 검색하면 최저가도 낮출 수 있다.

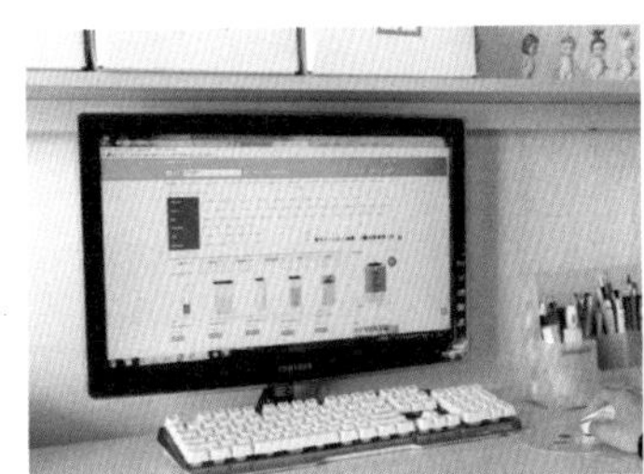

모바일보다는 PC로 구매한다.

PC에서는 큰 창을 통해 신중히 구입하지만, 손바닥만 한 모바일은 검색이 불편해 서둘러 구입하기 쉽다. 귀차니즘은 호갱되는 지름길, 꼼꼼한 쇼핑을 위해서는 PC를 켜자.

남기지 않고 '소진'한다

구입한 물건을 남기지 않고 사용하는 것이야말로 절약의 기본입니다. 좋은 물건을 싼값에 구입했더라도 남아서 버린다면 돈을 낭비한 것이므로 절약을 위해서는 끝까지 알뜰하게 사용하는 것이 필수입니다.

대량구매를 하지 않는다.

'대량구매=이득'이라 생각하지만 썩지 않는 생활용품이라도 몇 년간 쓸 양을 쌓아두는 것은 공간 낭비다. 신선식품이라면 더더욱 필요한 만큼만 구입해 소진하는 것이 절약이다.

신선식품은 저장성을 높인다.

생고기와 양념육 중 더 오래 보관할 수 있는 것은 양념육. 소금, 간장, 술, 식초 등 정균작용을 하는 조미료로 양념하면 식재료의 저장기간이 급격히 늘어나 수명을 연장할 수 있다.

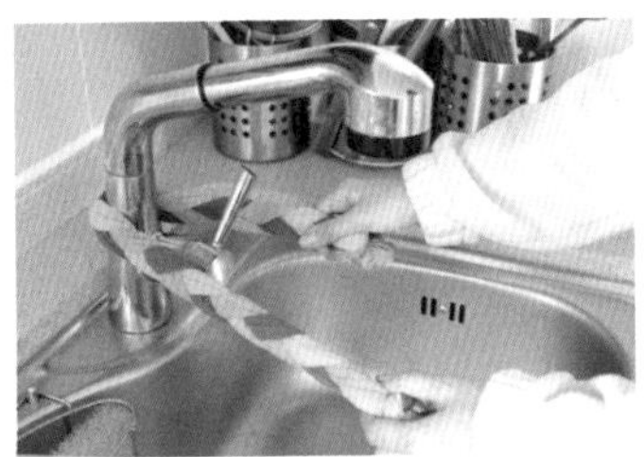

쓰지 않는 물건은 재활용한다.

오래된 물건을 리폼하거나 중고 제품을 판매하는 것은 자원 재순환의 시작이다. 쓰레기를 줄일 수 있고 제품 생산에 필요한 에너지와 자원을 아끼게 되며 판매 수익도 얻을 수 있다.

Basic : Economic Housekeeping **03**

돈 모으는 사람 vs. 모이지 않는 사람

소비 패턴과 예상 저축액을 비교해보자

case A
돈이 모이지 않는다!

부부 월소득 450만 원, 월저축 20만 원
40세, 3인 가족 (7세 남아), 회사원

월지출 (단위 : 만 원)

저축비 0~20 만 원

남는 돈으로 저축한다

카드대금 정산을 마친 뒤 돈이 남으면 저축을 한다. 따라서 저축액이 적고, 매달 일정하지 않다. 이는 월세와 생활비, 교육비 지출을 우선 순위로 하기 때문이다. 단지 테마주로 30%를 손해 본 뒤, 주식투자는 더이상 하지 않는 중이다.

외식비 40 만 원

거절하지 못하는 타입이다

동료들과의 저녁 모임을 거절하지 못 하는 것은 물론이고 먼저 나서서 계산하는 성격이다. 결국 뜻하지 않은 회식 자리마다 몇 만 원은 쉽게 지출해버린다.

주거비, 관리비 130 만 원

비싼 월세를 지불한다

도심의 30평대 주상복합 아파트에 월세를 내며 거주한다.

교육비 80 만 원

육아와 교육에 과소비한다

베이비시터 월급으로 지출하던 금액을 지금은 영어유치원비로 지출하고 있다.

생활용품비 30 만 원

쌓아두는 습관이 있다

퇴근길에 전철역 부근의 마트에 들러 이것저것 사서 쌓아두다 보니 집은 항상 어수선하다.

식비 50 만 원

살림과 요리에 관심이 없다

마트의 간편식품과 즉석식품, 배달음식 위주로 저녁을 해결하는 편이다.

의류미용비 45 만 원

취미는 쇼핑!

옷장이 꽉 찼는데도 싸다고 하면 또 구입한다. 득템한다고 생각하지만 실은 지출한 것일 뿐이다.

기타 68 만 원

통신비 10 + 용돈 30 + 의료비 8 + 교통비 20

2400만 원 20년 후 예상 저축액

60세. 모아둔 돈이 거의 없어서
일을 그만둘 수가 없다.

'숨만 쉬는데도 돈이 모이지 않는다'고요? 이는 결코 월급이 적어서만이 아닙니다. 그 이상의 돈을 쓰기 때문이죠. 충동구매 습관만 고쳐도 누구나 돈을 모을 수 있습니다. 월수입이 같은 두 가정의 7가지 소비 습관을 살펴보세요. 근본적인 원인을 파악할 수 있습니다.

case B 돈이 모인다!

부부 월소득 450만 원, 월저축 200만 원

40세, 3인 가족 (10세 여아), 회사원

월지출 (단위 : 만 원)

저축비 200 만원

먼저 저축하고 나중에 지출한다

저축의 75%는 아파트 대출 원리금과 이자를 상환하고, 25%는 우량주에 투자해 연 10% 내외의 수익을 내고 있다.

주거비, 관리비 20 만원

주택자금에 대출을 더해 집을 구입했다 입사 당시부터 자금을 모았다.외곽의 30평대 아파트를 구매해서 자가로 거주한다.

식비 40 만원

요리하는 것을 즐긴다

취미는 요리. 간식도 대부분 직접 만드는데 이 생활 자체를 즐긴다. (딸기와 우유를 얼린 뒤 포크로 팍팍~ 깨주면 딸기빙수 완성!)

외식비 20 만원

예산 내에서 지출한다

가족 행사, 모임이 많은 달에는 주말 외식을 줄여 지출을 관리한다.

교육비 40 만원

엄마는 최고의 공부 매니저!

교과 학습은 참고서를 구입해 엄마가 직접 지도한다. 사교육이 필요한 영어와 수학은 학원에 다니도록 한다.

의류미용비 12 만원

옷장 속 옷을 확인한 뒤 구입한다

브랜드 시즌오프 제품을 인터넷으로 구매한다. 이때 현재 구비해둔 옷들의 소재와 색상을 미리 체크한 뒤 계획 쇼핑을 하는 것은 필수이다

생활용품비 20 만원

쇼핑 리스트를 작성한다

일주일에 한 번 필요한 물건만 구입한다. 세일해도 충동구매를 하지 않아 쌓아두는 물건 또한 없다.

기타 98 만원

통신비 10 + 보험료 30 + 용돈 30 + 의료비 8 + 교통비 20

5억 원 이상

20년 후 예상 저축액

60세. 꽤 많은 자산을 보유하게 되어
경제적, 시간적 여유를 누릴 수 있다.

누구나 겪게 되는 인생 비용 사이클

start

30대

결혼

출산

30세 결혼
약 3400만 원

결혼자금 마련

결혼식과 신혼집 마련, 신혼여행비 등의 결혼자금으로 여자는 평균 7000만 원, 남자는 1억 원이 든다. 부모가 60% 정도를 보조해주는 현실을 반영한다면 여자는 2800만 원, 남자는 4000만 원 정도를 저축해야 한다.

32세 출산
약 600만 원

첫아이 탄생

자연분만은 평균 100만 원, 제왕절개는 150만 원, 산후조리원과 마사지비 300만 원, 출산 준비물 구입비 200만 원 등 총 600만 원 정도 비용이 든다.

end

장례식

30세 이후로 필요한 평균 비용입니다. 각 시기별 지출 비용이 걱정된다면, 하루라도 빨리 '모으는 생활'을 시작해야겠지요?

80세 장례식
약 1500만 원

나, 또는 반려자의 장례식

서울 중소 장례식장의 경우 장례용품 350만원, 음식값과 빈소 사용료 800만 원(250명 기준), 사설 납골당 400만 원 등 총 1500만 원이 소요된다.

40대

주택 구입

38세 내 집 마련
약 **3억5000만 원**

내집 마련

자녀가 초등학교를 입학하는 30대 후반이면 거주지가 결정된다. 주택대출의 적정 비율은 집값의 30%! 수도권에서 5억 원의 30평대 아파트를 구입할 경우, 집값의 70%인 3억5000만 원 정도를 준비하고 가계대출로 집값의 30%인 1억5000만 원 정도를 대출하는 것이 이상적이다. 구입 후에는 20년 내에 상환하는 것을 목표로 소득의 25% 내외를 저축한다.

50대

자녀대학입학

52세 자녀 대학입학
약 **2600만 원**

자녀 대학 입학자금 마련

고등학교까지의 교육비는 가계비에서 지출하지만, 대학 학비인 약 2600만 원은 목돈이기 때문에 부모가 젊은 시절부터 미리 준비해두기 마련이다.

60대

정년퇴직

60세 정년퇴직
약 **5억 원**

은퇴 후 생활자금 마련

은퇴 후 여유 있는 생활을 하려면 은퇴 전 생활비의 70% 수준인 월 280만 원 정도의 생활비가 필요하다. 국민연금의 월평균 수령액은 37만원(2017년 기준), 건강보험, 관리비, 세금 내고 나면 남는 게 없는 것이 현실이므로 개인연금, 임대소득, 주택연금 등을 적극적으로 활용한다.

노후

자녀결혼

62세 자녀 결혼
약 **6000만 원**

자녀 결혼자금 마련

결혼비용은 목돈이 들기 때문에 60% 정도는 부모가 부담하는데, 평균 6000만 원 정도가 소요된다.

1년에 1000만 원 모으는 환상의 플랜 완성!

돈은 벌고, 아끼고, 불려야 모을 수 있습니다. 책에 소개한 초절약 살림법을 실천했을 때 모을 수 있는 금액은 1년에 1000만 원, 혹은 그 이상이 될 수도 있습니다. 목돈도 결국 푼돈이 모여 만들어지는 만큼 작은 절약법이라고 무시하는 대신 차근차근 실천해보세요. 우리 가족의 꿈을 위해 오늘부터 절약 살림을 시작합니다.

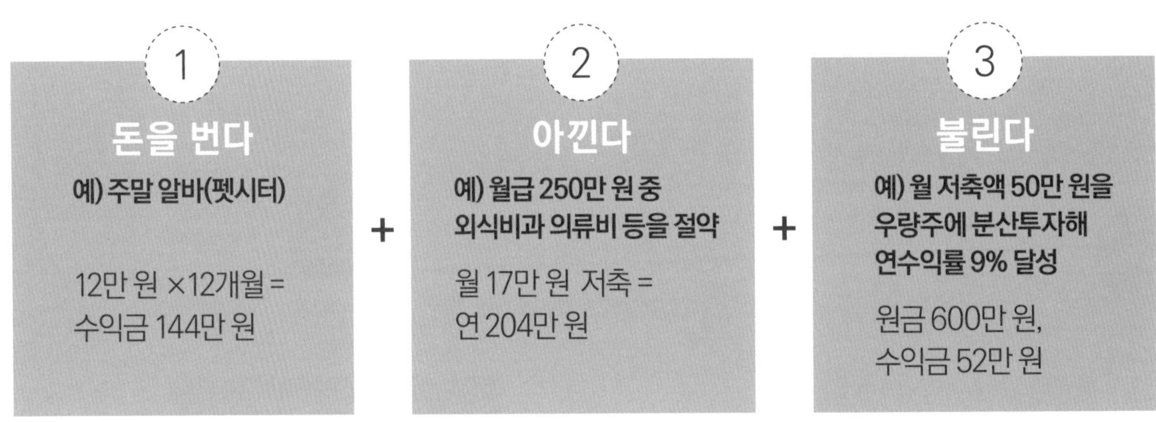

예) ① 144만 원 + ② 204만 원 + ③ 652만 원
= 1000만 원

01 돈의 단위를 키워야 쉽게 모은다.

돈은 액수가 적으면 쉽게 쓸 수 있지만, 일정 금액 이상으로 커지면 불려야겠다는 생각을 하게 된다. 따라서 '1천만 원 모으기'와 같이 저축 목표액을 크게 설정해야 돈도 쉽게 모을 수 있다.

Q. 지갑에 1만 원이 있다면 무엇을 할까? = 카페에서 커피와 케이크를 사먹는다.

Q. 지갑에 10만 원이 있다면 무엇을 할까? = 백화점에서 옷을 산다.

Q. 지갑에 1000만 원이 있다면 무엇을 할까? = 예금하거나 주식을 산다.

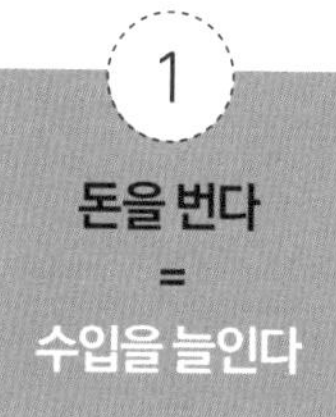

현실적으로 월급을 올리거나 연봉이 높은 회사로 이직하기는 쉽지 않다. 하지만 파트타임 아르바이트 정도라면 쉽게 시작할 수 있고 부족한 저축액을 채우기에도 충분하다.

▶ 직장인이라면

본업과 수면에 영향을 주지 않는 범위에서도 가능한 주말 아르바이트나 SNS 제휴 마케팅 등의 재택부업부터 시작해본다.

▶ 전업주부라면

평소에 꾸준히 자기 개발을 하면 좋아하는 분야로도 재취업과 아르바이트가 가능하다. 단 '색칠부업, 가입비 5만 원'과 같이 초기 비용이 필요한 부업은 피하는 것이 좋다.

---

2 아낀다 = 지출을 줄인다

아끼는 것은 안 사고 안 쓰면 되기 때문에 지금 당장 실천할 수 있는 방법! 지출을 줄이기 어려운 사람이 수입을 늘이거나 투자에 성공하기는 더욱 어려우므로 '1천만 원 모으기'는 지출 줄이기부터 시작하는 것이 비결이다.

▶ 선저축 후지출한다

남는 돈을 저축하는 방법으로는 절대 목돈을 모을 수 없다. 월 저축액(월급의 30% 내외)을 미리 떼어놓고 남은 금액 내에서 아끼며 생활한다.

▶ 지출을 10%씩 줄인다

저축할 여력이 없다면 외식비, 의류비, 교육비 등 지출 항목에서 10%씩 지출을 줄인다. 5만 원, 10만 원씩 돈이 모이면 저축자금을 마련할 수 있다.

---

3 불린다 = 자산을 운용한다

은행금리로는 돈을 불리기 어렵기 때문에, 매월 저축액을 주식이나 펀드 등의 금융상품에 투자해 효율성을 높이는 방법이다. 3%의 배당주에만 묵혀두어도 1.5%대의 은행금리보다 2배나 많은 이자를 얻을 수 있다. 우량주는 오르고 내리기를 반복하며 꾸준히 상승하기 때문에 내렸다고 손절하지 말고 오를 때까지 기다리는 것이 원금손실의 위험을 줄이는 방법이다.

02 100만 원보다 1000만 원 모으기가 효과적!

100만 원 모으기
금액이 적어 쉽게 모을 수 있지만 불리는 데 시간이 오래 걸린다.

1000만 원 모으기
누구나 노력하면 6개월~3년 내에 모을 수 있어 가장 효과적으로 종잣돈을 만들 수 있는 단위이다.

1억 원 모으기
금액이 너무 커서 모으는 데 시간이 오래 걸린다.

03 1년에 1000만 원을 모으려면 얼마를 저축해야 할까?

월 저축액별 1년간 모이는 금액을 체크해보자.

1,000만 원 ÷ 12개월 = 월 833,000원

1달에 83만 원을 저축하면 **1년에 1000만 원**을 모을 수 있다!

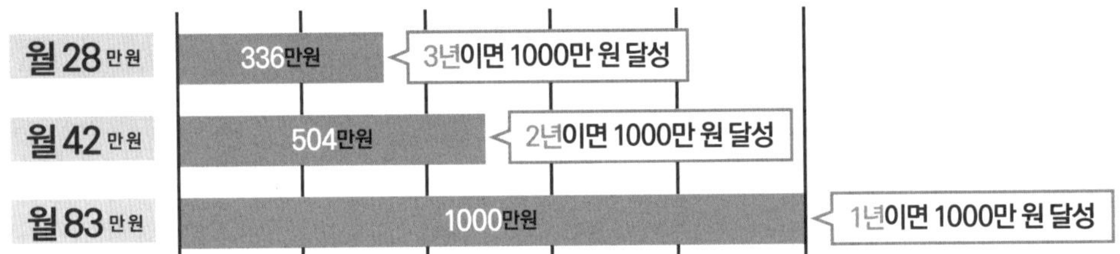

월 수입별로 목표기간을 조정한다.

적절한 소득대비 저축율은 30% 안팎이다. 저축율이 너무 낮으면 성취감이 낮다. 반면에 무리한 목표를 세우면 '저축=고통'일 수 있으므로 월수입을 고려해 적절한 목표기간을 정한다.

월 수입	100만 원	150만 원	300만 원	500만 원
소득대비 저축률	28%	28%	28%	33%
월 저축액	28만 원	42만 원	83만 원	166만 원
천만원 달성기간	3년	2년	1년	6개월

책에 소개한 살림법 중 29가지만 실천해도

연간 1225만 원 모인다!

CHAPTER 02
식비

★ 식비 1개월 5주 관리로 **연간 약 64만 원 절약!**
★ 냉장고 절전 노하우로 **연간 약 3만8000원 절약!**
★ 하루 한 가지 요리를 여열로 조리하면 **연간 약 2만1600원 절약!**
★ 전기밥솥 대신 전자레인지로 밥을 데우면 **연간 약 4만8960원 절약!**
★ 일주일에 한 번 햄버거를 줄이면 **연간 약 105만 원 절약!**
★ NB우유를 PB우유로 바꾸면(일주일에 2병 기준) **연간 약 13만7800원 절약!**

CHAPTER 03
가사

★ 일주일 연상가사로 1일 30분의 가사 시간을 단축하면 **연간 약 158만 원 절약!**
★ 세탁물을 모아서 세탁하면 **연간 약 3만4000원 절약!**
★ 휴지심을 눌러서 끼우면 **연간 약 1만8000원 절약!**
★ 각 티슈를 반으로 자르면 **연간 약 9900원 절약!**

CHAPTER 04
공공요금

★ 전기밥솥 대신 압력솥을 사용하면 **연간 약 34만 원 절약!**
★ 10인용 밥솥을 4인용 밥솥으로 바꾸면 **연간 약 6만4000원 절약!**
★ TV 시청 시간을 1일 1시간만 줄이면 **연간 약 1만1200원 절약!**
★ 에어컨을 켤 때 블라인드를 내리면 **연간 약 7900원 절약!**
★ 여름 이후에 에어컨과 실외기의 플러그를 뽑으면 **연간 약 6000원 절약!**
★ 청소기를 돌리기 전에 미리 치워두면 **연간 약 2500원 절약!**
★ 청소기의 강약 모드를 구분하면 **연간 약 1만1500원 절약!**
★ 2시간 일찍 자고 2시간 일찍 일어나면 **연간 약 3만8400원 절약!**
★ 비데의 온좌 기능을 사용할 때 뚜껑을 닫아두면 **연간 약 8000원 절약!**
★ 샤워 시간을 3분 단축하면 **연간 약 9만 원 절약!**
★ 변기 레버의 대소를 구분해 사용하면 **연간 약 1만3000원 절약!**
★ 주방과 욕실을 절수형 헤드로 바꾸면 **연간 약 13만8000원 절약!**

CHAPTER 05
쇼핑

★ 테이크아웃 대신 직접 끓인 원두커피를 마시면 **연간 약 126만 원 절약!**
★ 은행찾기 어플로 타 은행 ATM기 사용을 줄이면(1주일 1회 기준) **연간 약 8만3000원 절약!**

CHAPTER 06
저축

★ 선저축 후지출로 저축액을 5% 늘리면(월 수입 400만 원 기준) **연간 약 24만 원 절약!**
★ 고정비를 5% 줄이면(월수입 400만 원 기준) **연간 약 240만 원 절약!**
★ 새뱃돈 200만 원을 배당주에 투자해 3% 배당금과 5% 수익률을 내면 **연간 약 16만 원 절약!**
★ 과학 학원 대신 인터넷 강의를 활용하면 **연간 약 154만 원 절약!**
★ 유튜브에 애완동물 채널을 개설해 10만 뷰 달성하면 **연간 약 10만 원 절약!**

CHAPTER

02

Save on Food costs

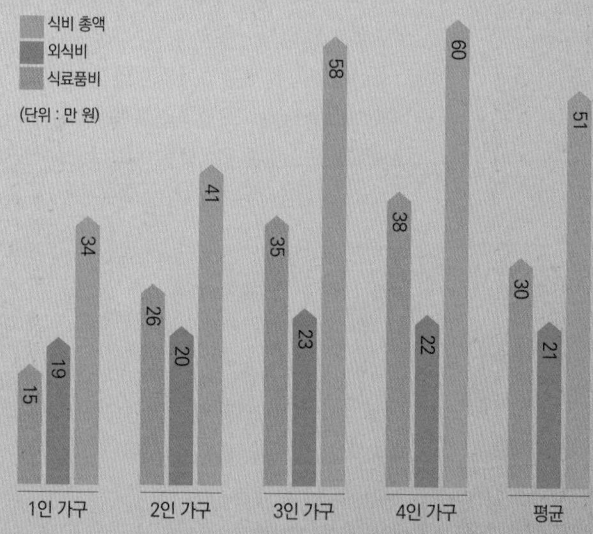

(가공식품 소비행태 조사보고서, 한국농수산식품유통공사, 2015년 기준)

싸게 사서 신선하게 보존하고
100% 소진한다

식비 절약

절약 생활을 할 때 가장 쉽고 효과적으로 줄일 수 있는 것이 식비입니다.
식비 예산을 세워 식단을 짜는 방법, 알뜰 장보기 노하우, 재료를 신선하게 보관하는 밑손질 방법은 물론이고 식재료를 남기지 않는 조리법까지!
절약 아이디어를 실천하다 보면 식비가 줄고 가족의 건강도 지킬 수 있답니다.

Save on Food costs **01**

식재료 구입 & **활용의 기본 룰**

우리 집 한 달 식비, 얼마 정도 쓰세요? 식비에는 외식비까지 포함되기 마련이지만 우선은 매일 집에서 차려 먹는 식재료 구입비부터 정비해야 합니다. 싸니까 많이 사고 계획에 없던 것까지 구입하는 것은 낭비의 지름길이죠. 3가지 단계만 기억해두면 장보기도 한결 수월해집니다.

Step 1 안전한 식재료를 싸게 구입한다

식비를 줄이기 위해서는 식재료를 10원이라도 싸게 구입하는 것이 중요하지만 맹목적으로 가격만을 우선순위로 두는 것은 좋지 않다. 계획적인 장보기를 통해 안전한 식재료를 저렴하게 구입하는 것이 가장 중요하다.

Step 2 맛있게 보존한다

저렴하게 구입한 식재료도 보존 상태가 나쁘면 상해서 버리게 된다. 밑간, 소분, 냉동과 해동 등의 보존 방법을 활용하면 신선도를 유지할 수 있고 조리 시간도 단축할 수 있다.

Step 3 남기지 않고 다 먹는다

싸게 샀더라도 다 먹지 못해 버리게 된다면 결국은 낭비한 셈이다. 남은 식재료를 다양한 방법으로 요리해 남기지 않고 소진한다면, 식비 절약은 물론이고 음식물 쓰레기도 줄일 수 있다.

우리 집 식비, **예산부터 제대로 세워보자**

월초엔 외식도 하고 남편이 좋아하는 삼겹살에 맥주, 아이들 간식과 과일까지 카트 가득 담지만, 월말로 갈수록 식비가 부족해 김치와 달걀 프라이로 한 끼를 해결하는 '초반 우세형'은 아닌가요? 가족의 경제부총리인 엄마가 한 달 식비를 균형 있게 배분하지 못한다면 예산부터 다시 세워야 합니다.

1 한 달 수입을 기준으로 식비 예산을 결정한다

식비의 가장 이상적인 비율은 소득의 15%다. 예를 들어 한 달 수입이 4인 가족 월평균 소득인 400만 원이라면 60만 원 내에서 외식비를 포함한 식비 예산을 결정한다. 단, 같은 월급이라도 독신과 한창 많이 먹는 아들이 셋이나 있는 집은 식비가 달라지므로 절대적인 기준은 아니다.

월평균 소득	200만 원	300만 원	400만 원	500만 원
식료품비	20만 원	30만 원	40만 원	50만 원
외식비	10만 원	15만 원	20만 원	25만 원
총 식비	30만 원	45만 원	60만 원	75만 원

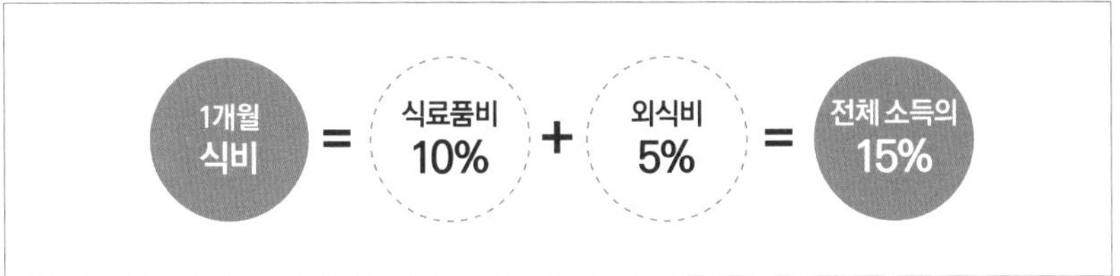

2 외식비는 소득의 5% 이내로, 식비와 따로 관리한다

외식과 술 모임은 가족 행사, 개인적인 사정에 따라 변동이 많아 식료품비와 묶어서 관리하면 통제하기가 쉽지 않아 스트레스가 될 수 있다. 따라서 외식비와 술은 식료품비와 확실히 구분해서 다른 비용명세로 관리한다. 예를 들어 한 달 수입이 200만 원이라면 외식비와 술값은 한 달에 10만 원 이내로 관리하는 것이 이상적이다.

식료품비 예산은 주 단위로 관리하자

월초에는 많이 쓰고 월말에는 부족한 경우를 방지하기 위해 신선식품의 예산은 주 단위로 관리한다.

식료품비 절약의 포인트는 '1개월 5주 관리'

달력을 보면 1개월은 4주가 아니다. 31일인 달은 4주 3일. 즉 식료품비 예산을 4주로 설정하면 3일분의 돈이 부족하다. '5주 관리법'은 1개월 예산을 5주로 나누어 계산하면 된다.

1개월 예산이 40만 원인 경우라면?
40만 원 ÷ 5주 = 8만 원/주

[식비 5주 관리도]

	1월	2월	3월	4월	5월	6월	7월	8월	9월	10월	11월	12월
1회째	5주											
2회째	5일분	5주										
3회째		10일분	5주									
4회째			15일분	5주								
5회째				20일분	5주							
6회째					25일분	5주						
7회째						30일분	5주					
8회째							5일분	5주				
9회째								10일분	5주			
10회째									15일분	5주		
11회째										20일분	5주	

1개월분이 남았다!

tips

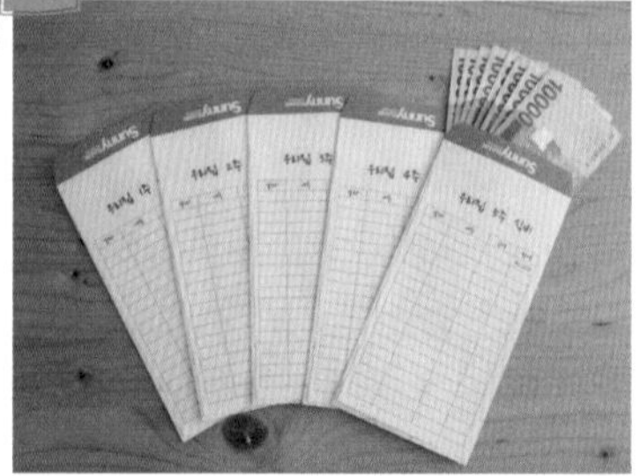

식비 봉투 or 식비 전용 지갑 구비하기

식비 예산을 세웠어도 얼마를 지출했는지 파악하지 않는다면 절약은 쉽지 않다. 식비를 제대로 관리하려면 식비 봉투나 식비 전용지갑을 추천한다. 매주 정해진 금액을 봉투나 미니 지갑에 넣어두고 관리한다. 지갑의 한 칸을 식비 전용 칸으로 지정해도 좋다.

5 연말에 비상금이 모인다 : 예산이 1개월에 40만 원일 때

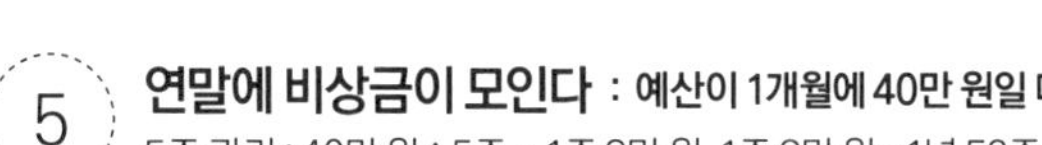

5주 관리 : 40만 원÷5주 = 1주 8만 원, 1주 8만 원×1년 52주 = 연간 416만 원,
식료품비 예산 : 40만 원×12개월 = 연간 480만 원.
편성한 식료품비 예산 480만 원 – 5주 관리로 사용한 식료품비 416만 원 = 연말 64만 원의 비상금이 모인다.
5주로 늘어났다고 예산을 늘려서 사용하는 순간 '5주 관리법'의 절약 기능이 사라지므로 주의한다.

1개월 = 5주 관리만 잘 하면 1년 절약 식비는 이렇게 준다!

우리 집 식비

= 월급 400만 원의 15%
= 월 60만 원

↓

식비 구성

= 식료품비 10% + 외식비 5%
= 40만 원 + 20만 원

↓

4주 관리

40만 원 × 12개월
= Ⓐ 연간 480만 원

5주 관리

40만 원 ÷ 5주 = 1주 8만 원
8만 원 × 52주
= Ⓑ 연간 416만 원

↓

Ⓐ – Ⓑ = 480만 원 – 416만 원 = 64만 원!

↓

1개월 5주 관리로,
1년에 64만 원이 모였다!

한 방울도 안 남긴다! '초절약 식단' 짜기

밥상에 반찬이 많을수록 음식에 대한 기쁨은 줄어듭니다. 김치에 김만 먹던 아이들은 고기 한 접시에도 기뻐하지만, 엄마표 홈 베이킹에 익숙한 아이들은 생일 케이크도 당연한 것이라고 생각합니다. 과한 것은 감사함을 잊게 하는 법이지요. 오히려 꼭 필요한 음식만 차려졌을 때 그 맛을 즐길 수 있습니다. 꼭 필요한 가짓수의 음식으로 일주일 메뉴를 구성하는 방법과 소스 한 방울 남기지 않는 절약 요리법에 대해 살펴봅니다.

Step 1 장보기 전날에는 재고 처분 요리를 만든다

조금씩 남은 반찬은 브런치 스타일로 담는다. 밀폐용기에 어중간하게 남아 냉장고를 들락거리던 반찬도 접시에 가지런히 담고 과일까지 데코하면 깔끔한 한 접시로 재탄생한다.

반찬과 채소로 푸짐한 비빔밥을 만든다. 달걀프라이와 고추장 한 숟갈만 추가하면 진수성찬이 부럽지 않다.

남은 재료를 모아 별식을 만든다. 쓴맛이 나거나 쉽게 무르지 않는 재료라면 볶음밥, 카레, 된장국 등을 만들기에도 무난하게 어울린다.

Step 2 냉장고 속 남은 재료를 파악한다

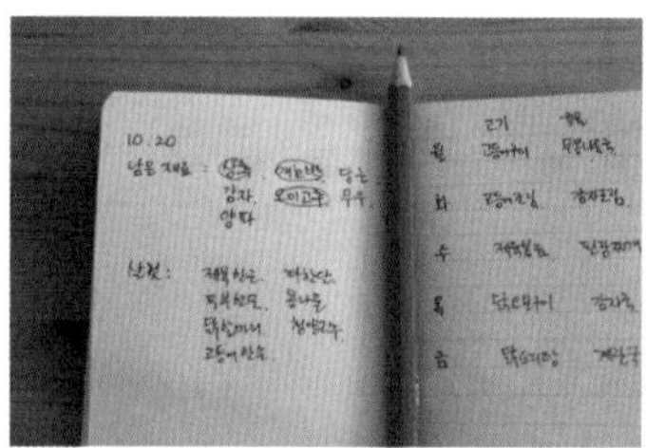

식단 수첩에 적는다. 가격에 혹해서 사게 되는 불필요한 소비를 줄일 수 있고, 메뉴가 떠오르지 않을 때에도 참고할 수 있다.

휴대폰으로 냉장고를 촬영한다. 장보기 전에 냉장고를 찍어두면 사진을 보는 것만으로 어떤 재료가 얼마나 남았는지 정확히 알 수 있다.

Step 3 5일 식단법 : 이틀 냉장고 비우기가 절약 포인트!

1 **1일 식단 = 국물 요리(국, 찌개) + 주요리(고기, 생선으로 만든 메인 요리) + 밑반찬(두고 먹을 수 있는 반찬)으로 구성한다.** 얼큰한 국물과 고기, 생선을 재료로 하는 주요리, 든든하게 만들어두고 먹는 밑반찬으로 하루 식단을 구성하면 가족 모두가 만족할 수 있는 합리적인 한 끼를 차릴 수 있다.

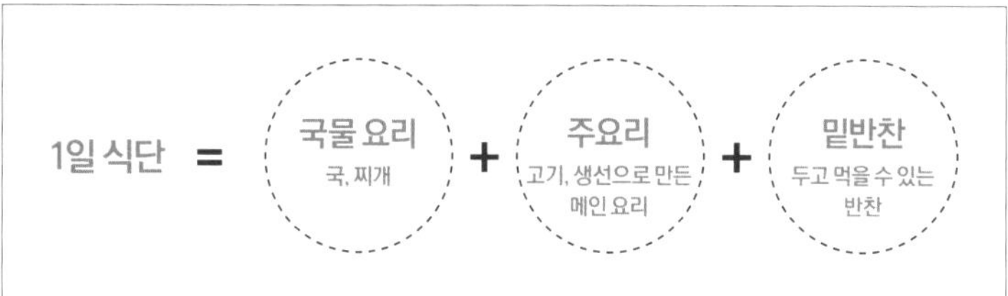

2 **이틀은 냉장고 비우는 날!** 외식이나 남은 재료의 소진을 대비해서, 이틀분의 재료는 구입하지 않는다. 일요일은 가족들이 좋아하는 이벤트 메뉴를 만들어 보자.

3 **냉장고에 남은 재료를 소진할 수 있는 메뉴가 우선** 집에 있는 재료를 바탕으로 식단을 짜고 부족한 재료를 더하며 채워간다.

4 **주초에는 상하기 쉬운 재료를 활용한다.** 생선과 어패류, 두부 등 상하기 쉬운 재료를 먼저 사용해 소진한다.

5일 식단법을 응용한 일주일 식단 짜기

5일 식단 = 국물 요리 5가지 + 주요리 5가지 + 밑반찬 5가지 = 총 15가지

	월	화	수	목	금	토/일
주요리	갈치조림	갈치구이	오징어볶음	매운 닭조림	닭 오븐구이	냉장고 비우는 날!
국물 요리	콩나물김칫국	콩나물국	오징어국	청경채된장국	청경채만둣국	
밑반찬	가지전	가지 매운볶음	꽈리고추멸치볶음	새송이전	새송이버섯볶음	

구입할 재료 :
닭, 갈치, 오징어, 청경채, 콩나물, 새송이버섯, 가지, 꽈리고추

1. 주요리를 먼저 정하고 어울리는 국물 요리나 밑반찬을 채워간다.
2. 주재료 한 가지로 여러 가지 메뉴를 만들어 재료를 남기지 않는다.
3. 인터넷과 요리책 색인에서 식재료와 조리법을 보고 메뉴를 쉽게 짤 수 있다.
4. 요리는 결국 응용력, 재료와 양념의 조합을 바꾸면 레시피는 무한히 증가한다.
5. 장을 보면서 가격이 좋은 재료가 있다면 변경할 수 있으므로, 메뉴를 완벽하게 결정할 필요는 없다.

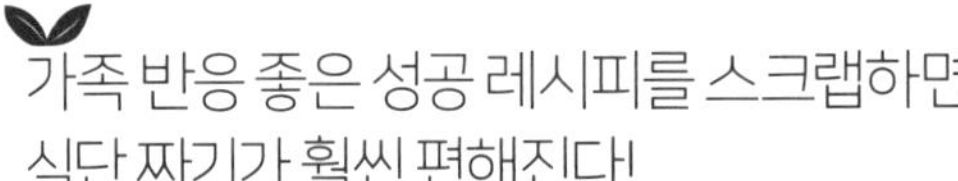

가족 반응 좋은 성공 레시피를 스크랩하면
식단 짜기가 훨씬 편해진다!

스크롤 캡처해 클라우드에 정리한다.

1) 인터넷의 요리 레시피를 휴대폰에 '스크롤 캡처'하여 저장한다.

2) '클라우드'에 요리 폴더를 만들고, 휴대폰의 요리 레시피를 한 달에 한두 번씩 저장한다.

레이아웃 2-up으로 프린트한다.

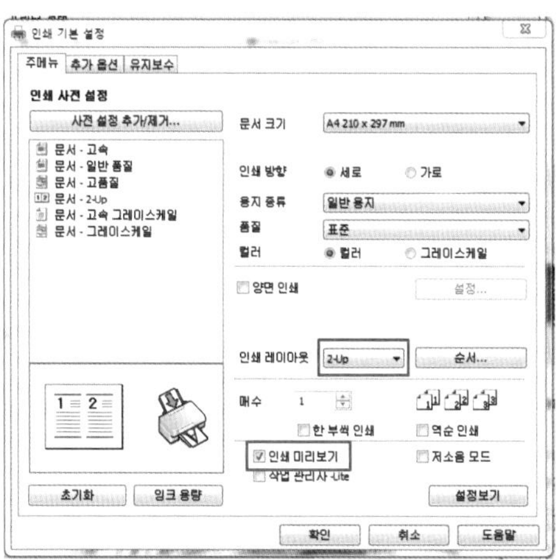

1) 블로그- 출력하기-인쇄-기본설정에서 인쇄 레이아웃을 2-up으로 조정하면 A4 한 장에 두 페이지를 출력할 수 있다.

↓

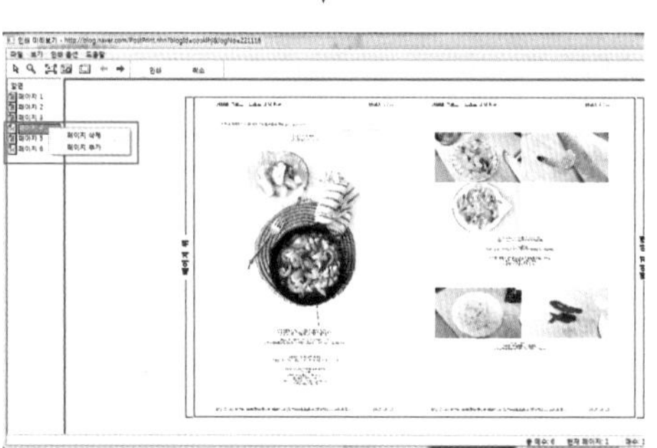

2) '인쇄 미리보기'에서 줄이고 싶은 곳은 '페이지 삭제'를 하면 레시피의 핵심만 출력할 수 있다.

↓

3) 출력한 레시피는 육류, 가공식품, 면류, 생선류, 간식, 기타 등으로 구분해두면 찾기 편하다.

식단 만들 때 활용한다.

손님을 초대하는 날이라면? 처음 만든 요리로 밥상을 시험대로 만들지 말고, 검증된 성공 레시피 중에서 선별하면 실패할 일이 없다.

Step 4 리메이크, 릴레이 요리로 재료 소진 100%

난도 1단계 | 조리법 바꾸기 – 한 가지 재료로 두 가지 음식을 만든다

음식을 만들면 자투리 재료가 남기 마련. 한 가지 재료로 두 가지 음식을 계획해서 만들면 남는 재료와 함께 구입할 재료의 가짓수도 줄어 장보기가 편해진다.

예) 고등어 = 고등어조림 + 고등어구이
닭 한 마리 = 반 마리는 닭도리탕 + 반 마리는 구이 등으로 조리법 변경.

난도 2단계 | 리메이크 요리 – 전날 만든 요리가 다른 요리로 등장한다

맛있는 음식도 한 그릇 싹싹 비우기는 쉽지 않다. 남은 음식에 약간의 수고만 더하면 다른 메뉴로 거듭난다.

감자 수프

매시트 포테이토 150g에 우유 200cc를 붓고 믹서에 갈아 끓인 후 소금, 후춧가루로 간을 한다.

매시트 포테이토

감자를 으깨어 버터 약간, 마요네즈 적당량을 넣어 매시트 포테이토를 만든다.

감자 크로켓

매시트 포테이토에 스위트콘을 넣어 빚은 후 밀가루, 달걀, 빵가루 순으로 튀김옷을 입혀 튀겨낸다.

1... 시작은 간단한 요리로!

심플한 맛의 요리로 시작해야 맛을 변화시키기 쉽다.
처음에는 소금이나 간단한 양념으로 시작하는 것이 좋다.

2... 으깨거나 섞어서 외형과 식감에 변화를 줄 것

양념으로 맛을 바꾸어도 음식의 외형이 바뀌지 않으면 질리기 마련.
으깨거나 섞어서 외형과 식감을 바꾸면 새로운 요리로 변신한다.

난도 3단계 | 릴레이 요리 – 소스 한 방울 남기지 않고 요리를 이어간다

리메이크 요리가 하나의 요리를 조금씩 덜어 여러 가지 새로운 요리를 만드는 것이라면, 릴레이 요리는 한 냄비에 재료를 추가해 새로운 요리를 만들고, 날마다 재료를 추가하면서 요리를 바꿔가는 것이다. 간단한 재료로 시작해 남지 않을 때까지 요리를 이어가기 때문에 절약은 물론이고 요리 맛까지 점점 깊어진다.

동그랑땡이 치즈 불닭으로 변신, 일주일 릴레이 요리

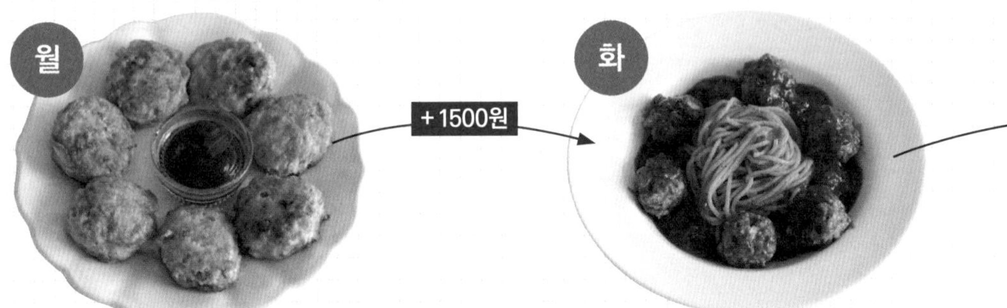

동그랑땡
돼지고기, 두부, 채소를 2:1:1로 넣으면 기름진 맛은 덜하지만 건강에도 좋고 비용도 줄일 수 있다.

미트볼 스파게티
전날 남은 동그랑땡 반죽을 프라이팬에 둥글게 익혀 스파게티 면과 소스를 추가한다.

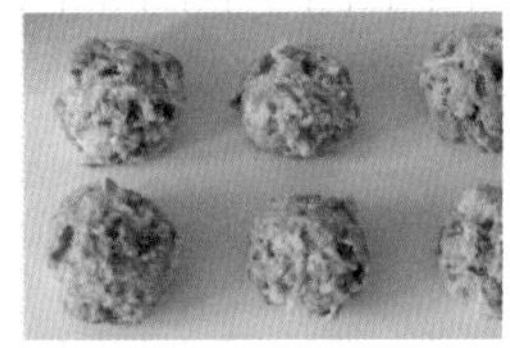

소스를 잘 활용하면 릴레이 요리가 더욱 맛있어진다.
기본 소스에 재료에 맞는 양념을 추가하면 대부분의 한식소스를 만들 수 있다.

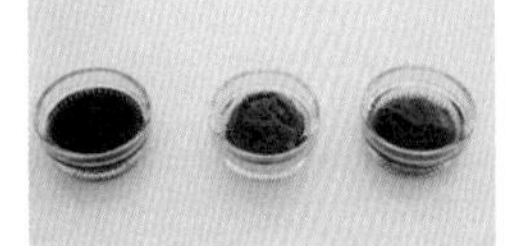

한식의 기본 소스
간장, 된장, 고추장

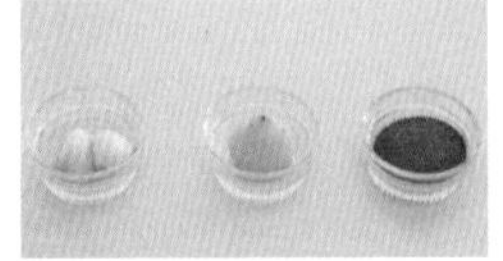

고기 누린내 제거
마늘, 생강, 후춧가루

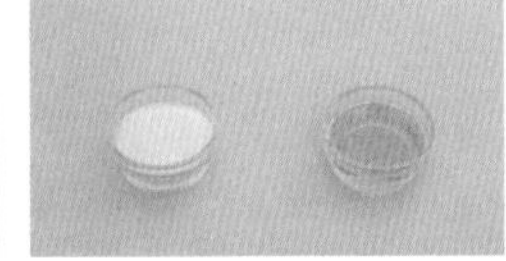

당도 조절
설탕, 물엿

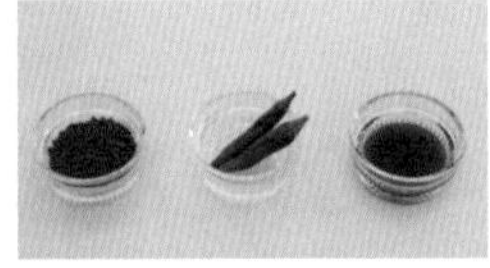

매운맛 조절
고춧가루 < 청양고추 < 캡사이신

소시지 야채볶음

전날 미트볼 스파게티를 볶은 프라이팬에 비엔나 소시지와 피망, 양배추를 볶는다. 파스타 양념이 남아 있기 때문에 케첩을 약간만 추가해도 진한 맛이 나며 설거지도 줄일 수 있다.

+2000원

수

+1000원

소시지 떡볶이

떡을 익힌 후 수요일에 남은 소시지 야채볶음을 함께 볶는다. 떡만 추가하면 되므로 재료비가 줄었다.

* 소스는 고춧가루 : 간장 : 물엿 = 1 : 1 : 1

목

+1000원

금

치즈 불닭

전날의 떡볶이 프라이팬에 캡사이신과 마늘을 추가해 불닭 양념을 만든다. 냉동 닭 가슴살을 한입 크기로 썰어 조리한 후 피자 치즈를 뿌려 완성한다.

1... 요리에 한두 가지의 재료를 추가해 새로운 요리를 만들었기 때문에 재료비와 시간이 절약된다.

2... 전날 요리한 냄비에 새로운 음식을 만들기 때문에 설거지와 수도요금을 절약할 수 있다.

3... 5일 동안 요리가 변화하면서 재료의 풍미가 응축되어 국물 맛이 점점 깊어지는 것도 릴레이 요리의 장점!

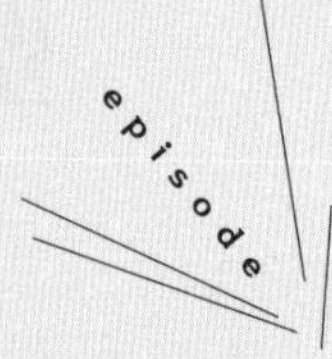

털팽이의 일주일 메뉴

매주 금요일 장을 보고 일주일치 반찬을 한꺼번에 만든 지 1년이 되어갑니다.
아들이 기숙사에서 돌아오는 금요일 오후에 새 반찬을 차려주고 싶은 마음에 시작했는데
장을 한꺼번에 보니 식비도 줄어들고, 가스비와 수도 요금도 절약되었답니다.

식단 짜기

식단을 짜기 전 냉장고 속 재료를 먼저 확인합니다. 지난주에 구입한 크래미와 가지가 남았기 때문에, 이번 주 메뉴에는 크래미 마카로니 샐러드와 매운 가지볶음를 우선적으로 넣습니다.

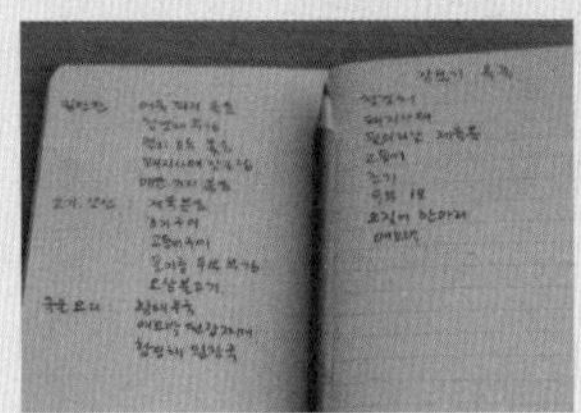

식단 수첩에 일주일 메뉴를 적습니다. 든든한 밑반찬 5가지와 고기와 생선 요리 5가지, 국물 요리 3가지 정도를 정합니다.

식재료를 다시 한 번 체크! 떡처럼 금방 딱딱해지거나 오이처럼 소금에 절여도 쉽게 무르는 재료는 일주일 두고 먹는 밑반찬 재료로는 좋지 않습니다.

장보기

최근에는 꼭 필요한 재료만 적어, 근처 슈퍼에서 장을 봅니다. 마트에 가면 견물생심이라고 이것저것 보이는 것마다 다 사고 싶은데, 동네 슈퍼는 마트보다 약간은 비싸기 때문에 필요한 것만 구입하게 되니까요. 결과적으로는 쓰는 돈이 줄어듭니다.

반찬 만들기

ready

냉장고 속 반찬 그릇을 모두 꺼내고 선반까지 깨끗이 닦습니다. 채소통의 채소는 물론 오늘 요리할 재료들을 모두 꺼냅니다.

tips 설거지 줄이기

요리를 한 번에 하면 설거지거리가 많이 나오기 때문에 냄비와 조리도구, 볼은 최소한으로 꺼냅니다. 소스가 없는 것에서 진한 것 순으로 볶아 프라이팬을 최대한 이용하고, 설거지통에 쌓아두지 않고 바로 씻으면 물도 절약할 수 있고 주방도 깔끔해진답니다.

cook

반찬을 담을 때는 작은 밀폐용기 2개에 나눠 담습니다. 주 후반에 꺼내도 새로 만든 것 같아 맛있게 먹을 수 있답니다.

동그랑땡이나 소시지 같은 전은 한 번에 부치고, 먹을 때 다시 데워서 냅니다.

샐러드는 소스를 따로 만들고 먹기 전에 뿌립니다. 초무침처럼 물이 생기는 반찬은 채소와 양념을 따로 만들어둡니다.

오이고추무침처럼 물이 생기는 반찬은 통으로 무쳐 물이 생기지 않게 합니다.

주중에는 일주일 동안 만든 반찬에 찌개나 간단한 즉석요리를 곁들여 먹습니다.

목요일 오후에는 냉장고 속을 정리할 수 있는 재고 소진 메뉴를 만듭니다.

즉석요리의 경우, 고기나 생선 구이처럼 10분 안에 할 수 있는 간단한 요리를 합니다.

일주일 중 가장 기쁜 날은 깨끗이 비운 냉장고를 확인하는 목요일 저녁! 구입한 재료를 정성껏, 알뜰하게 활용한 것 같아 뿌듯합니다.

식비 절약의 비결은 마트에! **알뜰 장보기 노하우**

오늘도 습관처럼 마트에 들릅니다. 둘러보다 보니 세일 중인 연어회를 발견, 카트에 담습니다. 다음 수순은 '연어를 샀으니 맥주도 골라볼까?'로 이어집니다. 목 넘김 좋은 산토리 프리미엄 몰츠가 4캔에 1만 원이라서 카트에 담습니다. 횡재한 기분으로 집에 오지만…, 사실은 명백하게 '돈을 쓴 것'입니다. 마트에 아무 생각 없이 갔다가 지갑 털리는 것은 시간문제! 꼭 필요한 상품만 사면서 최고 할인 상품 등 단물만 빼먹는 소비자를 '체리피커'라고 하지요. 기업에는 블랙컨슈머 같은 존재입니다. 식비 절약의 핵심은 장보기입니다. 우리도 마트 호갱님이 아닌, 알뜰한 체리피커가 되어볼까요?

01 쇼핑 전, 집에서 점검할 일들

가장 먼저 냉장고 안을 체크한다.
냉장고 안에 무엇이 있는지 확인하면서 간단하게 정리하면 장 보는 비용을 줄일 수 있다.

장 볼 재료를 메모한다.
무엇을 얼마나 구입할지 확인하면서 사전 전략을 세운다.

우선순위를 정한다.
○ 꼭 필요한 것 △ 저렴하면 구입할 것
예산을 정하고 우선순위가 높은 것부터 장바구니에 담는다. 마트는 돈만 있으면 언제나 갈 수 있는 곳이다. 마트를 우리 집 식료품을 보관하는 냉장고라고 생각하고, 절대로 필요 이상 구매하지 않는다.

02 식비 절약의 핵심, 장보기 노하우

언제 살까?

마트 가는 횟수는 기본 일주일에 한 번

마트는 일단 발을 들이면 필요치 않은 물건까지 구입할 위험이 도사리고 있다. 마트에 자주 가는 것만으로도 식비는 늘게 된다. 횟수를 일주일에 한 번으로 줄여보자. 구매 기회가 줄어 식비를 대폭 줄일 수 있다.

장보기는 가급적 혼자 할 것!

남편, 아이와 함께 마트에 가서 각자의 사정을 고려하다 보면 간식, 맥주 등 계획에도 없는 물건을 끝없이 담게 된다. 가끔 함께 즐기는 것도 좋지만, 현명하게 살 것만 사려면 장은 혼자 가는 습관이 필요하다.

어디에서 살까?

가게마다 특징이 있다.

코스트코는 생수·바나나·고기·빵이 저렴하고, 이마트는 생선·과일·채소 등 신선식품과 PB 상품이 유명하다. 마트에는 채소가 소량 포장되어 있지만 재래시장에서는 최소 판매 단위가 한 근이기 때문에 1인 가구의 경우 필요 이상을 구입해야 한다. 가게별 특징을 제대로 알아야 싸고 좋은 물건을 살 수 있다.

채소는 여기서 생선은 저기서, 최저가 상점 리스트를 뽑는다.

어떤 가게에서 무엇이, 얼마나 저렴한지 체크한다. '채소는 여기, 생선과 육류는 저기' 등으로 나만의 최저가 상점 리스트를 만든다.

채소가 저렴할 때에는 시장, 비쌀 때는 마트에서 구입한다.

매일같이 도매시장을 가는 채소 가게라면 싼 가격을 반영한다. 하지만 가격 안정화를 목표로 하는 마트에서는 채소 가격이 떨어졌다고 해서 갑자기 가격을 낮추지 않는다. 한편으로 겨울철 채소 가격이 급등할 때는 반대로 마트가 저렴하다. 마트 담당자는 양배추 한 통의 가격을 2990원과 같이 정가에 책정해두는 것이 보통이다. 그래서 매입 금액이 책정 금액을 초과하더라도, 적자를 각오하고 2990원에 서비스한 후 적자분은 다른 매장에서 커버하기 때문이다.

과일과 채소는 유기농, 친환경 식품 매장에서 구입한다.

식품 안전 문제가 가족의 건강을 위협하는 요즘, 식비 절약만을 목표로 하여 식품을 선택하는 것은 불안할 수 있다. 금액에 중점을 두기보다는 가격이 조금 비싸더라도 안전한 식품을 구입해 알뜰하게 요리한다. 특히 과일과 채소는 대형 마트와 비슷한 가격대이므로 현명하게 이용해보자.

아이쿱생협 자연드림

조합원은 출자금 5만 원에 월 1만 원 정도의 조합원비를 내며 비회원보다 20% 저렴한 가격에 구입할 수 있다. 추천 품목은 친환경 쌀과 우리밀 밀가루.

두레생협

농산물은 출하 전 245종 잔류 농약검사를 시행하고 출하 후에도 매달 시료를 채취해 관리한다. 출자금 3만 원, 일주일에 1000원씩 출자금이 있다. 추천 품목은 두레한우, 두부, 달걀, 과일.

한살림

자주 점검으로 정부 친환경 인증보다 더 깐깐하게 관리하는 것을 지향하고 있다. 출자금 5만 원를 내며, 직거래 시스템이기 때문에 품목이 다양하지는 않다. 추천 품목은 두부, 달걀, 채소.

초록마을

회비가 없어 생협이나 한살림에 비해 가격이 조금 비싸지만 가입 없이 편히 이용할 수 있다. 1500여 가지의 다양한 품목을 판매하며 온라인 구매도 가능하다.

얼마에 살까?

적정가격 = '싸다, 비싸다'의 판단 기준

'싸다, 비싸다'는 주관적 가치평가가 개입되기 때문에 '1+1'이나 가격 할인이 붙어 있으면 그다지 싸지 않음에도 사는 경우가 있다. 적정가격이란 '이 가격이면 구입해도 좋다'고 납득하고 살 수 있는 가격으로 스스로 판단한 '싸다, 비싸다'의 기준이다. 적정가격은 애매한 가격 때문에 살지 말지 고민될 때 객관적으로 판단할 수 있도록 도와준다.

적정가격 = (지역 최저가 + 지역 최고가) ÷ 2

적정가격은 내 주변 지역의 최저가와 최고가의 평균으로 산정한다. 예를 들어 파의 최저 가격은 1000원, 최고가는 2500원이면 1000원과 2500원의 평균인 1800원 정도까지는 구입해도 좋은 적정가격이다.

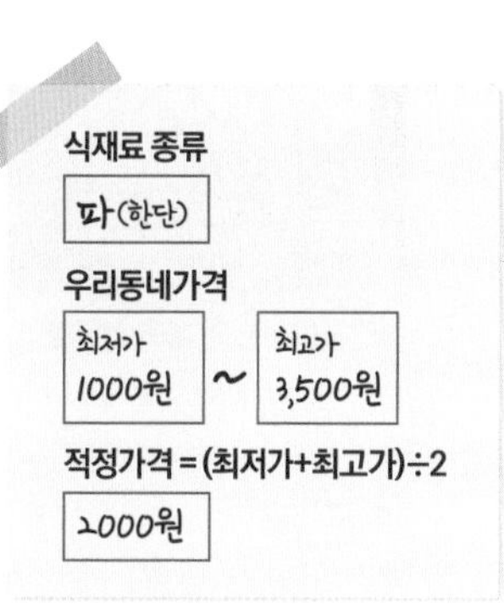

최저가가 아닌 '적정가'로 판단하자.

식비를 절약하려면 최저가에 사는 것이 베스트. 하지만 항상 최저가에 살 수는 없다. 1500원짜리 파 한 단을 놓고 100m 걸어가 1000원에 살지, 1500원에 만족하고 살지 결정하지 못했다면 적정가격으로 판단한다. '적정가격'을 가지고 있으면 '이것은 사도 좋고, 이것은 사면 손해'라고 판단할 수 있다.

우리 동네 적정가격 리스트

1... 늘 사는 물건 중심의 가격 리스트를 만든다.

2... 삼겹살처럼 브랜드 상관없이 저렴한 제품을 구입한다면 품목별로 가격을 조사한다.

3... '신라면'처럼 특정 제품을 주로 구입한다면 제품별로 적정가격을 조사한다.

4... 구입할 때마다 적정가격을 판단할 필요는 없다. 비싸지도 싸지도 않은 애매한 가격 때문에 고민될 때 적용해본다.

예) 동네 슈퍼는 짜왕 4개가 4500원, 얼마 전 홈플러스에서 3300원이었고 편의점에서 5200원 하는 것을 봤으니 적정가격은 4300원. 사면 손해이니 홈플러스에서 산다.

식재료 종류	최저가	최고가	적정가격
계란 (30개 한판)	5,000원	7,000원	6,000원
우유 (900ml, 1등급)	1,790원	3,390원	2,600원
신라면 (5개)	2,790원	5,640원	4,200원
삼겹살 100g, 국내산)	1,800원	3,500원	2,600원
간장 1.7L, 양조간장)	4,900원	9,600원	7,200원
생수 (2L)	450원	1,600원	1,000원
닭 (1kg)	4,900원	7,500원	6,200원
고등어 (한손, 중)	2,000원	3,600원	2,800원
애호박	500원	1,500원	1,000원
대파 (1단)	1,000원	2,500원	1,800원
바나나 (한송이)	2,500원	5,500원	4,000원
오뚜기 카레 매운맛(100g)	1,490원	2,300원	1,900원
식빵 (300g)	1,000원	1,980원	1,500원
부산어묵 (200g)	990원	1,600원	1,300원
백설탕 (1kg)	1,490원	2,300원	1,900원

5... 적정가격은 쉽게 기억할 수 있도록 반올림한다.

예) 4215원 → 4200원

6... 모든 상품의 가격 리스트를 만드는 것은 불가능하다. 살지 말지 가격이 고민될 때는 내가 보았던 최저가와 최고가의 평균을 그때그때 암산해보고 구입을 결정한다.

03 식비 절약 고수의 마트 돌기 기술

매장 입구

전단지에서 할인 품목 확인한다.

전단지는 마트의 보물지도, 보물인 할인 품목부터 확인하고 오늘 구입할 물건이 할인 품목이라면 주저 없이 구입한다. 예정 외의 식재료를 세일한다고 가격만 보고 충동 구매하는 것은 금물. 식단에 맞춰 구입여부를 결정한다.

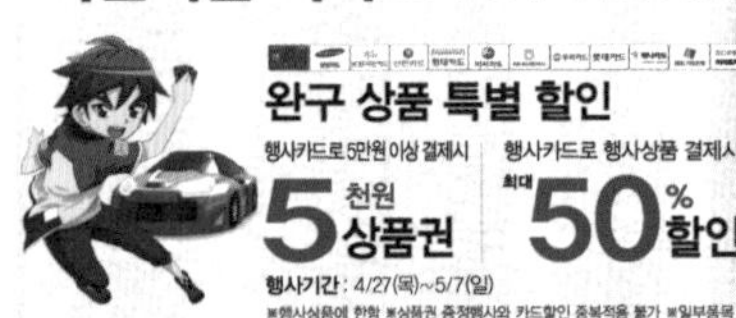

계절, 행사 정보에 현혹되지 않는다.

'어린이날 완구 50%', 큰 글씨로 특가 상품인 것처럼 광고하지만 특정 계절이나 행사에는 돈을 써야 할 때인 것처럼 심리적으로 유도하여 거래를 만드는 것일 뿐이다. 단 평소보다 할인된 가격은 아니므로 잘 체크해봐야 한다.

출처 : 이마트(http://store.emart.com)

최고 할인 품목은 Z의 시작 부분에 있다.

사람은 Z의 법칙에 따라 Z의 순서로 눈을 움직인다. 따라서 그 시작 부분인 전단지 왼쪽 윗부분에 고객을 끄는 최고의 할인 품목이 있을 확률이 높다. 식비를 절약하려면 Z 시작 부분의 상품을 주목한다.

계산대

계산대 앞에서는 장바구니를 반드시 확인할 것!

장바구니에 든 물건을 계산대에 꺼낼 때는 정말 필요한 물건인지 최종 확인한다. 우리 가족이 잘 먹지 않는 식재료, 충동 구매한 식재료는 즉시 반환한다. 뒤돌아서면 잊어버릴 물건이다.

예산을 오버하면 반환한다.

예상 금액을 계산하면서 쇼핑한다. 계산할 때 예산을 넘으면 부끄러워하지 말고 물건을 덜어낸다.

매장 내

한 바퀴 돌기 = 사전 체크한다.

한 바퀴 돌 때는 무엇이 신선하고 저렴한지 체크한다. 장보기 메모와 할인 품목 위주로 구입할 물건을 정한다.

두 바퀴 돌기 = 실제 구입한다.

구입할 물건을 바구니에 넣고 마트의 동선과 반대로 도는 것이 포인트. 과일, 채소→생선→육류 순으로 동선이 배열된 이유는 고기나 생선 같은 고가의 상품을 카트에 넣으면 과일, 채소의 구입량을 줄이기 때문이다. 육류→생선→채소 순으로 돌면서 비싼 육류를 먼저 카트에 넣으면 심리적으로 가격의 압박을 느끼기 때문에 불필요한 소비가 준다.

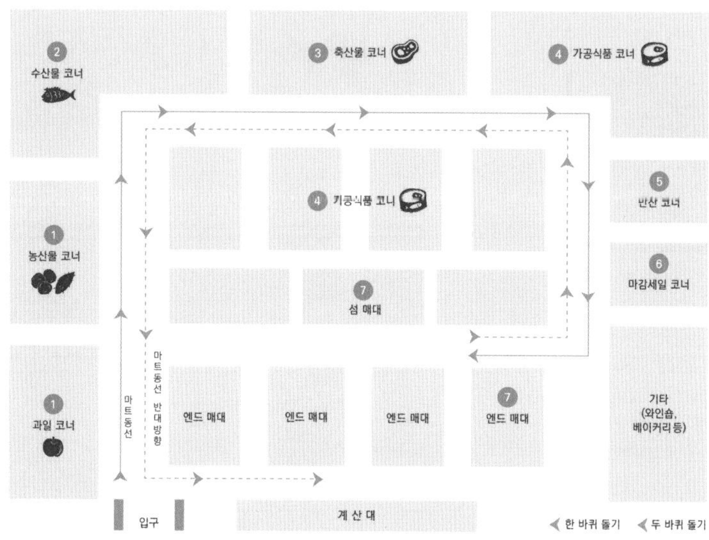

1 과일·농산물 코너

채소의 색을 내는 '피토케미컬'이라는 화학물질은 질병과 노화를 지연시켜준다. 빨강(토마토, 비트), 노랑(파프리카, 단호박), 초록(시금치, 브로콜리) 등 다양하게 구입하면 건강에 좋고 요리도 다채로워진다.

백색채소는 상비용으로 갖춘다. 콩나물·버섯·감자·무·양배추·양파 등의 백색채소는 요리에 다양하게 쓰이며, 저렴하고 가격 변동이 적으므로 종류별로 항상 구비하면 좋다.

저장성 좋은 감자, 고구마, 양파, 마늘 등의 근채류는 상자 단위로 대량 구입한다. 이렇게 하면 가격도 30% 정도 저렴해진다.

제철상품을 구입하다. 예를 들어 영양가 높은 파프리카는 겨울에는 꽤 비싸지만, 제철인 여름에는 저렴해진다.

2 수산물 코너

예산 내에서 한두 종류를 골라 구매하자. 대형 마트는 아침과 오후, 하루에 두 번 생선을 입고한다. 수시로 온도를 체크하면서 저녁 7시가 넘으면 세일 스티커를 붙이기 시작하는데, 이때 세일 상품 위주로 구입하는 것도 좋은 방법이다.

3 축산물 코너

육류는 일주일 단위로 3부위를 구입한다. 닭고기, 돼지고기, 가공육(햄, 소시지 등)까지 3종류 이상을 구비한 뒤 각종 일상 요리에 골고루 사용한다.

예) 1만2000원의 예산으로 구입한다면, 인원수로 사용량을 계산한다. 1인분의 양은 구이용은 200g, 채소를 곁들이는 볶음용은 100g, 찌개나 카레 등의 요리에 곁들일 경우 70g이다. 제육볶음 4인분이면 400g 가깝게 담은 팩을 구입해야 남기지 않는다.

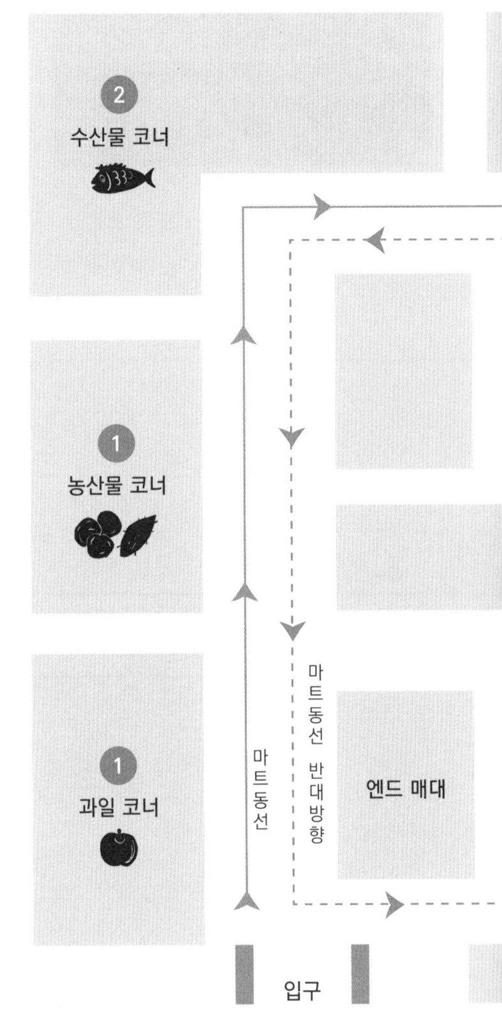

4 가공식품 코너

오랫동안 보존할 수 있는 가공식품과 통조림은 싼값일 때 사두면 식비 절약에 도움 된다. 단 재고 수량을 정하고 필요 이상 쌓아두지는 말자.

종류	재고 수량	종류
통조림	3개	참치, 고등어, 꽁치, 골뱅이 등
가공식품	1개	간장, 마요네즈, 케첩, 식용유, 파스타, 국수, 소금, 카레, 짜장 등
건어물	1개	오징어채, 멸치, 다시마, 미역, 김, 북어채 등

Tip 반조리식품은 구입하지 않는다.

반조리식품은 가공된 인건비가 재료 가격에 반영되어 있다. 반조리 떡볶이, 간편 가정식인 각종 찌개와 국, 볶음밥 등은 내용물이 부실한 편이며, 편리한 만큼 비싼 값을 치르는 셈이다. 요리에 자신이 없어서 구입한다면 소스를 연구하고, 바쁜 이유라면 소스와 재료를 따로 구입하거나 넉넉히 만들어 냉동해둘 것을 추천한다.

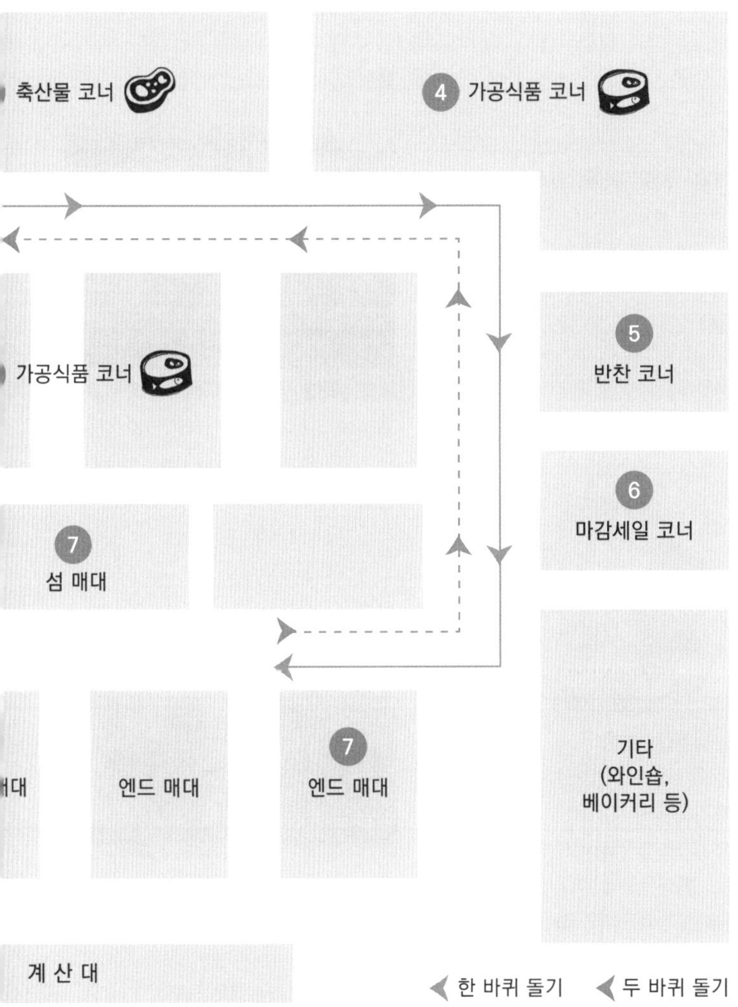

5 반찬 코너

반찬 재료 원가는 가격의 30%. 3000원 하는 반찬도 1000원이면 만들 수 있다. 일주일에 3팩씩, 한 달이면 2만5000원이 절약된다. 절약을 원한다면 반찬 대신 재료를 구입하자.

6 마감 세일 코너

당일 출고되어 신선도에 문제가 없더라도 마감 시간이 임박하거나 진열 시간이 일정 시간을 넘으면 최고 70%까지 세일한다. 생선은 하루, 과일·채소는 이틀 이내에 소비할 수 있는 것을 구입하는 것이 기본이다.

7 섬 매대, 엔드 매대

섬처럼 떨어져 진열된 섬 매대에는 인기 상품이 있고, 매대 끝부분인 엔드 매대에는 할인 상품을 진열하므로 꼭 체크한다.

04 초절약 장보기 +α 노하우

1

타임 세일 〉 하루 특가 〉 일주일 특가

세일 기간이 짧을수록 제품 가격이 저렴하다. 가장 저렴한 것은 타임 세일. 물건을 단시간에 선착순으로 판매하기 때문에 할인율이 크다. 그다음은 하루, 일주일 식으로 세일 기간이 길어질수록 할인율은 떨어진다.

2

주말보다 평일 저녁에 할인 품목이 많다.

주말 저녁에 더 많은 할인을 할 것 같지만 실은 평일 저녁에 할인 품목이 더 많다. 평일에 고객이 많지 않아도 넓은 진열대를 채워야 하기 때문에 마감 세일을 하는 채소, 생선, 정육의 종류가 다양하다.

3

과일과 채소는 바닥을 체크한다.

과일이나 채소는 포장 용기의 바닥을 체크한다. 윗부분은 신선해 보이지만 진열한 사이 상할 수 있고, 바닥에 신선도가 떨어지는 제품을 깔고 재포장했을 수도 있다.

4

마트는 밤 9시에 간다.

매월 둘째·넷째 주 토요일 밤 9시 : 대형 마트는 둘째·넷째 주 일요일에 정기휴무를 한다. 신선식품은 정기휴일 전날 밤 9시에 가면 50~70% 할인된 가격에 살 수 있다.

평일 밤 9시 : 신선식품은 밤 9시 이후에 가면 마감 세일로 20~70% 할인된 가격에 구매할 수 있다. 밤 11시가 넘으면 고기, 생선 냉장고를 깨끗이 치워버리므로 주의한다.

마트의 행사 시작일은 목요일 오전

대형 마트는 목요일부터 다음 주 수요일까지 일주일 단위로 행사가 변경된다. 목요일에 새로운 상품이 진열되기 때문에 인기 행사 상품을 득템하려면 목요일 오전이 유리하다.

7

과자는 일주일에 한 번!

과자는 아무리 사도 밑 빠진 독처럼 사라지는 아이템. 인간 사료 같은 트랜스지방 덩어리의 대용량 과자를 이것저것 구입해두고 '엄마 어릴 때는 없어서 못 먹었어'라고 말하는 것도 현명하지 못한 행동이다. 과자는 일주일에 한 번, 간단히 먹을 수 있는 양만 구입한다.

6

우유, 콩나물, 두부는 슈퍼에서 산다.

우유, 콩나물, 두부는 마트와 가격이 비슷하다. 견물생심이라고 보면 사고 싶은 법, 콩나물 한 봉지 사러 갔다가 이것저것 집어오는 것보다 집 앞 슈퍼에서 콩나물만 사는 것이 낫다.

8

마트 근처의 슈퍼도 할인 상품이 많다.

동네 슈퍼도 꽤 저렴한 물건이 많다. 특히 마트 근처라면 살아남기 위해 마트와 겨룰 수 있는 특가 품목을 파는 경우가 많다.

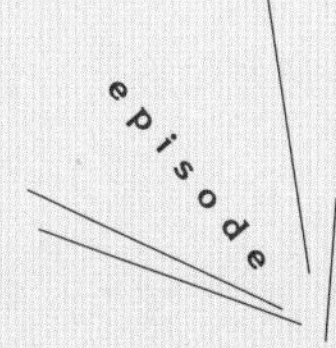

털팽이의 단골 가게

저는 스물넷에 결혼했으니 벌써 17년 차 주부입니다. 저희 집 앞 마트는 까르푸, 이랜드 홈에버, 홈플러스로 세 번이나 주인이 바뀌었고 그동안 제 쇼핑 단골 가게도 많이 바뀌었습니다.

정육

시장 정육점은 여러 부위를 저렴한 가격에 팔기 때문에 제가 즐겨 찾는 단골 가게랍니다. 1만 원이 있다면 삼겹살 한 근을 사기보다 4000원으로 뒷다릿살 한 근을 사서 동그랑땡을 하고, 6000원으로 돼지 사태를 사서 장조림을 해 일주일을 먹는답니다.

수입육

마트에는 냉장 수입육이 저렴해서 삼겹살 가격에 스테이크용도 구입할 수 있습니다. 수입육 전문점에서는 냉동 소고기를 부위별로 판매하는데, 허벅지살을 육전용으로 1만 원 정도 구입해 밀가루, 달걀을 묻혀 구우면 두 끼는 넉넉하게 먹을 수 있답니다.

생필품

생필품은 티몬 슈퍼마트나 쿠팡 '로켓배송' 같은 소셜 커머스를 이용하면 마트보다 20~30% 저렴하게 구입할 수 있답니다. 우유도 예전에는 생우유를 구입했는데, 멸균우유 가격도 저렴해 빨리 먹어야 하는 부담감도 없는 만큼 꼭 구입하고 있습니다.

닭, 오리고기

가격이 저렴한 통닭을 구입해 유튜브로 닭 발골하는 법을 배워서 조리합니다. 오리 또한 마트가 더 저렴한데 1만 원 정도 하는 생오리로스를 구입해 양파, 감자를 넣고 주물럭을 하면 반응이 아주 좋답니다.

채소, 과일

채소와 과일은 전철역 근처의 채소가게나 재래시장에서 구입합니다. 멜론 2000원, 수박 5000원, 애호박 500원 등 마트의 절반 가격이어서 일주일에 한 번 정도 모아서 구입합니다.

365일 갖춰두면 절대 이득! **최강 절약 식재료**

'식비 절약'이라고 하면 자반생선 한 마리를 사서 천장에 매달아두고 한 번씩 쳐다보는 자린고비 이야기를 떠올리지 않은지요? 고기 한 점 없는, 마치 풀밭 같은 밥상을 차려야 한다는 생각으로 절약을 한다면 가족 모두에게 고통을 줄 따름입니다. 그러나 저렴한 재료로도 건강하고 맛있는 한 상을 충분히 차릴 수 있다는 사실! 구하기 쉽고 저렴하고, 가격 변동까지 적은 '최강 절약 식재료'들을 모아 소개합니다.

01 백색 채소류

가격변동이 적어 가장 활용도 높은 기본 아이템

한파나 장마철과 같이 채소 가격이 급등하는 시기라면 콩나물, 버섯, 감자, 무, 양배추 등 가격 변동이 적은 백색 야채를 중심으로 식단을 짠다. 가격이 비교적 저렴할뿐더러 육류 등으로 인해 높아진 칼로리를 낮출 수 있는 건강한 식재료이므로 항상 구비해두는 것이 좋다.

콩나물 날씨에 구애받지 않고 사계절 내내 가격 변동이 없는 최강 절약 식재료. 한 팩에 1000 원 내외지만 양도 많고 국, 찌개, 볶음 등의 부재료로 다양하게 활용할 수 있다.

양배추 가격도 저렴하고 찌개, 볶음, 절임 등 어디에나 사용할 수 있는 만능 재료. 익혀도 양이 줄지 않는 만큼 요리의 양을 늘리기에 매우 이상적인 재료이다.

02 탄수화물 식재료

일상식에 빠져서는 안 될 필수템!

적당한 찬거리가 없어서, 또는 가족에게 라면으로 끼니를 때우게 하기엔 미안해서 배달음식을 시키는 경우가 잦다면? 평소에 냉동 밥, 국수, 파스타, 라면, 떡볶이 떡 등등 탄수화물 식재료와 소스를 기본으로 구비해두자. 여기에 냉장고 속 간단한 채소만 더하면 일품요리를 만들 수 있으므로 자연스럽게 배달음식과 외식의 빈도를 줄일 수 있다.

03 건면

맛은 살리고 부피는 늘리는 일등 공신

당면, 사리면, 국수, 파스타 등, 건면은 싸고 저장이 쉬우며 푸짐한 절약 요리의 일등 공신이다. 특히 당면은 요리의 부피를 늘리는 대표 식재료! 각종 해물 요리, 고기 요리를 할 때 주재료의 양을 반으로 줄이는 대신 당면과 채소를 보충하면 볼륨을 훨씬 늘릴 수 있다. 예를 들어 갈비찜을 만들 때 100g에 3000원인 소갈비 대신 100g에 500원인 당면과 떡볶이 떡을 넣으면 100g당 2500원을 절약할 수 있다.

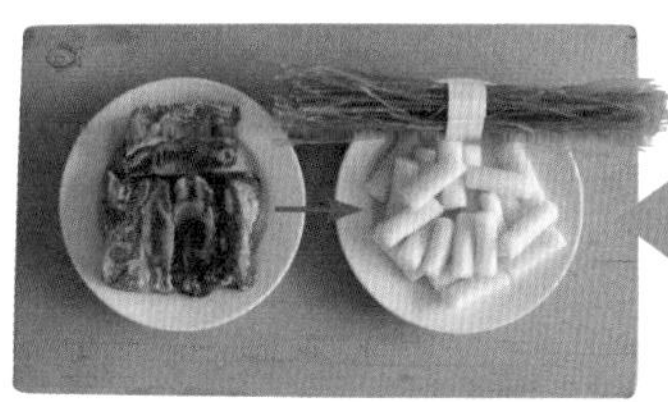

소갈비 100g (3000원) – 당면과 떡볶이 떡 100g (500원)
= 2500원 절약 !

04 저렴한 부위의 육류

조리법에 따라 3종류 이상 갖춰두면 좋은 재료

돼지고기는 삼겹살과 목살만 있는 것이 아니다. 저렴한 부위의 육류에 채소를 더하면 다양한 절약 요리를 만들 수 있다. 하지만 부위에 따라 질기거나 퍽퍽한 단점이 있으므로, 이를 보완할 수 있는 조리법을 선택한다.

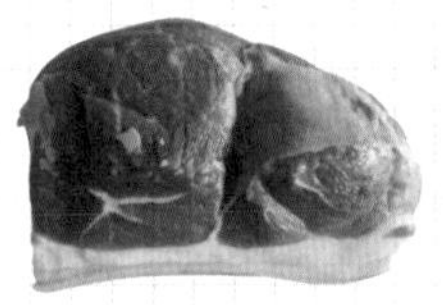

돼지고기 앞다릿살(전지)

100g당 1300원 내외

지방이 적당히 섞여 있고 뒷다릿살보다 식감이 좋아서 삼겹살, 목살 다음으로 선호하는 부위다. 수육, 구이, 보쌈 등에 활용한다.

앞다릿살 김치찜

앞다릿살 + 김치 + 조림 양념 (물, 마늘 넣고 30분 푹 끓이기)

-

김치와 앞다릿살에 물을 자작하게 붓고 고춧가루와 마늘을 넣은 뒤 푹 끓인다.

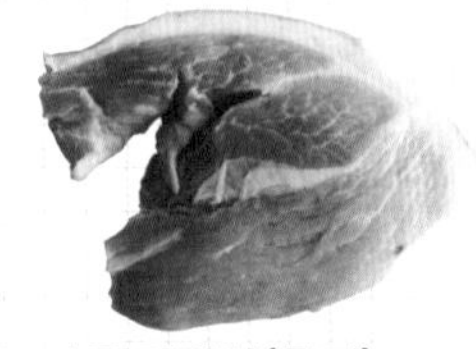

돼지고기 뒷다릿살(후지)

100g 당 700원 내외

지방이 거의 없는 퍽퍽한 살코기 부위로 앞다릿살보다 더욱 저렴한 부위이다. 다짐육(떡갈비, 동그랑땡, 햄버그스테이크), 제육불고기 등에 활용한다.

돼지고기 햄버그스테이크(4인분)

뒷다릿살 다짐육(600g) + 양파(1개) + 고기양념(빵가루 1컵 , 케첩 1/2컵, 간장 3큰술, 식초 2큰술, 설탕 1큰술, 마늘 1큰술, 소금 1작은술) + 소스(양파 1/2개 + 스테이크 소스 5큰술, 물 1/4컵)

-

뒷다릿살 다짐육에 고기양념을 넣고 치대어 햄버거 패티 모양으로 빚는다. 기름을 두른 프라이팬에 올려 물을 1/2컵 붓고, 뚜껑을 덮어 중불에서 3~4분 찌듯이 익힌다.

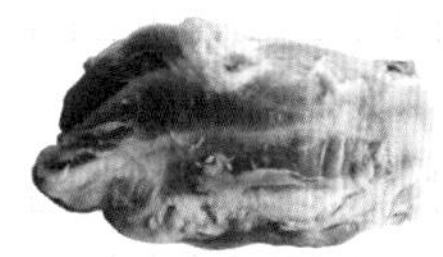

돼지고기 사태
100g당 1200원 내외

몸통과 연결되는, 다리 윗부분에 붙은 부위다. 근육이므로 20~30분 정도 삶아 조리하면 쫄깃한 식감을 살릴 수 있다. 장조림, 찜, 수육 등에 활용한다.

사태 감자조림

사태 + 감자, 당근 + 간장 양념 (간장 3 : 설탕 1 : 마늘 0.5) + 조림

–

한입 크기로 자른 사태와 감자, 당근을 냄비에 넣고 이들이 잠길 정도로 물을 붓는다. 여기에 간장 양념을 함께 넣어 조린다.

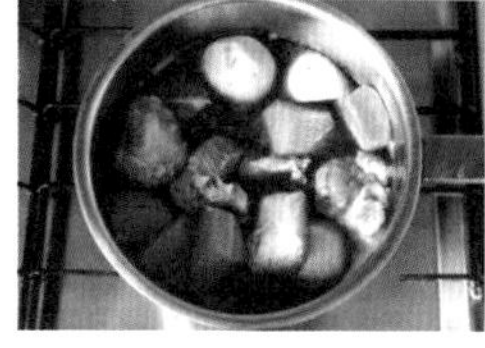

돼지고기 안심
100g당 1500원 내외

지방이 적어 칼로리가 낮은 고단백 부위며 근섬유 방향이 일정해 잘게 찢어 조리할 수 있다. 돼지의 복강 중앙에 있기 때문에 가장 부드럽다. 장조림, 돈가스, 탕수육 등으로 요리한다.

안심 찹스테이크

안심 + 냉장고 속 야채 + 스테이크 소스 + 볶기

–

올리브오일과 소금에 재운 안심을 채소와 함께 볶은 뒤 스테이크 소스로 간한다.

05 냉동 닭 가슴살

제2의 필살기 요리에 안성맞춤인 재료!

육류 중 닭고기가 가장 저렴한 것은 누구나 아는 사실. 부위 중에서도 닭 가슴살은 워낙 단백질 풍부해 다이어트 기간 중 필수 식재료로 꼽힌다. 자주 먹는경우 간편한 냉동 제품을 구비해두면 요긴하다.

냉동 닭 가슴살
1kg당 5000원 내외

고단백 부위이므로 해동 후 육질 변화가 적고, 개별 급속 냉동되어 분할 조리할 수 있다는 것도 장점.

닭 가슴살 장조림
닭 가슴살 2개 + (새송이, 꽈리고추, 마늘) + 간장 양념(물 2컵, 진간장 4큰술, 설탕 2큰술) + 조림
–
닭 가슴살을 삶아 잘게 찢은 뒤 부재료를 한데 넣고 간장 양념에 조린다.

tips

근섬유 방향에 따라 자른다.

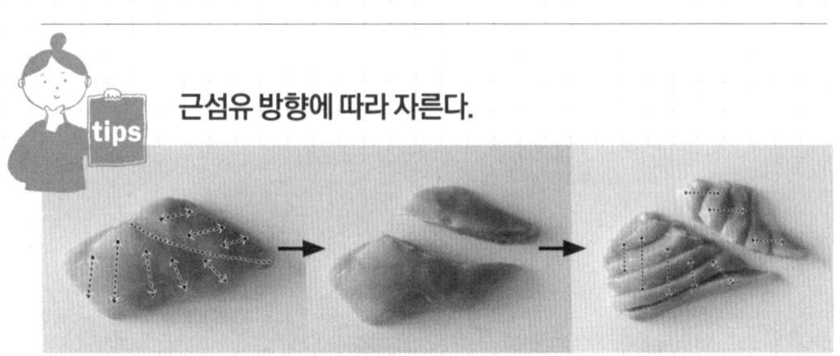

1. 닭 가슴살은 근섬유가 여러 방향을 향한다.
2. 근섬유의 방향이 바뀌는 선을 따라 닭 가슴살을 떼어낸다.
3. 근섬유 방향에 직각이 되도록 조각내면 퍽퍽한 식감 없이 부드럽게 요리할 수 있다.

손질법에 따라 다양하게 활용할 수 있다.

닭 가슴살은 지방함량이 적은 부위이지만 퍽퍽함 때문에 인기가 높지는 않다. 대신 손질법을 바꾸면 전혀 다른 식감으로 바뀌기 때문에 다양한 요리에 활용할 수 있다.

밑간한다. 먹기 좋은 크기로 썰고 마늘, 생강, 소금으로 밑간 한다. 빵가루를 묻히면 치킨 텐더, 튀김가루를 묻히면 순살 치킨을 만들 수 있다.

녹말을 묻힌다. 밑간한 닭 가슴살을 먹기 좋은 크기로 썰어 녹말을 묻힌다. 프라이팬에 바삭하게 구워 조림이나 볶음을 한다.

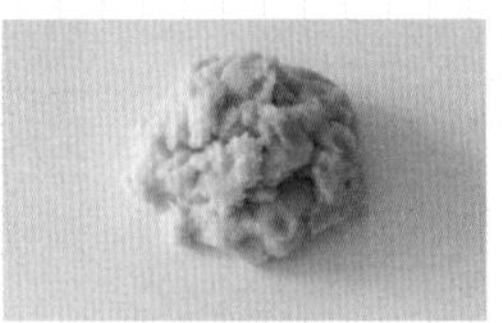

다진다. 칼이나 믹서기에 넣고 다지면 섬유가 끊어져 부드러워진다. 완자를 만들어 국에 넣거나 동그랑땡을 만들면 담백하고 부드러워 아이 반찬으로 좋다.

얇게 편다. 펴면 빨리 익고 더 고소하다. 먹기 좋게 썰어 볶음에 넣거나 쇠고기, 돼지고기 대용으로 활용한다.

유통기한이 지난 우유는 무조건 버려야 할까?
유통기한과 소비기한의 정확한 구분법

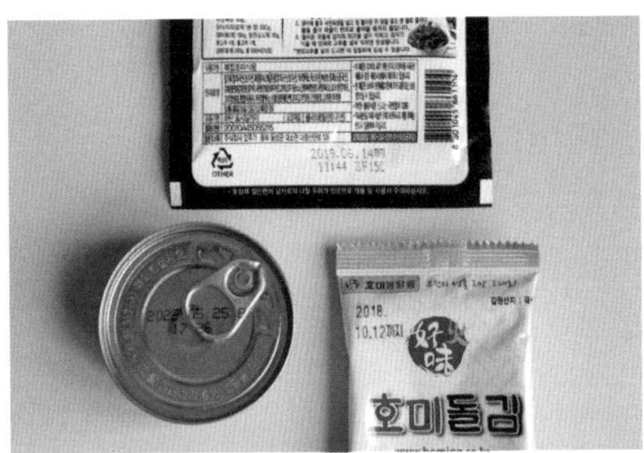

1 유통기한이란?

부패한 식품으로 인한 식중독 방지를 위해 법적으로 마련한 제도다. 즉 판매가 허용된 기한이다. 예컨대 안전에 문제가 없는 기간이 100일이라면, 유통기한은 이 기간에 안전계수인 0.6~0.7%를 곱한 60~70일로 결정된다(국내 기준).

2 소비기한이란?

미개봉 상태에서 먹어도 건강에 이상이 없을 것으로 판단되는 기한이다. 유럽, 일본에서는 유통기한이 지나도 식품을 판매할 수 있도록 '소비기한', 또는 '상미기한' 제도를 시행하고 있다. 우리나라는 유통기한 단일 체계다. 5년 전 소비기한 병행 표기를 검토했지만 기존 체제를 유지하는 쪽으로 결론 내려졌다.

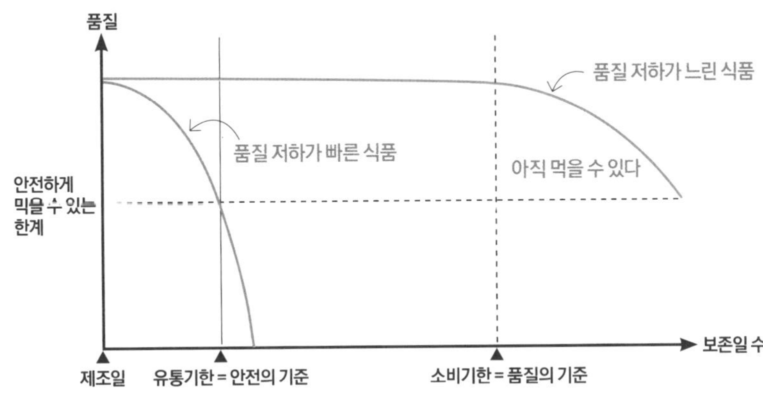

〈유통기한과 소비기한〉 품질 저하 속도별 식품의 변질 여부

3 유통기한이 지난 식품은 버려야 할까?

미개봉 상태의 식품을 유통기한 경과 후 소비기한 내에 활용할 수 있는 기간이 있으므로, 무조건 버리는 것은 또 다른 낭비가 될 수 있다. 품질의 기준이 보장되는 만큼 적절한 보관법을 거쳐 재료를 알뜰하게 소진해보자.

요구르트	우유	달걀	슬라이스치즈
10일	50일	25일	70일
두부	**식빵**	**라면**	**냉동 만두**
90일	18일	8개월	1년 이상
참기름	**식용유**	**참치캔**	
2년6개월	5년	10년 이상	

날짜가 바뀌는 자정(0시)이 지나자마자 유통기한을 넘기면서 갑자기 음식이 상하는 것은 아닙니다. 유통기한으로 폐기되는 음식은 매년 7000억 원 규모이며, 이들 식품의 40%가 손도 대지 않은 채 버려진다고 합니다. 그런데 수분이 적거나 건조된 식품은 유통기한이 지나도 변질되지 않기 때문에 먹어도 안전에 문제가 없습니다. 소비자원의 실험에 따르면 식빵은 표기된 유통기한보다 20일, 식용유는 5년, 쉽게 상하는 우유나 두부도 살균포장 했기 때문에 개봉하지 않은 상태로 각각 50일, 심지어 90일까지 소비가 가능하답니다. 결국 유통기한이 며칠 지났다고 해서 버릴 필요는 없다는 점을 꼭 한번 생각해보세요.

4 안전하게 먹으려면 주의하자!

개봉한 식품

소비기한은 개봉하지 않은 식품을 정해진 방법으로 보관했을 때 가능한 기한. 개봉했거나 보관 방법대로 저장하지 않은 식품은 소비기한에 관계없이 빨리 먹는다.

기름이 많이 포함된 식품

기름이 산패하면 몸에 해로운 물질이 만들어지고 혈관을 막는다. 기름이 많이 포함된 식품은 소비기한에 관계없이 빨리 섭취하는 것이 좋다.

달걀

달걀의 유통기한은 살모넬라균의 증식이 일어나지 않는 기한 즉 생식이 가능한 기한이다. 그래서 유통기한이 지난 것도 완숙해서 먹으면 문제가 되지 않는다.

통조림

제조 과정에서 밀봉 후 가열살균을 하기 때문에 10년간 저장할 수 있다. 단 캔이 부풀어 있다면 보툴리누스균이 있을 확률이 높으니 절대 먹지 않는다.

5 B급 상품을 최대 90%까지 할인 판매하는 쇼핑몰

B급 상품을 판매하는 쇼핑몰이다. 유통기한이 임박한 상품 이외에도 재고 땡처리 상품, 반품 상품을 판매하는데 홍보가 부족해 판매하지 못한 수입 상품이나 중소기업 상품, 홈쇼핑 상품 등이 많다. 대부분 40~90% 이상 할인하기 때문에 경제적으로 소비할 수 있지만, 충동 구매하거나 매진되면 구입하지 못한다는 생각에 필요 이상 구입할 수 있다는 것이 함정! 이 점만 염두에 두고 합리적인 쇼핑을 해보자.

이유몰

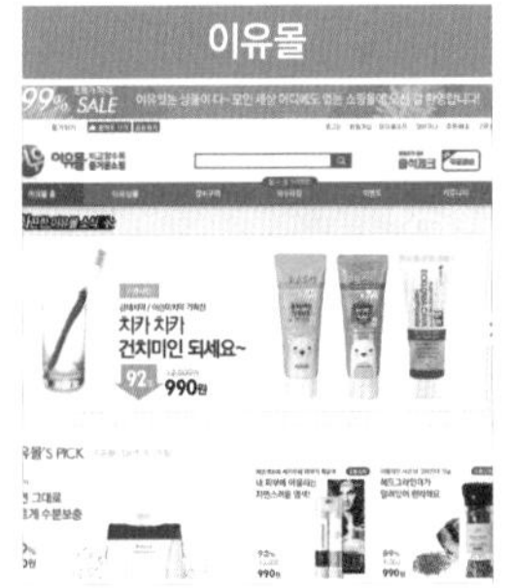

이유 있는 B급 상품을 40~90% 할인된 가격에 판매한다. '아수라장'에서는 마스크팩 89원, 날팽이크림 190원 등 파격적인 할인율로 판매하는데 인기 상품은 조기 매진되므로 문자 알림을 받는 것도 좋다.

임박몰

모든 제품을 '세트 구성' 해서 무료 배송하는 것이 최대 장점. 특히 치스, 크림치즈, 포션 버터, 소시지, 햄은 유통기한이 2주 내로 임박하면 85% 정도 할인하는데, 이를 냉동하면 6개월 이상 보관할 수 있으므로 추천한다.

떠리몰

유통기한 임박한 과자, 간편식품, 화장품, 건강 보조식품 등 700여 가지를 취급한다. 인기 상품은 과자인데, 유통기한이 6개월 이내로 남은 수입 과자를 50% 이상 할인 판매한다고 하지만 정상 제품이 인터넷 최저가 대비 10~20% 정도의 할인율인 경우가 많으므로 꼼꼼히 비교해 본 뒤 구입한다. 정기적인 상품 테스트로 안전성을 체크하고 있다. 견과류 등 상품의 특성에 따라 품질이 저하되었을 수도 있으니 후기를 잘 읽어보고 구입한다. 추천 제품은 화장품, 헤어 용품 등의 뷰티 용품.

Save on
Food costs **06**

신선함을 유지하는 **궁극의 식품 저장법**

마트에 닭을 사러 갔는데 애호박이 500원, 방울토마토는 한 팩에 2000원, 때마침 생닭도 2500원이라는 파격가 세일입니다. '이게 무슨 횡재람!?' 저녁에 닭백숙을 해 먹고 방울토마토와 애호박은 냉장고에 넣어뒀어요. 이후로 일주일이 지난 무렵, 의문의(?) 검정 비닐을 열어보며 애호박과 방울토마토를 발견합니다. 그런데 애호박은 검은 반점이 생기고 방울토마토는 썩어서 물이 흐르기 시작한 상태입니다. 싱싱한 재료를 싸게 샀다고 좋아했는데 결국 상해서 버렸으니… 이건 극명한 낭비입니다. 구입한 식재료의 저장성을 높이면서 부패를 막는 '수명연장' 저장 방법을 소개합니다.

1 언제 사용할 것인지 확인한다

구입한 식재료를 언제까지 사용할 것인지 정한다. 생선, 두부와 같이 상하기 쉬운 식재료는 빨리 사용할 수 있도록 식단을 조정하고, 사용기간이 길어진다면 소금, 간장, 술, 식초와 같은 정균 효과가 있는 양념으로 저장성을 향상시킨다.

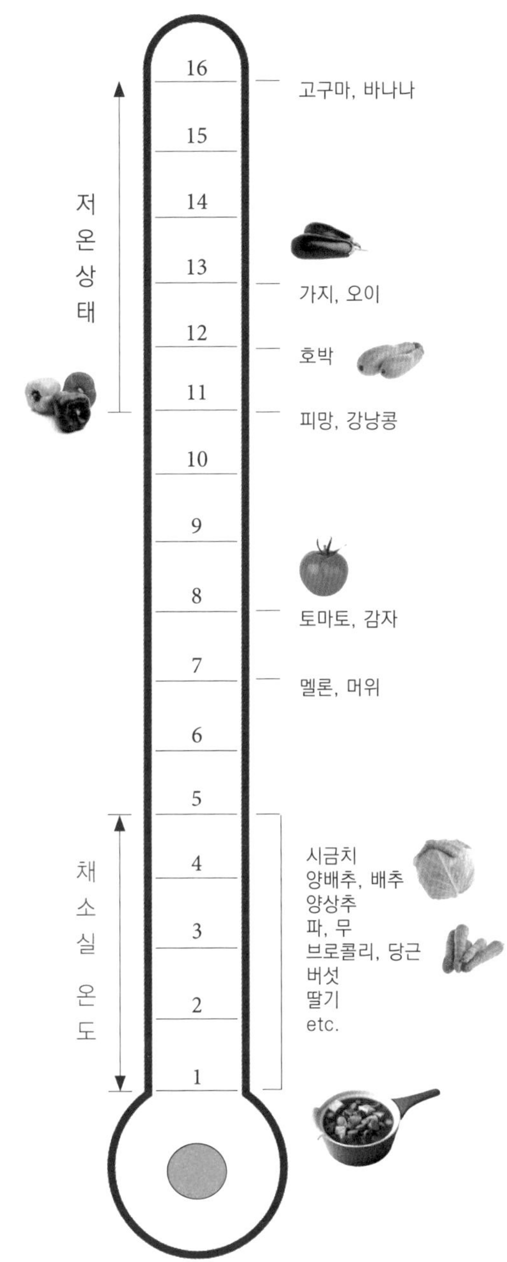

2 적재적소에 보관한다

신선도를 유지하는 보관 장소로는 냉장고가 최적이지만, 냉장고에 넣으면 품질이 떨어지는 식재료도 있다. 여름 채소와 열대 과일은 검게 변하는 저온 상해를 일으키고 마늘은 쉽게 썩는다. 커피는 다른 음식의 냄새를 흡수하고 시리얼은 눅눅해지며, 꿀은 결정이 생긴다. 보관 장소가 적합하지 않아 버리게 되면 모처럼 싸게 구입한 것도 무의미해진다.

냉장 vs. 냉동? 저장성과 부패를 해결하는
식재료별 수명 연장 보관법

01 육류 & 생선의 수명 연장 보관법

육류 _ 양념해서 **냉장** 보관

1단계 밑간을 한다.
사온 고기를 팩째 방치하면 표면이 끈적해지고 악취가 생긴다. 메뉴를 정하지 않았더라도 소금과 술로 미리 밑간해두면 저장성이 좋아진다.

2단계 양념을 한다.
생고기와 양념육 가운데 더 오래 보관할 수 있는 것은 양념육이다. 간장, 고춧가루, 술, 식초, 마늘, 생강 등의 조미료는 미생물의 성장을 늦추는 정균 작용을 하기 때문에 생고기일 때보다 저장기간이 급격히 늘어난다.

생선 _ 절임과 **냉동** 보관

부패가 빨라서 1~2일 보관할 수 있지만, 밑간해 절여두면 보존성이 좋아지고 요리하기도 편하다.

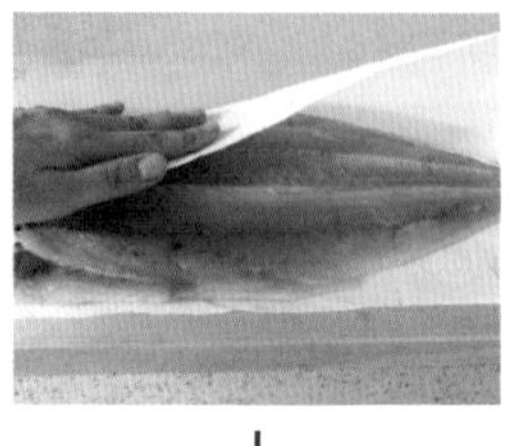

1단계 생선 표면의 물기를 제거한다.
표면의 물기는 세균 번식과 악취의 원인이므로 쿠킹 페이퍼로 닦는다.

↓

2단계 양념에 절인다.
보관 기한을 3일 연장할 수 있다. 소금, 간장에 절이면 조미료에 포함된 염분이 보존성을 높인다.
간장절임 삼치, 연어, 대구, 방어는 간장절임이 맛있다. 한 마리당 간장 20ml, 물 50ml, 설탕 1작은술, 생강 한 조각에 담근다.

↓

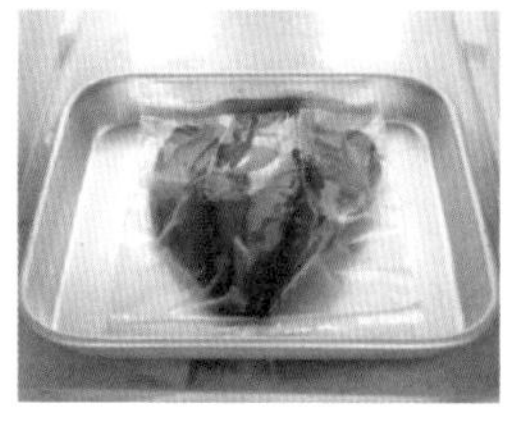

3단계 냉동한다.
맛이 좀 떨어지지만 냉장보다 더 오래 보관할 수 있다. 1회분씩 비닐에 넣어 얼린다. 이때 천천히 얼면 세포가 손상되어 해동할 때 세포액인 드립이 흘러나오므로 때문에 알루미늄 트레이 등의 금속판을 아래에 깔아 냉동 시간을 단축시킨다.

생선회 _ 다시마로 말아서 **냉장** 보관

다시마 위에 생선회를 올리고 그 위에 다시 다시마를 얹은 후 공기가 닿지 않도록 랩으로 말아 냉장 보관한다. 수분이 빠져나가 맛이 응축되고 특유의 향으로 비릿한 맛도 사라진다. 마감 세일로 구입한 생선회를 보관하기에 좋은 방법이다.

02 기타 식재료의 수명 연장 응용술

1

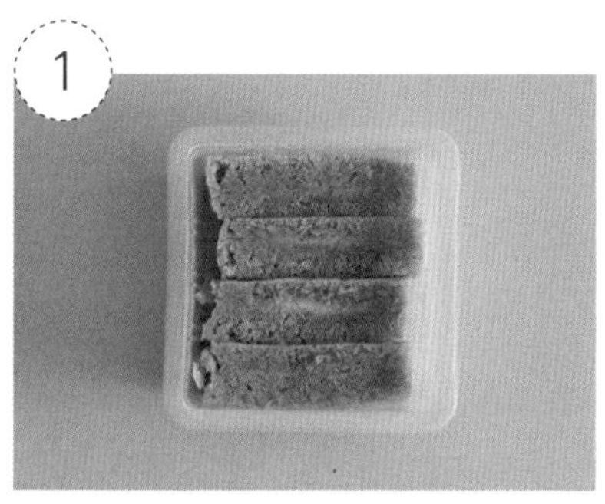

두부 _ 언 두부 만들기

남은 두부를 통째로 얼리면 얼음 결정이 생기고, 녹이면 얼음 결정이 작은 구멍으로 남는다. 스펀지 같은 다공질이 되기 때문에 양념이 잘 스며들고 단백질이 응축되어 튀겼을 때 더욱 바삭하다. 된장찌개에 넣어도 좋다.

2

자투리 채소 _ 피클 만들기

자투리 채소는 적당한 크기로 썰어 피클을 만들면 오랫동안 보관할 수 있다. 물, 식초, 설탕 = 2:1:1로 넣고 소금으로 간을 하고 끓인 절임 액으로 피클을 만들어두면 간편 반찬으로 낼 수 있다.

3

단호박 _ 씨를 제거해 냉장 보관

단호박의 씨 부분은 쉽게 부패하며 곰팡이도 잘 생긴다. 씨를 숟가락으로 파내고 랩으로 씌워서 냉장 보관한다.

4

무 _ 치킨 무 만들기

요리하고 남은 무로 아이들이 좋아하는 치킨 무를 만든다. 물, 식초, 설탕 = 2:1:1로 넣고 소금 한 큰술을 넣어 팔팔 끓인 후 주사위 모양으로 자른 무에 붓고, 3일 숙성시킨 뒤 먹는다. 아이에게도 안심하고 먹일 수 있다.

5

큰 채소 _ 소금절임 해 보관

무, 양배추, 배추와 같은 큰 채소가 시들해지면 소금에 절인다. 비닐봉지에 자른 채소와 소금을 넣고 흔들어 냉장 보관한다. 수명을 일주일 정도 연장할 수 있어 여유롭게 요리할 수 있다.

6

버섯 _ 갓을 아래로 해서 **냉장** 보관

버섯은 갓의 포자가 떨어지면 빨리 상한다. 넣을 때 포장용기를 뒤집어 갓을 아래로 하여 보관하면 신선도를 오래 유지할 수 있다.

7

표고버섯 _ 잘라서 **냉동** 보관

냉동하면 더욱 맛있어진다. 표고를 말리는 이유는 말렸다 불리면 맛 성분이 더 잘 우러나기 때문인데, 냉동해도 같은 효과를 볼 수 있다. 냉동하면 표고의 90%인 수분이 얼어서 팽창함으로써 세포벽이 손상되어 영양분과 맛이 쉽게 녹아 나온다. 기둥을 떼고 먹기 좋은 크기로 잘라 지퍼백에 보관한다.

8

부추 _ 씻어서 **냉동** 보관

부추는 며칠만 지나도 쉽게 무르기 때문에 냉동을 추천한다. 생부추처럼 씹는 맛은 적지만 향은 충분하다. 3등분해 지퍼백에 넣어 보관한다. 언 채로 찌개, 부침개, 국밥 등에 넣는다.

9

생강 _ 1년치를 한 번에 **냉동** 보관

햇생강이 나오는 11월에 대량 구입해 1년치를 냉동 보관한다. 물에 담가 흙을 제거하고 1회분씩 잘라 냉동한다. 잘게 저며서 청주를 부어 생강술을 만들어도 좋다.

10

마늘 _ 김치냉장고 보관

실온에 오래 보관하면 싹이 나고 썩으므로, 쪽을 나눠 베란다에서 3일 정도 말린 후 밀폐용기에 담아 김치냉장고나 신선실 깊숙한 곳에 보관한다. 마늘을 신선하게 보관하는 온도는 0도다. 냉동하면 쉽게 무르고 향도 덜하지만 수육, 장조림, 삼계탕 등에 넣을 통마늘은 껍질을 까서 냉동해도 좋다.

11

양파 _ 다져서 **냉동** 보관

냉동 양파는 매운맛이 빠지고 단맛이 강해지기 때문에 햄버거, 샌드위치에 바로 넣어도 맛있고 볶아서 볶음밥, 수프, 카레에 넣어도 좋다. 언 채로 요리에 넣는다.

12

김 _ 실리카겔 + 냉동 보관

수분이 얼어 건조한 냉동실은 김을 보관하기에 최적의 장소. 하지만 김 봉투를 개봉하면 단번에 습기를 흡수해 눅눅해진다. 실리카겔을 넣고, 먹을 때는 봉투가 실온과 같아진 뒤 개봉한다.

13

과일 _ 한입 크기로 썰어 냉동 보관

과일을 얼리면 비타민, 미네랄이 풍부하고 칼로리가 낮은 건강한 아이스크림이 된다. 또한 장기간 보관한 과일보다 영양분의 손실도 적다. 얼리면 맛을 느끼기 어려우므로 단맛과 신맛이 강한 과일을 얼리는 것이 좋으며, 딱딱하므로 한입 크기로 썰어 얼린다. 셔벗 같은 식감을 즐기며 그대로 먹어도 좋고 요구르트에 섞어 먹어도 좋다.

14

토마토 _ 통째로 냉동 보관

완숙 토마토가 남았다면 통째로 지퍼백에 넣어 냉동한다. 과일로 생식할 수는 없지만, 서걱서걱 쉽게 잘려 주스를 만들기에도 좋다. 꺼낸 후 물을 대면 껍질이 훌렁 벗겨지는 것도 장점!

15

미숙 토마토 _ 실온 보관

토마토는 수확 후 스트레스로부터 자신을 지키기 위해 리코펜을 생성하며 호흡한다. 실온에서 저장하면 냉장고에 넣을 때보다 항산화 작용을 하는 리코펜이 40% 이상 생성되며 맛도 한결 좋아진다.

16

레몬 _ 냉동 보관

레몬이나 라임은 잘라서 반만 쓰고 넣어두었다가 버릴 때가 많다. 바로 사용하지 않을 경우에는 랩으로 싸서 냉동한다. 냉동 레몬을 전자레인지에서 1분만 돌리면 생으로 짤 때보다 과즙이 더 많이 나온다.

Save on Food costs **07**

시든 채소와 과일이 살아난다! **마법의 '50도 세척법'**

친정 엄마가 텃밭에서 기른 무공해 상추를 한 바구니 주셨어요. 삼겹살 구울 때 싸 먹고 냉장고에 넣어뒀는데 꺼내 보니 시들시들합니다. 그동안 냉장고에 오래 넣어둬서 쭈글쭈글해지고 시든 과일과 채소를 음식물 쓰레기통에 버렸다면, 이제부터는 50도의 물로 세척해보세요. 밭에서 바로 수확한 것처럼 싱싱하게 되살릴 수 있습니다. 식비도 절약하고 물소비량도 3분의1로 줄일 수 있는 궁극의 세척법입니다.

01 시든 채소와 과일의 응급처치 = 50도 세척법

채소와 과일은 밭에서 수확한 시점부터 수분이 부족한 상태. 시들어 힘이 없는 채소는 50도의 미지근한 물에 담가둔다. 채소를 뜨거운 물로 씻으면 익기 때문에 찬물로 씻어야 한다고 생각하지만, 50도의 물에서 씻으면 수분이 흡수되어 싱싱해지고 아삭한 식감마저 살아난다.

Tip 물온도를 맞추려면 온도계로 확인하는 것이 확실하다. 단, 끓는 물과 찬물을 1:1로 혼합하면 대략 50도를 맞출 수 있다.

가능한 채소
-
잎채소 (상추, 깻잎 등)
줄기채소 (토마토, 아스파라거스 등)
과일 (딸기, 오렌지, 키위 등)
시든 꽃

50도 세척법의 원리

채소는 수확 후 수분 증발을 막기 위해 기공을 닫아 시들게 된다. 50도의 물에 담그면 열 충격으로 잎의 기공이 순식간에 열려 세포가 수분을 끌어들이면서 싱싱한 상태로 돌아간다.

세척법의 효과

1. 신선도가 오랫동안 유지된다.

50도 세척 한 채소는 5일이 지나도 시들지 않는다.

2. 세균이 쉽게 제거된다.

식중독의 40%는 채소가 원인이며, 오염된 채소를 제대로 씻지 않았기 때문이다. 50도 세척을 하면 찬물 세척을 할 때보다 세균이 10분의 1로 줄어들어 식중독을 효과적으로 예방할 수 있다.

3. 물 소비량이 1/3로 줄어든다.

흐르는 물에서 채소를 3분간 씻으면 36리터의 물이 소비된다. 물을 받아서 헹구면 세척과 헹굼을 합쳐도 1/3의 양이면 충분하다.

process

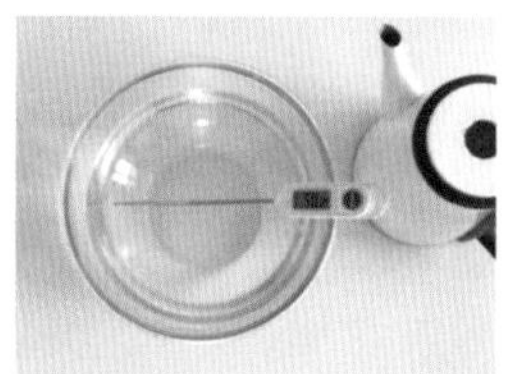

1. 50도 온도의 물을 준비한다. 끓는 물과 상온의 물을 1:1로 혼합하고 온도를 확인한다.

2. 잎채소는 2분, 대파는 3분, 과일과 열매채소는 5분간 담근다.

상추는 이물질이 녹아 나오며, 마지막에 찬물로 헹구면 보드득한 느낌이 들 정도로 깨끗이 씻기면서 싱싱하게 살아난다.

방울토마토는 꼭지가 싱싱하게 살아나며, 열매 표면의 잔털에 묻어 있는 세균이 제거된다.

02 육류의 지방과 잡내가 사라진다

육류를 50도 물에 세척하면 산화된 지방과 냄새가 제거되어 건강하고 맛있는 요리를 할 수 있다.

Tip 다진 고기와 얇게 저민 고기는 적합하지 않다.

50도 육류 세척의 효과

지방과 누린내가 제거되고 수분이 흡수되어 육즙이 촉촉해진다.

가능한 육류

-

돼지갈비
토막 낸 닭고기
스테이크와 돈가스
두껍게 썬 고기 등

process

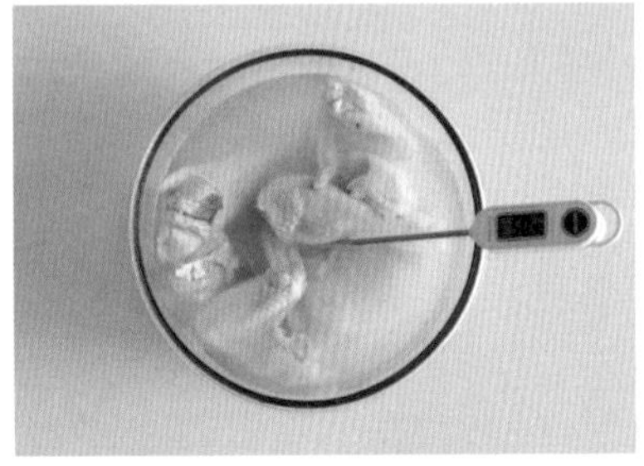

1. 닭고기, 돼지고기 등의 육류를 50도 온도의 물에 2~3분간 담가둔다.

Tip 식중독 예방은 필수! 용기나 비닐에 50도의 물을 직접 부어서 세척하고, 배수구에 바로 버려 육류 씻은 물이 다른 조리 도구에 튀지 않도록 한다.

2. 찬물에 헹군다. 50도로 세척한 육류는 냉장, 냉동 보관하지 않고 바로 조리한다.

3. 냉동육 역시 50도 세척을 하면 해동과 세척을 동시에 할 수 있다.

03 바지락을 재빠르게 밑손질한다! = 50도 해감

바지락은 소금물에 반나절 해감해야 하지만, 50도로 가열한 물로 세척하면 15분 만에 밑손질을 끝낼 수 있다.

50도의 해감 원리와 효과

물에 바지락을 넣고 껍데기를 문지르면 바지락이 열에 쇼크를 받아 몸을 지키기 위해 수분을 최대한 흡수하고 모래와 이물질을 한꺼번에 뱉는다.

process

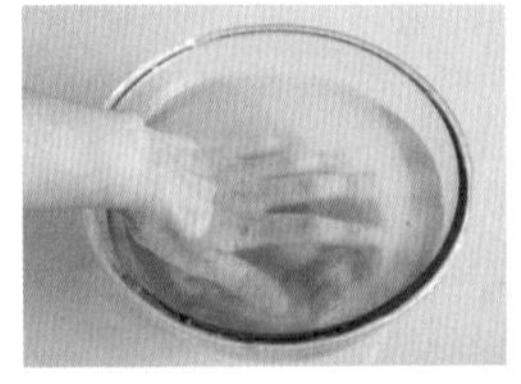

1. 소금을 넣지 않은 50도 온도의 물에서 바지락 껍데기를 강하게 문지른 후 15분 동안 둔다.

2. 15분이 지나면 바지락은 입을 열고 모래를 뱉는다.

전력 소모의 주범, 냉장고 **절전으로 연간 5만 원 벌기**

지난여름, 전자제품 수리 기사님이 말했습니다. 냉장고 뒷면이 벽과 딱 붙은 데다가 팬 모터까지 먼지덩어리로 막히면서 냉장고가 고장났을 거라고요. 제 관리 부족으로 모든 음식을 버리고 나니, 냉기 순환을 돕는 '절전' 이야말로 전자제품을 오래 사용하는 데에도 꼭 필요한 상식이라는 것을 깨달았습니다. 냉장고를 놓는 위치와 계절별 온도 설정 그리고 정기적인 청소까지. 전기 제품의 전력 소모량은 아주 작은 간과로 술술 새어 나갑니다. 적은 돈이라도 지식이 없어서 놓치는 부분이라면 정말 아깝지 않은가요? 불필요한 전력을 줄이는 냉장고 절전 노하우와 수납법 그리고 냉동과 해동의 기술까지 정리해봅니다.

냉장고가 소비하는 전력은 20%, 전체 가전의 2위!

냉장고와 김치냉장고가 소비하는 전력은 우리 집 전체 전력의 20%, 전기밥솥에 이어 2위!
365일 24시간 가동하여 많은 전력을 소비하는 만큼 조금만 노력한다면 절전 효과 또한 크다.

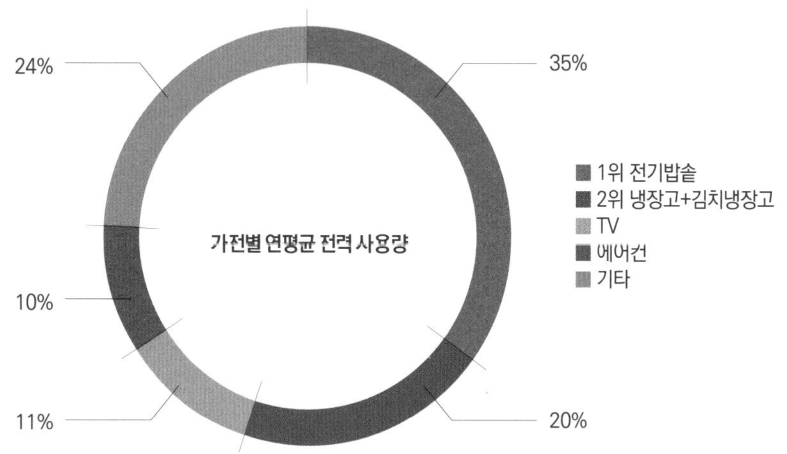

전력거래소, 2013, 가전기기 보급률 및 가정용 전력 소비행태조사 기준
* 이후로 변경된 누진 제체계에 관한 내용은 후반의 공공요금 부분을 구체적으로 참조하시기 바랍니다.

우리 집 냉장고의 연간 전기요금을 계산해보면?

Step 1

냉장고 앞면에 표시된 월간 소비 전력량 체크

32	kWh

Step 2

포털 사이트에서 전기요금 계산기를 검색한다

전기요금 계산기

Step 3

누진제 1단계를 적용한 우리 집 냉장고의 단순 전기요금은?

[월간 1130원]

Step 4

월간 전기 사용량을 적용한 우리 집 냉장고의 전기요금은?
= (월간 전기요금) – (냉장고 소비 전력량을 뺀 전기요금)

350kWh의 전기요금 **5만5080원**	–	318Wh의 전기요금 **4만8230원**	=	**6850원**

실제 청구되는 냉장고의 전기요금은?

[월간 6850원,
1년 8만2200원]

1. 가정용 전기요금은 누진제가 적용되므로, 월간 전기 사용량을 고려해 계산한 전기요금이 실제 청구요금과 비슷하다.

2. 전기요금은 월간 소비 전력량 32kWh의 냉장고, 4인 가족 월평균 전기 사용량인 350kWh(주택용 저압, 누진세 2단계 적용)를 기준으로 계산했다.

쓸데없는 전력 소모를 없애는 냉장고 절전 노하우

1 벽에서 10cm 이상 떨어져 설치한다

냉장고는 두는 위치에 따라 전기요금이 달라진다. 냉장고와 벽 사이에 공간이 없으면 발열 및 통풍이 잘 되지 않아 불필요한 전기요금이 소요되므로 뒷면과는 10cm, 측면과는 2~3cm 간격을 둔다. 또한 열이 많이 발생하는 가스레인지나 직사광선이 내리쬐는 창문 옆을 피하고, 냉장고 위에 물건을 올려두지 않는 것이 좋다.

벽에서 10cm 이상 떨어져 설치하면?
월간 4kWh / 1개월 850원
연간 1만200원 절약

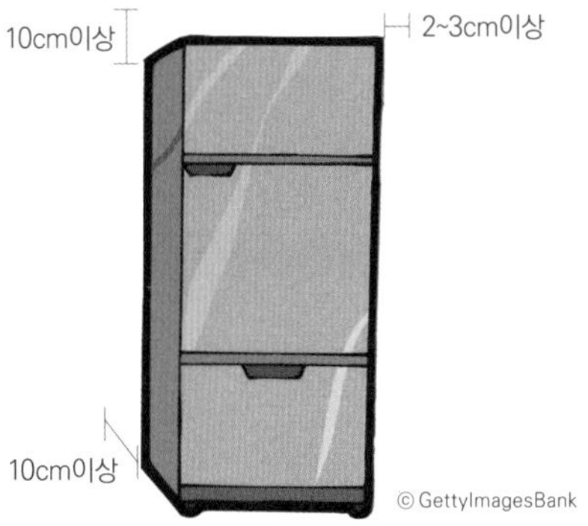

〈연간 1만 원을 절약할 수 있는 냉장고 설치 위치〉

2 냉장고 온도 설정을 계절에 맞게 변경한다

냉장고의 온도를 1도 낮추면 7%의 전력을 절약할 수 있다. 실내 온도가 높은 여름에는 강, 낮은 봄가을과 겨울에는 중으로 설정한다. 여름에 온도를 약하게 하면 냉각하기 위해 불필요한 전력을 사용하게 되므로 계절에 맞춰 온도 설정을 하는 것이 철칙이다.

여름(실내 온도 30도 이상) : 강(0~1도)
봄, 가을, 겨울 : 중(2~3도)

봄에서 가을까지의 기간을 고려해 설정하면?
월간 7kWh / 1개월 1490원
연간 1만3410원 절약
(여름을 제외한 9개월간)

3 냉동실은 가득 vs. 냉장실은 반만 채운다

냉장실에 음식을 가득 채우면 냉기 순환이 잘 되지 않아 소비전력이 올라간다. 냉장실은 50%만 채워 냉기가 순환할 수 있는 틈새를 만든다. 한편 냉동실은 70~80%를 채운다. 냉동실을 채우면 식품끼리 밀착되면서 서로 보냉제 역할을 하여 전기요금이 준다.

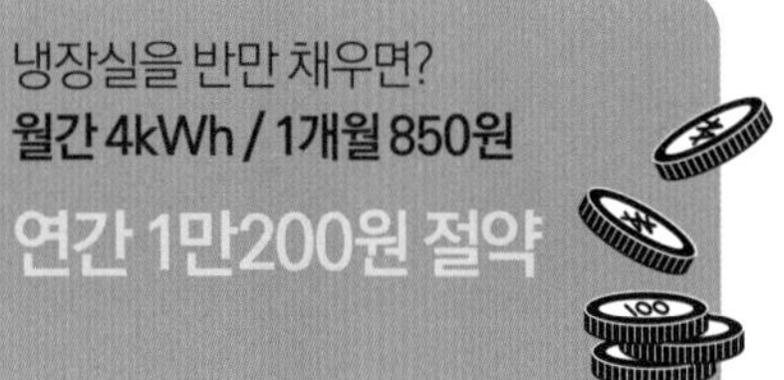

냉장실을 반만 채우면?
월간 4kWh / 1개월 850원
연간 1만200원 절약

4 뜨거운 음식은 식혀서 넣는다

예를 들어 50도 온도의 국을 그대로 넣으면 식혀서 넣었을 때보다 0.2kWh의 전기가 더 소비된다. 또한 주위에 있는 음식의 신선도에도 영향을 미칠 수 있는 만큼, 반드시 식혀서 넣는다.

뜨거운 음식을 식혀서 넣으면?
하루 0.2kWh, 월간 6kWh / 1개월 1280원
연간 1만5360원 절약

1

5 냉장고 문을 자주 여는 아이가 있다면 뽁뽁이 커튼을 만든다.

냉기 커튼은 냉장고를 열 때 냉기가 새는 것을 최소화할 수 있어 기온이 높은 여름이나 아이가 있는 집에서는 최고의 효과를 얻을 수 있다. 특히 뽁뽁이는 '3중 에어층!' 온도 변화가 적고 일반 비닐보다 가벼워서 사용하기에도 편리하다.

→

2

1. 뽁뽁이를 냉장고 폭에 맞춰 자르고 윗면을 테이프로 붙인다.
2. 음식을 쉽게 꺼낼 수 있도록 커튼의 중앙을 자른다.

6 문의 개폐 횟수와 시간을 줄인다

냉장고 문을 한 번 열 때마다 5Wh의 전력이 소모되고 내부 온도를 회복하는 데 15분이 걸리므로, 불필요한 문 열기를 줄이고, 문 여는 시간 또한 단축한다.

7 냉동실 선반에는 알루미늄 포일을 깐다

메탈을 김치냉장고의 선반으로 사용하는 것은 금속이 플라스틱이나 유리보다 냉기를 빠르게 전달하기 때문이다. 냉동실 바닥에 알루미늄 포일을 깔면 음식을 빨리 얼릴 수 있고 냉기를 잡아두기 때문에 온도 변화를 줄이는 효과가 있다.

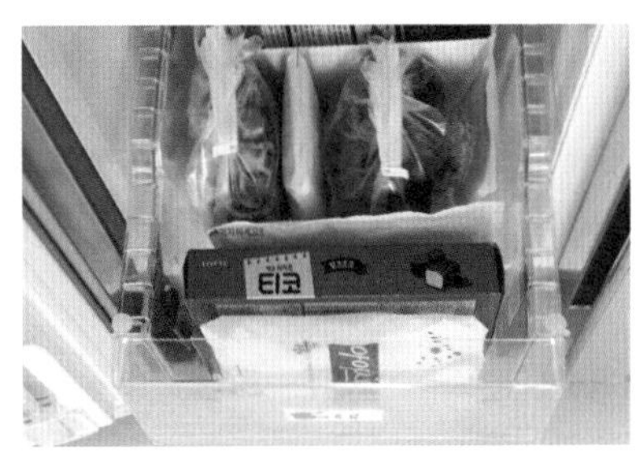

8 냉동식품 사이에 아이스 팩을 끼우면 냉동 효율이 2배 UP!

냉동실이 비어서 아이스크림이 물렁물렁 해질 때나 빨리 얼리고 싶은 육류, 생선이 있을 때는 아이스 팩을 틈새에 꽉꽉 채워둔다. 아이스 팩은 어는 점이 영하 10도 이하이기 때문에 얼음보다 차갑다. 결국 온도를 낮추지 않고도 식재료를 꽁꽁 얼릴 수 있다.

9 도어 패킹을 교체한다

오래된 냉장고라면 문 닫힘 상태도 체크한다. 도어 패킹이 손상되어 느슨해지면 냉기가 빠지므로 빨리 교체하도록 한다.

10 냉장고 뒷면의 청소도 절대 잊지 말 것!

냉장고 뒷면에는 열을 식혀주는 팬 모터가 있다. 벽에 딱 붙이거나 청소를 하지 않아 먼지덩어리 때문에 막힐 경우, 컴프레서가 과열되어 소비전력이 늘어나고 고장까지 일으킬 수 있다. 일 년에 한 번, 냉장고 뒷면의 먼지를 빨아내고 청소한다.

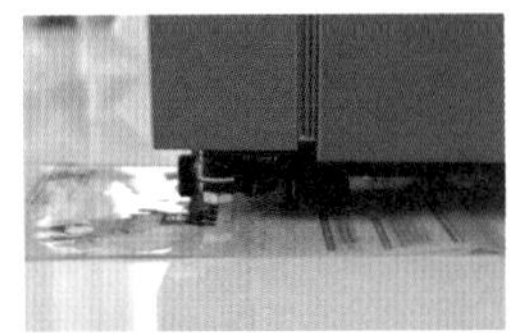

Tip 일자드라이버로 냉장고 밑면의 높이 조절 나사를 올려 담요나 책받침을 끼우고 높이 조절 나사를 내린 후, 담요를 당기면 무거운 냉장고도 쉽게 당길 수 있다.

1

2

11 재료비와 전기요금 0원, 채소와 과일용 간이 냉장고

외부 열을 차단하고 내부 온도를 유지하는 스티로폼 박스는 채소와 과일을 보관하기에 좋다.

1. 스티로폼 박스에 얼린 아이스 팩을 한두 개 넣고 그늘진 곳에 둔다.

2. 박스로 구입한 과일이나 채소를 보관한다. 아이스 팩은 이틀에 한 번 정도만 갈아주면 되니 관리도 간편하다.

식품의 보관장소를 정해 재구매를 방지할 것

냉장고가 정리되어 있으면 재료를 빨리 찾을 수 있어 전기요금이 절약되며 버리는 재료 또한 줄어 식비를 절약할 수 있다.

1

최상 단

손이 잘 닿지 않기 때문에 가벼운 식품, 유통기한이 긴 식품을 수납한다.

중간 단

꺼내기 쉬운 위치이므로 반찬, 잊지 않고 먹어야 하는 식품을 수납한다.

하단

김치, 된장, 고추장처럼 상단까지 올리기 어려운 무거운 식품을 수납한다.

2

트레이를 이용해 안쪽까지 체크할 것

깊숙한 곳에 둔 식재료는 잘 보이지 않아 자칫 상하기 쉽다. 트레이로 정리하면 안쪽의 식재료도 꺼내기 쉬운 만큼 식품의 유통기한을 꼼꼼히 관리하는 데에 도움 된다.

3

잘 보이는 수납은 필수

눈에 보이지 않으면 잊게 되어 상할 때까지 모른다. 투명한 용기와 비닐에 넣어 내용물이 보이게 수납하고, 키 큰 용기는 뒤에 키 작은 용기는 앞에 배치하여 한눈에 보이게 수납한다.

4

냉기의 출구를 막지 말 것

냉기 출구 앞에 큰 밀폐용기를 두면 냉기가 충분히 순환하지 못한다. 출구에서 5cm 정도 간격을 두고 밀폐용기를 배치한다.

5

작은 채소는 '구분 수납'으로 보관한다

작은 채소는 섞이면 잘 보이지 않아 상하는 경우가 많다. 페트병이나 좁은 바구니로 작은 채소 전용 수납함을 만들고, 종류별로 세워서 정리한다.

6

냉동식품은 개봉과 미개봉을 나눠 수납한다

개봉한 식품은 앞쪽에, 개봉하지 않은 것은 뒤쪽으로 배치한다. 이렇게 해두면 오래된 것부터 남기지 않고 차근차근 소진할 수 있다.

냉동과 해동의 원리

물을 얼리면 얼음이 되고 얼음을 녹이면 물이 된다. 그렇다면 냉동한 식품을 해동하면 원상태 돌아갈까? 안타깝게도 돌아가지 않는다. 그 이유는 냉동하는 동안 생성된 얼음결정이 세포를 파괴하기 때문이다. 하지만 냉동, 해동 기술을 제대로 익히면 세포가 덜 손상되어 맛과 식감의 저하를 최소한으로 줄일 수 있다.

얼음 핵... 식품의 수분이 얼어붙어 얼음 핵이 생성된다.
얼음 결정... 여러 개의 얼음 핵이 모여 얼음 결정이 생성된다.
세포막 손상... 얼음 결정이 커지고 날카로워지면서 세포막이 찢어진다.
해동 후 드립 유출... 해동하면 파괴된 세포에서 맛과 영양분을 포함한 물방울인 드립(drip)이 흘러나온다. 드립이 유출되면 맛이 떨어지고, 수분이 흘러나와 조직이 흐물거리면서 식감도 떨어진다.

01 맛있는 냉동의 포인트는 '수분'

수분이 많으면 얼음 결정이 늘어나 세포 손상이 커지므로, 맛있게 냉동하기 위해서는 식품의 수분을 줄이는 것이 핵심이다.

1 밑간해두기

고기나 생선에 소금을 뿌리거나 양념을 하면, 삼투압 현상으로 의해 수분이 빠져 나와 얼음결정이 줄어들어 냉동 손상을 줄일 수 있다.

2 급속 냉동한다

얼음 결정의 크기는 동결 속도에 따라 달라진다. 동결 속도가 느리면 얼음 결정이 커져 조직 파괴가 커지지만, 동결속도가 빠르면 얼음 결정의 크기가 작아 조직 파괴가 적어진다. 맛있게 냉동하기 위해서는 급속 냉동한다.

식품을 빨리 얼리는 방법

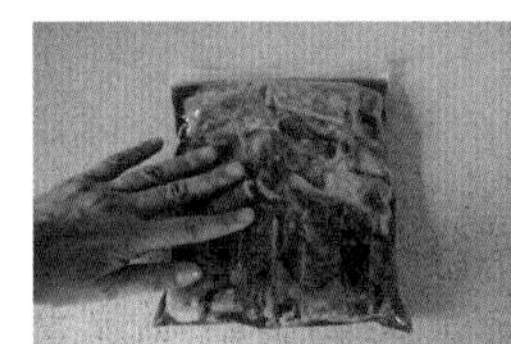

1. 식품의 두께를 줄인다.

2. 열 전달이 빠른 금속 쟁반을 이용한다.

Tip 육류 스티로폼 포장은 열전도율이 아주 낮은 소재이므로 반드시 포장을 벗겨서 냉동한다.

3. 식품 위에 아이스 팩을 올린다.

3 수분이 많은 채소는 삶는다

수분이 많은 채소를 얼렸다 녹이면 조직이 스펀지 같은 상태가 되므로 데친 후 물기를 짜 냉동한다. 삶으면 효소의 작용이 멈춰 비타민 감소와 변색도 줄일 수 있다. 수분이 적은 채소는 생으로 냉동한다.

데쳐서 냉동하는 채소

잎 채소 (시금치, 청경채, 배추, 깻잎, 양배추, 브로콜리, 느타리버섯, 고사리 등)

생으로 냉동하는 채소

수분이 적은 채소 (새송이버섯, 양송이, 당근, 무, 우엉, 피망, 파프리카, 파, 고추, 부추 등)

소금에 절여서 냉동하는 채소

수분 함량이 높은 채소 (오이, 가지)

4 으깨서 냉동한다

감자, 호박, 고구마 등은 해동하면 섬유질이 퍼석해지므로 삶은 뒤 으깨서 냉동한다. 해동해 우유와 함께 갈아 라테 음료를 만들거나 버터, 우유, 설탕 등을 넣어 샐러드나 수프 등을 만든다.

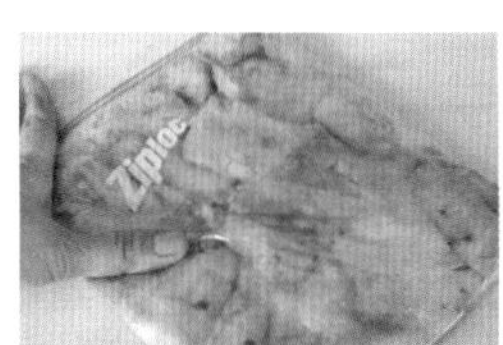

02 맛있는 해동의 포인트는 '온도'

상온에서 오랫동안 해동하면 드립의 유출이 많다. 또한 식품에서 흘러나오는 드립은 수분과 영양분을 많이 포함하고 있어 세균이 번식하기 쉬우므로 육류나 생선은 상온 해동을 피한다.

가열 해동

언 채로 조리한다. 드립이 유출되지 않고 해동하면서 신선도가 떨어질 염려가 없다.

육류, 생선, 튀김, 건어물, 반찬

전자레인지 해동

수분이 적고 익힌 음식은 전자레인지에서 해동한다.

밥, 빵, 떡, 케이크 등

냉장 해동

1~5도의 냉장실에서 3~6시간 동안 천천히 해동한다. 사각사각한 셔벗 상태일 때가 드립이 빠져나가지 않아 맛 손실이 적다.

육류와 생선

중탕 해동

소스는 봉지째 뜨거운 물에 넣고, 해산물은 그릇에 담아 중탕하면 물이 직접 닿지 않아 영양분의 손실 없이 해동할 수 있다.

조리된 식품(소스류)이나 깨끗이 손질된 해산물(손질새우, 절단게 등)

공짜 열로 맛있게 조리한다! **여열 조리법**

제 딸은 아침에 가볍게 먹을 수 있는 죽을 무척 좋아합니다. 그런데 죽을 끓이려면 불 앞에 서서 눌어붙지 않게 1시간은 저어야 하고, 잠시 딴짓이라도 하다 보면 어느새 후루룩 넘칩니다. 그러던 어느 날 여열 조리법을 알게 되었습니다. 단 10분만 조리해도 '잘 퍼진' 맛있는 죽을 완성할 수 있게 된 거죠. 게다가 조리시간을 5분의1 정도로 줄일 수 있기 때문에 하루에 한 가지 음식만 여열로 조리해도 연간 2만 원 이상의 가스비를 절약할 수 있었습니다. 실천편을 체크해보세요.

01 여열 조리의 원리와 장점은?

말 그대로 가열 후 남아 있는 열, 즉 가스비가 들지 않는 '공짜 열'을 말한다. 냄비와 프라이팬은 조리가 끝나도 바로 차가워지지 않는데, 이 열을 이용해 요리를 만드는 것이 바로 여열 조리다. 현명하게 이용하면 가스비를 절약하면서 속까지 잘 익힌 음식을 만들 수 있다.

여열 조리법은?

1. 요리가 끓기 시작하면 5~15분이 지나서 불을 끈 뒤, 일단 뚜껑을 덮는다.
2. 냄비가 식지 않도록 감싼 채로 15분~1시간 정도 그대로 둔다.

Memo 음식 보온 덮개는 위메프 제품, 6900원.

에너지를 절약한다

뚜껑을 열고 끓이면 고온의 수증기가 냄비 밖으로 퍼져 에너지가 낭비된다. 뚜껑을 닫고 여열로 조리하면 열을 냄비 안에 가둘 수 있다.

하루 한 가지 요리를 여열로 조리하면?
월간 2㎥(가스 단위) 사용 /
1개월 비용 1800원 =
연간 2만1600원 절약!

간편하다

불을 끄고 시간만 체크하면 OK! 기다리는 동안 소스나 양념장을 준비할 수 있으니 시간 절약까지 일석이조다.

재료가 뭉개지거나 눌어붙지 않는다

팔팔 끓이다 보면 물이 졸아 바닥에 눌어붙고, 젓다 보면 재료 또한 뭉개지는 경우가 많다. 여열 조리는 화력이 닿는 부분과 닿지 않은 부분의 온도 차이가 적어 눌어붙지 않는다. 게다가 젓지 않기 때문에 재료가 뭉개지는 염려도 덜 수 있다.

끓어 넘치지 않는다

국수를 삶을 때 물이 갑자기 넘치지 않도록 찬물을 반복해 붓는데, 여열로 삶으면 넘칠 염려가 없다.

02 주의할 점들

저온으로 천천히 익히는 요리'에 적합하다.

조림, 삶기(고구마, 감자, 콩, 팥 등), 채소 데치기, 끓이기(죽, 카레, 된장찌개, 오뎅국 등) 등에 활용한다.

Tip **1.** 단시간에 센 불로 가열하는 볶음 요리에는 적합하지 않다. 조림을 할 때는 평소보다 물을 적게 넣는다.

2. 안전한 조리를 위해 더운 여름에는 가급적 피한다. 또 여열조리한 음식은 먹기 전에 다시 한 번 끓이도록 한다.

보온력이 좋은 소재의 냄비를 사용할 것.

특히 뚝배기는 보온 효과가 좋아 불을 끈 후에도 고온이 지속되기 때문에 근채류와 육류는 뚝배기로 조리하는 것이 좋다. 빨리 끓고 빨리 식는 알루미늄 냄비는 적합하지 않다.

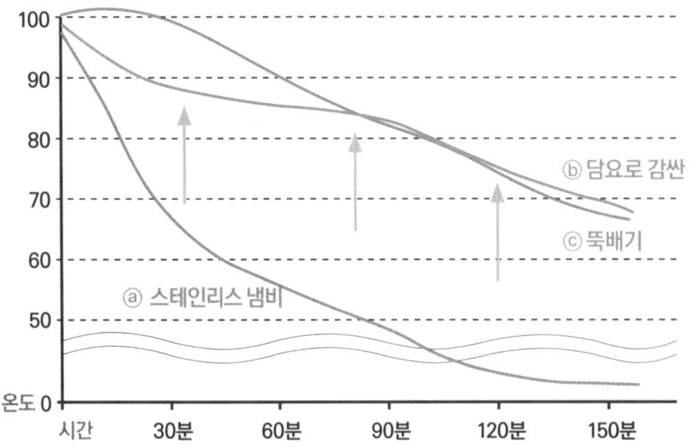

조리 도구에 따른 여열 온도의 변화

ⓐ 스테인리스 냄비와
ⓑ 담요로 감싼 스테인리스 냄비
스테인리스 냄비는 온도가 급격히 떨어지지만 담요로 감싸면 무려 2시간 동안 고온이 유지된다.
ⓒ 뚝배기
감자, 고구마 등의 근채류는 90도 이상, 육류는 75도 이상이면 무르게 조리할 수 있는데, 뚝배기는 1시간 동안 90도 이상의 온도를 유지하기 때문에 뚝배기가 끓고 나서 10~15분 후 불을 끄고 1시간을 감싸두면 효과를 제대로 볼 수 있다.

온도가 유지되도록 잘 감싼다.

면을 익히는 것과 같이 조리 시간이 짧을 때는 뚜껑을 덮는 것으로도 여열 조리가 충분하지만 조리 시간이 길 때는 여열이 식지 않도록 감싸는 것이 좋다.

보냉 가방에 넣는다.

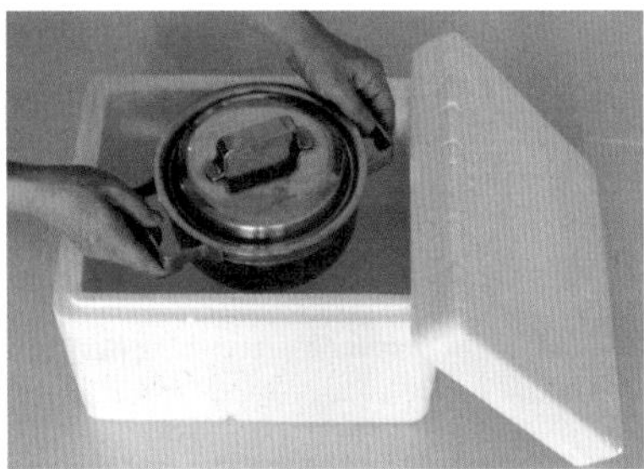

스티로폼 박스에 넣는다.

보온력이 좋은 무릎담요나 두꺼운 타월로 감싼다.

여열 조리 시간의 기준은?

일반 조리 시 끓는 시간의 1/3 시점에 불을 끄고, 2배의 시간 동안 감싸두는 것이 좋다.

여열 조리 시 끓는 시간 = 일반 조리 시 끓는 시간의 1/3
여열조리 시 감싸두는 시간 = 일반 조리 시 끓는 시간의 2배

예) 20분 끓이는 감자 = 끓이기 **7분** + 여열 **40분**
30분 끓이는 쌀죽 = 끓이기 **10분** + 여열 **1시간**

03 여열 조리 실천 편

국수 삶기

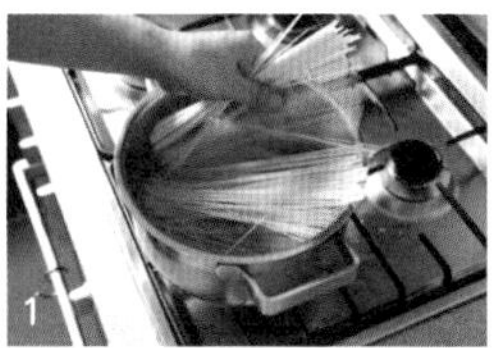

1. 냄비의 물이 끓으면 국수를 넣고 우선 1분간 삶는다.

2. 뚜껑을 덮고 불을 끈 채 포장에 적힌 시간만큼 그대로 둔다.

Tip **소면** 1분 삶기+ 뚜껑 덮고 3분간 두기

3. 찬물에 헹궈 조리한다.

스파게티 면, 마카로니

1. 프라이팬에 물을 충분히(?) 넣어 가열한다. 물이 끓으면 스파게티 면과 소금 한 꼬집을 넣고 3분간 삶는다.

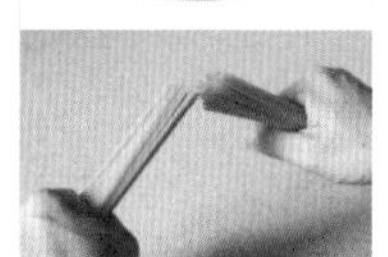

Tip 프라이팬은 바닥이 넓고 얕기 때문에 열 전달이 빨라 삶는 시간이 단축된다. 프라이팬이 작다면 스파게티 면을 반으로 잘라 사용하자. 면의 양 끝을 잡고 힘을 주면 반으로 쉽게 잘린다. 반으로 자르면 물에 쉽게 잠겨 더욱 빨리 익는다.

2. 불을 끄고 뚜껑을 덮은 채 포장에 적힌 시간만큼 그대로 둔다.

Tip 스파게티 면 13분, 마카로니 10분 소요.

3. 면을 체에 밭쳐 물기를 제거한 뒤 소스와 재료, 올리브오일을 함께 넣어 볶는다.

냄비에 달걀 삶기

1. 달걀을 냄비에 넣고 끓기 시작하면 3분 뒤에 불을 끈다.

2. 반숙은 7분, 완숙은 13분 기준으로 그대로 둔다. 차가운 물에 담근 뒤 껍질을 깐다.

전기주전자에 달걀 삶기

1. 달걀을 전기주전자에 넣고 물을 부은 뒤 스위치를 켠다.

2. 끓어서 전원 스위치가 딸깍 꺼지면 15분 동안 그대로 둔다. 완숙 달걀이 완성! 차가운 물에 담근 뒤 껍질을 깐다.

Tip 감자, 고구마의 구근류는 끓은 뒤 10~15분 지나서 불을 끄고 1시간 감싸둔다.

05 여열 요리 활용법 3가지

콩국수 콩 삶기

1

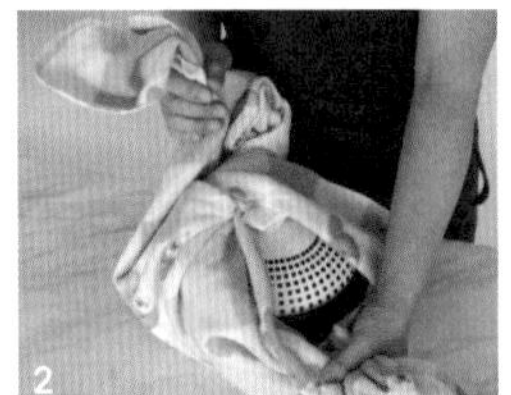
2

before
3

after
3

1. 반나절 불린 콩을 냄비에 담고 끓기 시작하면 불을 끈다.

2. 식지 않도록 감싸 1시간 동안 그대로 둔다.

3. 콩이 갈기 쉽도록 알맞게 삶아졌다.

죽

1

before
2

after
2

1. 쌀과 재료를 참기름에 볶은 다음 물을 넣고, 끓기 시작하면 5분 뒤에 불을 끈다.

2. 뚜껑을 덮고 30분을 두면 부드러운 죽이 완성된다.

카레

1

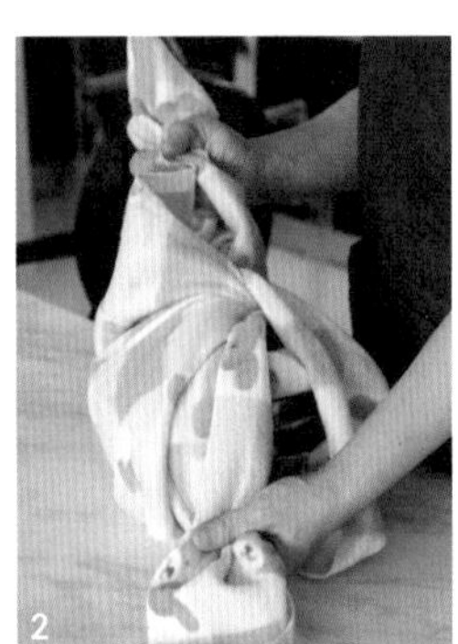
2

before
3

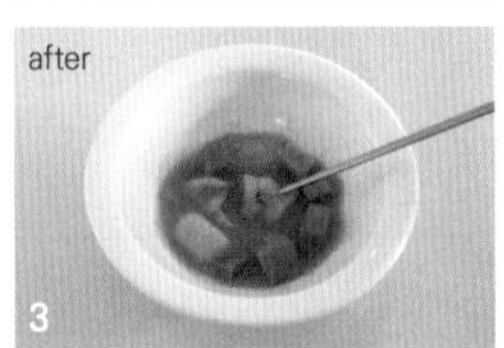
after
3

1. 감자, 양파, 당근, 햄을 기름에 볶은 후 물과 카레가루를 넣고 끓기 시작하면 3분 뒤에 불을 끈다.

2. 냄비가 식지 않도록 잘 감싸고 30분간 둔다.

3. 안까지 잘 익은 카레가 완성된다.

1... 활용법 업그레이드

모두 냄비 사용을 기준으로 하였으나 근채류, 육류의 식재는 뚝배기를 사용하면 한층 효과적이다.

2... 뚜껑을 덮는 것과 감싸는 기준은?

면을 익히는 것과 같이 조리 시간이 짧은 요리는 뚜껑을 덮는 것으로도 여열 조리가 가능하나, 조리 시간이 긴 요리는 열이 식지 않도록 보온 기능 물건으로 감싸는 것이 좋다. 면 이외의 요리는 모두 '감싸는' 쪽을 선택해보자.

Save on Food costs **10**

식비와 공생하는 **궁극의 절약 조리법**

가족 아침 식사로 떡과 만두를 준비합니다. 대나무 찜기에 감자떡을 찌면서 찜기 아래의 끓는 물에는 물만두를 데칩니다. 불꽃이 냄비 밖으로 나가지 않도록 화력을 조절하고, 전분이 풍부한 물만두 데친 물로 아침 설거지까지 마칩니다. 이렇듯 조리 방법에 절약 아이디어를 더하다 보면 가스와 수도요금까지 함께 절약되어 가계에도 쏠쏠한 도움이 된답니다. 일상 요리와 함께 적용할 수 있는 절약 조리법에 대해 소개합니다.

01 가스요금

멸치 육수는 밤사이 찬물로 우려낸다.

물병에 물, 다시마, 머리와 내장을 꺼낸 멸치를 넣고 냉장고에 넣어둔다. 아침이면 맛있는 육수가 완성된다. 끓이지 않았기 때문에 비린내도 없고 가스요금도 들지 않는다.

반찬은 한꺼번에 만든다.

반찬은 주말에 일주일치를 한꺼번에 만들고 평일 저녁에는 고기나 생선구이 같은 즉석요리를 한다. 재료를 알뜰하게 사용할 수 있고 가스비도 절약할 수 있다.

채소 삶은 물로 된장국을 끓인다.

감자, 브로콜리, 호박, 콩나물, 닭 가슴살 등을 삶은 물에 넣어 된장국을 끓인다. 채소나 고기를 데친 물에는 재료의 감칠맛이 녹아 있으므로, 육수로 재사용하면 깊은 맛을 낼 수 있다.

두 가지 밥을 한 번에 만든다.

스테인리스 그릇에 쌀과 물을 1:1로 넣어 밥솥의 중앙에 올리면 2가지 밥을 한 번에 할 수 있다. 흰밥, 잡곡밥, 현미밥 등 두가지 밥을 함께할 수 있어서 가스요금을 줄 일 수 있다.

찜기로 증기를 재사용한다.

달걀을 삶을 때는 냄비에 찜기를 올려 끓는 물의 증기를 알뜰히 이용해보자. 냄비의 물에 감자, 고구마, 달걀을 삶을 때 상단에 채소나 만두, 떡 등을 찐다.

---

02 수도요금

채소는 한꺼번에 데친다.

채소를 데칠 때마다 물을 끓이면 물과 가스비가 늘어나므로 한꺼번에 데친다.

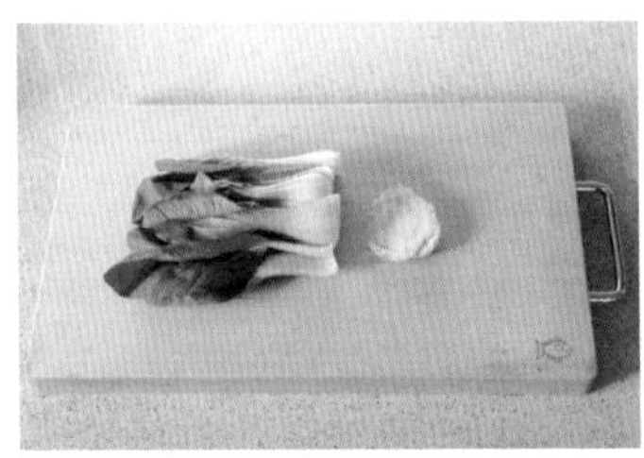

1. 뿌리를 자르고 먹기 좋은 크기로 자른다.

Tip 뿌리에 묻은 흙을 한 번에 제거할 수 있어 헹구는 횟수를 줄일 수 있다.

2. 두꺼운 줄기를 먼저 넣은 후 시간차를 두고 잎을 넣어 데친다.

3. 브로콜리, 참나물, 시금치, 도라지, 양배추 등 쓴맛이 나는 채소는 마지막에 데친다.

4. 종류별로 밀폐용기에 넣어둔다. 볶음이나 무침을 할 때 바로 쓸 수 있어 편리하다.

조리 도구는 물컵에 담가둔다.

조리하는 동안 계속 사용하는 스푼, 젓가락, 집게를 매번 씻는 것은 시간과 물 낭비다. 사용할 때마다 물컵에 담가두면 가벼운 양념은 충분히 제거된다. 양념 묻은 조리 도구를 바닥에 내려놓지 않으니 조리대도 깔끔하다.

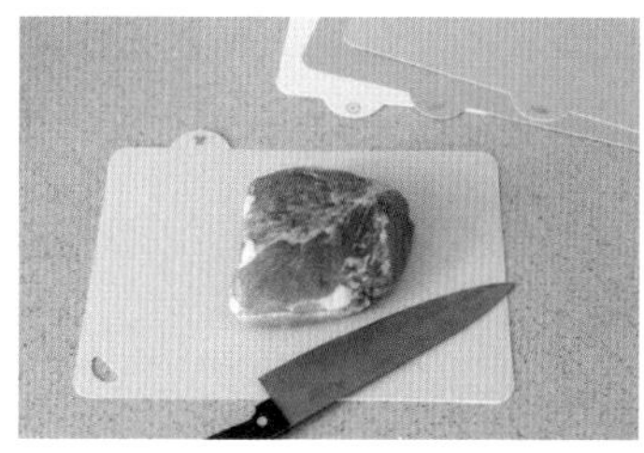

도마는 재료별로 구분한다.

교차오염이 일어나지 않도록 고기와 채소류의 도마는 구분해야 한다. 1000원 숍에서 얇은 도마를 두 장 구입해 재료별로 나누면 요리 중에 씻지 않아도 된다. 서로 다른 색으로 구입해야 한눈에 구별할 수 있다.

파스타 삶은 물에 세제 효과가 있다.

파스타 삶은 물에는 사포닌이라는 천연 계면활성제(세제성분)가 포함되어 있어, 미트 소스 등의 기름때가 깨끗이 제거된다.

03 etc.

한 번밖에 쓸 일이 없는 특별한 드레싱은 구입하지 않는다.

드레싱은 기본적인 것만 구입한다. 먹어보고 싶은 특별한 드레싱이 있다면 레시피를 찾아 조합해 만든다. 기본 재료에 추가 재료를 더하면 대부분의 드레싱을 간편하고 맛 좋게 만들 수 있다.

드레싱의 기본 재료

마요네즈, 케첩, 올리브오일, 소금, 식초, 꿀

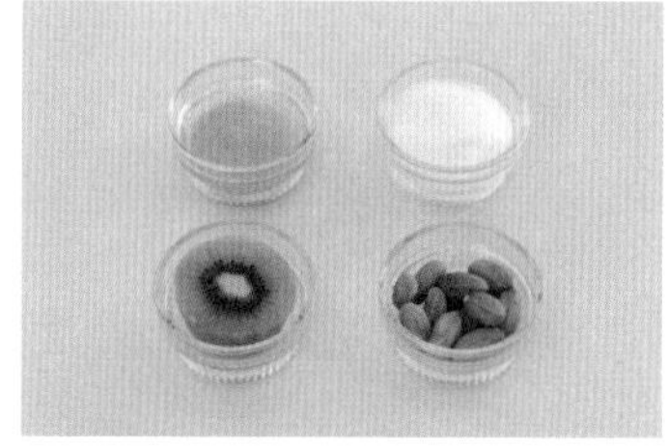

추가 재료

겨자, 요구르트, 과일, 견과류

Tip 키위, 파인애플, 자몽, 레몬 등을 한 조각씩 얼려두면 드레싱을 만들 때 요긴하다.

밀가루 봉투에는 차 망을 넣어둔다.

재료에 밀가루를 묻힐 때는 차 망으로 떠서 살짝 흔든다. 남아서 버리거나 덩어리도 남지 않아 깔끔하다.

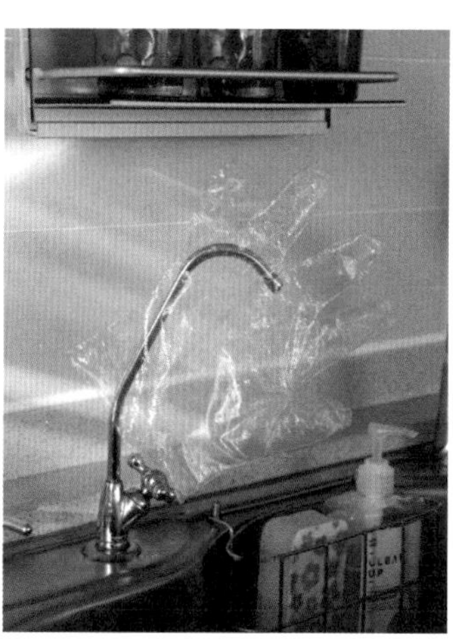

비닐장갑은 수전에 걸어둔다.

양념이 바뀔 때마다 위생장갑을 꺼내면 밥 한 끼 하면서도 여러 장을 쓰게 된다. 위생장갑은 뒤집히면 씻기가 어려우므로 낀 채로 헹군 후 수전에 걸어둔다. 밥하는 동안 두세 번은 재사용할 수 있다.

Save on
Food costs **11**

전자레인지 vs. 가스레인지, **어느 쪽이 더 저렴할까?**

꽁꽁 언 냉동 밥도 전자레인지 하나면 3분 만에 뜨거운 김이 팔팔 납니다. 전자파에 노출되는 상황이라면 당연히 몸에 좋지 않을 것이고, 게다가 무서운 속도로 데워지는 만큼 소비전력 역시 훨씬 높다는 생각이 들기 마련이겠죠? 하지만 결코 그렇지 않다는 사실. 요즘 사용하는 전자레인지는 매우 안전하고 친환경적인 가전제품입니다. 또 어떻게 사용하는가에 따라 비용도 합리적으로 줄일 수 있죠. 막연한 궁금증이 많은 전자레인지에 대한 의문을 비용과 함께 하나씩 풀어드리겠습니다.

전자레인지를 잘 활용하면 연간 5만 원 절약 효과!

전자레인지 1분 사용 요금 = 3.5원

전자레인지의 소비전력은 1000W. 에어컨 다음으로 소비전력이 높은 가전제품이지만 실제 사용시간은 짧다. 하루 10분을 사용한다고 할 때의 한 달 전기요금은 1060원에 불과하죠(누진세 2단계, 한 달 350kWh 사용 가정 기준). 그런 만큼 많은 양을 한 번에 조리할 때는 가스레인지를 사용하고 소량의 재료를 짧은 시간에 조리할 때는 전자레인지를 사용하는 것이 광열비를 절약하는 핵심이다.

밥을 데울 때

밥솥 보온 기능의 소비전력은 100W, 전자레인지 사용전력은 1000W. 전자레인지의 소비전력이 10배 높지만 사용시간이 '짧기' 때문에, 밥을 데울 때는 전자레인지를 이용하는 것이 훨씬 저렴하다. 또 밥의 냉장 보관 시간을 12시간 이내로 하면 딱딱해지지는 않으므로 굳이 냉동하지 않아도 된다.

채소를 데치거나 감자, 고구마를 삶을 때

전자레인지가 단연 저렴하다. 전자레인지는 끓는 물이 필요 없기 때문에 물과 가스비를 절약할 수 있고 조리 시간 또한 짧다. 또한 물로 데치면 채소에 포함된 수용성 비타민의 80%가 감소되기 때문에, 전자레인지로 조리한 채소가 영양소도 훨씬 풍부하다.

감자 3개를 익힐 때

가스레인지 **30분 가열** 58원
전자레인지 **5분 가열** 17원

채소를 데칠 때

가스레인지 **15분 가열** 29원
전자레인지 **4분 가열** 14원

시간과 비용을 절약하는 전자레인지 활용법

다진 양파볶음

다진 양파 1/2개를 접시에 펼친 뒤 랩을 씌워 1분 30초 가열한다. 볶은 양파가 필요한 토스트, 고로케, 주먹밥, 햄버거 등에 활용한다.

딱딱한 단호박 자르기

단호박 1/4개를 랩 없이 2분 가열한다. 칼이 쑥쑥 들어가 힘들이지 않고 자를 수 있다.

말린 채소 불리기

표고버섯이나 무말랭이 등이 잠길 정도의 물을 붓고 랩 없이 전자레인지에 1~2분 가열한다. 바싹 마른 채소도 빠른 시간에 부드럽게 불릴 수 있다.

단단한 오렌지 즙 짜기

개당 30초씩 가열한다. 껍질이 딱딱해서 과즙을 짜기 어려운 오렌지도 껍질이 말랑해지기 때문에 놀라울 만큼 즙을 많이 짤 수 있다.

전자파는 건강에 유해하다?

YES 하지만 우리 주위에는 이미 수많은 전자파가 존재한다. 전자레인지의 2.45GHz와 유사한 3.5GHz 주파수를 가진 휴대폰은 하루 종일 곁에 두고 살기까지 한다. 오히려 전자레인지는 전파반사 그물망에 있으므로 강한 전자파는 외부에 노출되지 않는다.

전자레인지 조리 시 랩이 음식에 닿지 않으면 유해하지 않다?

NO 우리가 두려워해야 할 것은 전자레인지 괴담이 아니라 전자레인지 조리 시 용출되는 '환경호르몬'이다. 가급적 유리나 도자기를 사용하고 뚜껑의 재질까지 주의하는 것이 좋다. 조리할 때 발생하는 수증기는 음식에 다시 떨어지기 때문에, 랩과 플라스틱 뚜껑을 씌워 뜨겁게 데우면 음식에 직접 닿지 않아도 환경호르몬에 노출될 수 있다.

수란

달걀 1개에 같은 분량의 물을 넣고 이쑤시개로 노른자를 살짝 터뜨린다. 랩을 씌우지 않고 1분 30초 가열한다. 흰자가 굳으면 물을 버리고 간장이나 소금을 곁들여 먹는다.

베이컨 굽기

베이컨 아래에 종이 타월을 깔고 전자레인지에 1분 30초 가열한다. 기름에 튀긴 것처럼 바삭하게 구울 수 있다. 샌드위치, 스파게티, 샐러드에 사용한다.

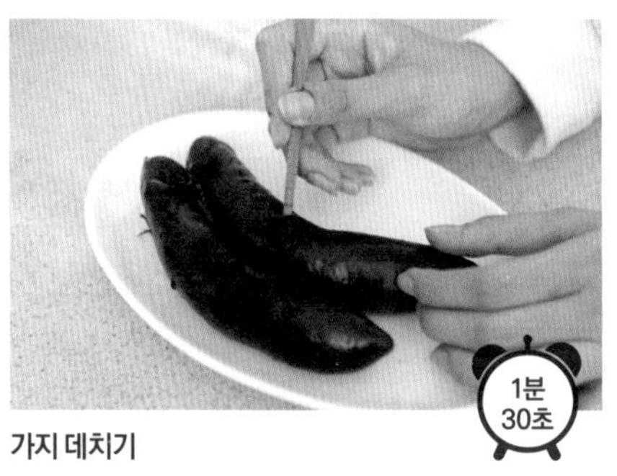

가지 데치기

젓가락으로 가지에 구멍을 뚫고 랩 없이 개당 1분 30초를 가열한다. 찜기에 찐 듯 촉촉하고 부드럽게 익는다.

눅눅한 음식

김은 1장당 10~20초, 과자는 20초, 견과류는 50g당 1분, 랩을 씌우지 않고 넓게 펴서 가열한다. 바로 꺼내면 눅눅하지만 몇 분만 지나면 바삭해진다.

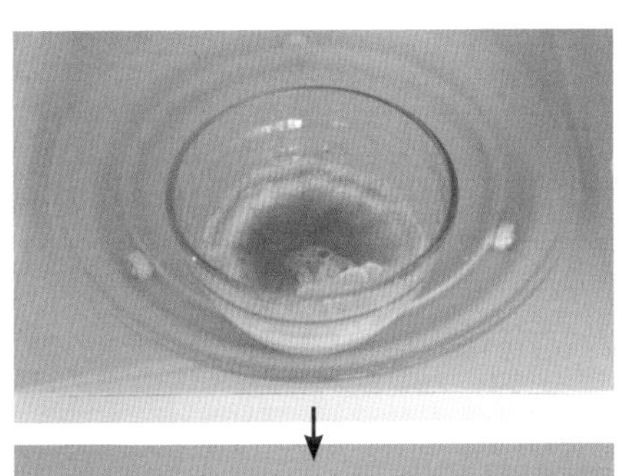

2분

스크램블드 에그

달걀 2개에 우유 2스푼, 소금 약간을 넣고 풀어준다. 랩을 씌우고 전자레인지에서 1분 가열하고 포크로 섞는다. 다시 1분 가열하고 포크로 으깨면 프라이팬 없이도 부드러운 스크램블드 에그가 완성된다.

1분

생면사리

1봉지당 1분을 가열한다. 끓는 물에 넣지 않고도 면사리를 풀 수 있다. 볶음면, 요리에 넣을 때 활용하면 좋다.

10분

달걀 삶기

전자레인지에 알루미늄 포일과 달걀을 넣으면 안 된다는 것은 상식이다. 하지만 달걀을 알루미늄 포일에 싸면 전자파가 완화돼 터지지 않기 때문에, 달걀을 끓는 물로 삶을 수 있다. 포일로 꼼꼼히 싼 달걀을 머그컵에 넣고 잠길 만큼 물을 부은 뒤 완숙은 10분, 반숙은 6분 가열한다.

1분

병 소독

장아찌, 잼, 피클을 넣는 병은 전자레인지로 소독한다. 깨끗이 씻은 병에 1cm가량의 물을 넣고 1분 가열한다. 병뚜껑도 마개를 돌리지 않은 채 올리면 안쪽을 소독할 수 있다.

Tip 뜨겁게 가열하므로 전자레인지에 넣어도 되는 소재인지 반드시 확인한다.

Save on
Food costs **12**

버리지 않고 **100% 소비하는 '처분 요리'**

우리나라의 음식물 쓰레기양은 하루 1만5000톤. 음식물의 15%가 버려지는 현실입니다. 북한 주민이 하루 1만 톤의 식량으로 산다는 것을 감안하면 우리의 음식물 쓰레기는 북한 주민을 먹여 살리고도 남는 양입니다. 하루에 음식물 쓰레기를 얼마나 버리고 있나요? 음식물 쓰레기가 많다는 것은 결국 식재료를 낭비한다는 증거입니다. 남은 식재료를 버리지 않고 최대한 알뜰하게 활용하는 '처분 요리'에 대해 소개해봅니다.

'처분 요리'란?

채소의 껍질은 물론 뿌리, 잎, 씨앗, 생선과 육류의 뼈와 내장 등등 일반적으로 그냥 버리기 일쑤인 부분까지도 모두 활용해 요리하는 것을 의미한다. 식재료 중 먹을 수 없는 부분은 우리가 생각하는 것보다 훨씬 적다. 주부의 작은 정성을 더한다면 식재료를 남기지 않고 알뜰히 요리할 수 있으며, 음식물 쓰레기도 줄일 수 있다.

싸게 구입하면 무조건 현명한 소비다? 싼 재료도 남겨서 버리면 대단한 낭비다!
구입한 재료를 끝까지 사용하고 있는지 체크해보았는가? 식재료를 남기지 않고 사용하는 것이야말로 절약의 기본 중 기본이다. 싼값에 구입했더라도 썩혀서 버린다면 돈을 낭비한 것이다.

환경까지 생각하는 처분 요리 노하우

브로콜리 줄기

딱딱해서 버리는 줄기에도 영양소가 풍부하므로 데쳐서 요리한다. 1. 줄기를 1cm 두께의 막대 모양으로 잘라 부드럽게 데친다. 2. 고추기름과 간장으로 볶거나, 소금과 참기름에 무쳐 먹는다.

채소 껍질

당근, 감자, 무 등의 채소는 껍질을 벗기지 않고도 충분히 요리할 수 있다. 껍질에는 영양 성분이 가득하며 채소 본래의 맛은 물론 껍질의 질감에서 느낄 수 있는 소박한 멋까지 더할 수 있다.

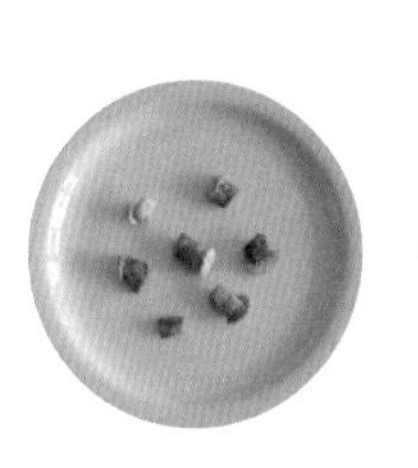

표고버섯 줄기

표고의 줄기는 버리지 않고 맛간장을 만든다. 말린 표고버섯 줄기를 병에 넣고 간장을 부어 3일 이상 두면 버섯 고유의 감칠맛이 간장에 배어 우러난다. 냉장고에 1개월 정도 저장하면서 활용할 수 있다.

국물 낸 다시마

다시마는 버리지 않고 일단 냉동실에 모아두었다가 반찬에 넣는다. 가늘게 썰어 각종 나물, 무침, 밑반찬에 넣으면 달짝지근한 감칠맛을 더할 수 있다.

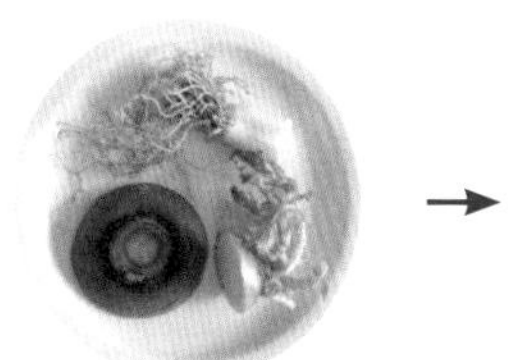

채소의 꼭지와 뿌리

당근, 무, 파의 꼭지는 '재생재배'로 부활시킨다. 잘라도 바로 성장하기 때문에 리필이 가능한 덕에 추가 재료비가 전혀 들지 않는다.

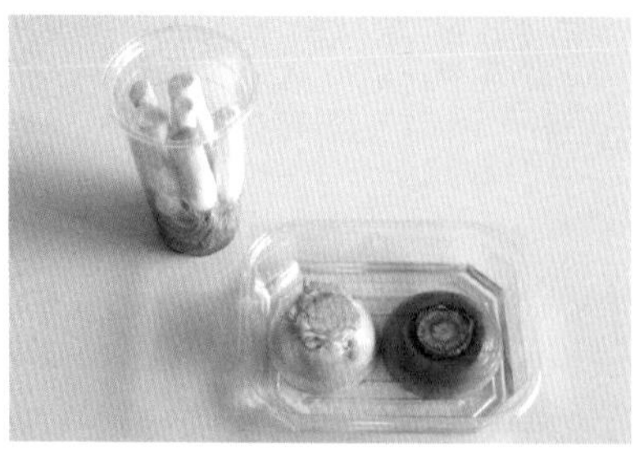

1. 채소의 꼭지를 2~3cm 남겨 자른 후 물에 담근다. 하루 한 번 물을 갈아주고 채소가 끈적해질 때쯤 가볍게 씻어준다.

Tip 재생재배의 성공 요건은 뿌리와 꼭지를 여유 있게 남겨두는 것!

2. 1~2주가 지나면 신선한 잎이 자란다. 이것을 된장국이나 볶음밥에 넣는다.

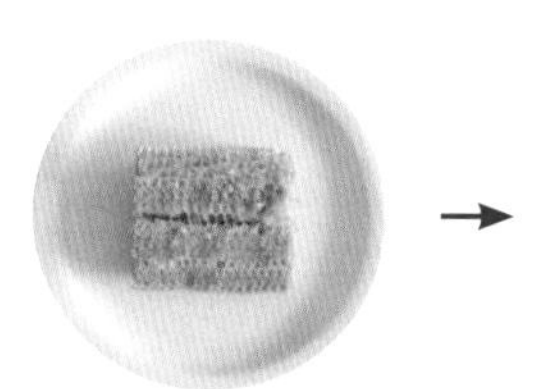

옥수수 심지

옥수수 심지에는 감칠맛이 나는 글루타민산과 단맛 나는 알라닌 등의 맛 성분이 풍부해 달콤하고 감칠맛 나는 육수를 낼 수 있다.

1. 옥수수밥을 할 때는 심지를 넣어야 단맛이 난다. 옥수수를 포크로 긁어낸 뒤 심지와 버터 한 스푼을 넣어 밥을 하면 감칠맛 나는 옥수수밥이 완성된다.

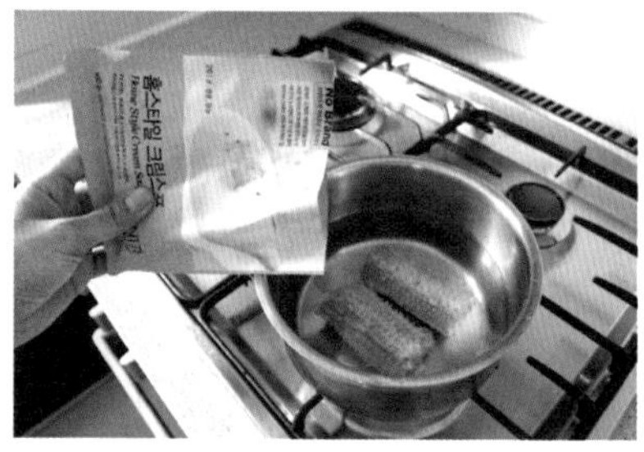

2. 옥수수 심지를 모아 육수를 내어 수프를 끓인다. 옥수수 알이 들어가지 않아도 옥수수의 달콤한 맛이 느껴지는 수프를 끓일 수 있다.

호박씨

단호박 씨는 베타카로틴이 풍부하므로 버리지 말고 볶아 먹는다.

1. 단호박 씨를 씻은 뒤 수분을 제거하고 전자레인지에 3분 돌린다. **2.** 노릇노릇해질 때까지 약불에서 볶은 뒤 소금을 뿌린다.

3. 샐러드에 토핑하거나 맥주 안주로 먹는다. 고소한 맛에 손이 멈추지 않는다.

용기에 묻은 소스

소스의 특성에 맞춰 녹여내면 힘들게 긁어내지 않고도 마지막 한 방울까지 사용할 수 있다.

간장 수용성이므로 물을 약간 넣고 헹궈 조림에 넣는다.

쌈장 비닐봉지에 담긴 쌈장은 플라스틱 카드로 눌러서 짠다.

버터 열에 녹인다. 전자레인지에 살짝 데우면 용기에 붙은 것까지 부드럽게 긁을 수 있다.

참기름 가루 양념을 넣고 흔들면 벽에 묻은 참기름까지 남김없이 흡수할 수 있다. 간장, 식초, 설탕, 고춧가루 등을 넣고 흔들어 양념장을 만든다.

장아찌 국물

장아찌나 피클을 먹은 뒤 남은 국물은 버리지 말고 끓여서 재활용한다.

1. 장아찌 국물은 체에 밭친 후 끓인다.

2. 한입 크기로 자른 자투리 채소에 장아찌 국물을 붓고 냉장고에 하루 넣어두면 수제 장아찌가 완성된다.

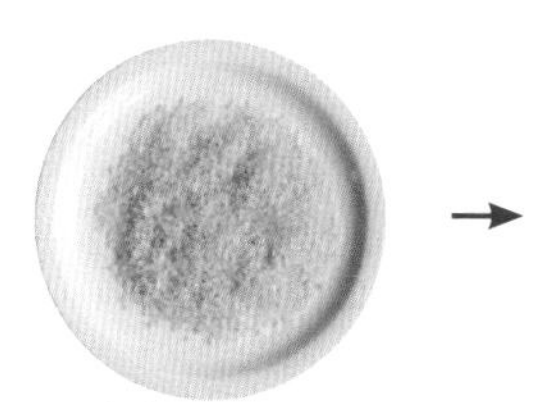

오래된 쌀

오래되어 맛이 떨어진 쌀은 밥 지을 때마다 식용유와 요리술을 넣으면 햅쌀처럼 촉촉해진다.

식용유는 촉촉함과 윤기를 더해주고, 요리술은 산화된 지방산의 냄새를 제거한다. 쌀 3컵에 식용유와 요리술을 1큰술씩 넣는다. 쌀벌레가 생기거나 윤기가 사라진 묵은 쌀로 밥을 할 때 활용해보자.

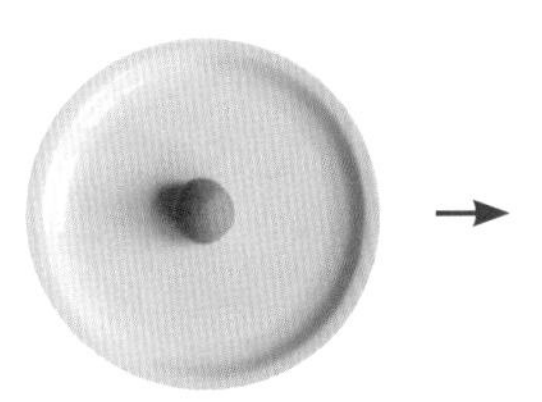

고추냉이

생선회를 살 때 남은 고추냉이는 마요네즈와 섞어 소스를 만들어 활용한다.

새우나 닭 가슴살이 들어간 샐러드에 첨가하면 재료의 비린 맛을 없애주며, 고소하면서도 톡 쏘는 맛의 드레싱을 만들 수 있다.

비율 **와사비 마요네즈 소스**

마요네즈 4 : 연와사비 1 : 식초 1 : 꿀 1

콩가루

인절미를 먹고 남은 콩가루는 우유에 타서 먹는다.

우유에 콩가루 1큰술을 넣으면 고소하고 영양이 풍부한 콩가루 우유가 완성된다. 콩의 이소플라본 성분은 여성호르몬 분비를 도와주어 피부 미용, 바스트 업을 도와준다.

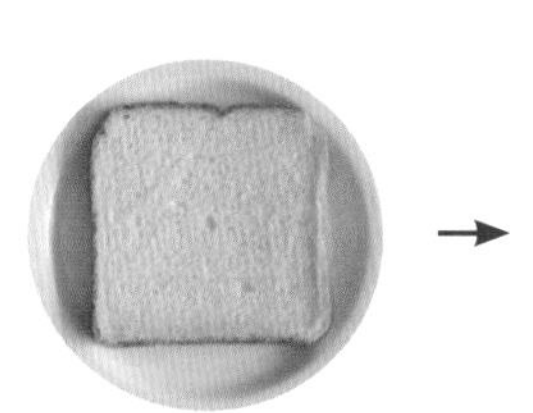

식빵, 바게트

냉장실이나 냉동실에 둔 오래된 빵은 크루통을 만든다.

1. 1cm 크기의 주사위 모양으로 자른다.

2. 버터나 식용유를 두른 프라이팬에 바삭하게 볶는다, 수프나 샐러드 위에 뿌리면 별미다.

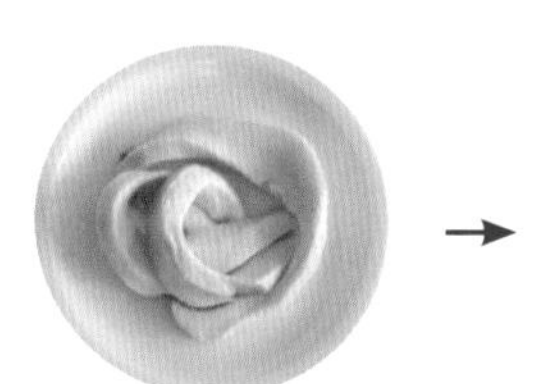

돼지 비계

냉동실에 모아두었다가 라드유를 만든다.

1. 프라이팬에 비계를 작게 잘라 넣고, 비계가 잠길 정도의 물을 붓는다.

2. 물이 끓기 시작하면 약불에서 30분 정도 끓인다. 비계가 튀겨지면서 라드유가 추출된다.

3. 거름망에 걸러 유리 밀폐용기에 보관한다. 김치볶음, 부침개, 짜장, 볶음밥 등에 사용하면 진하고 고소한 풍미를 느낄 수 있다.

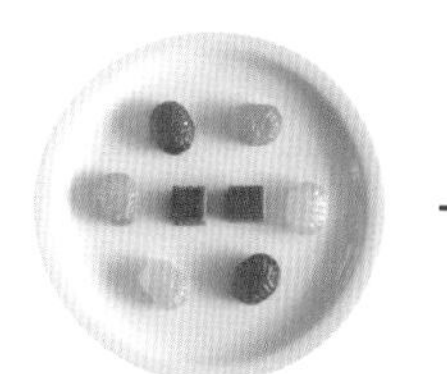

사탕, 캐러멜

끝까지 먹지 못하고 질려버린 사탕은 각종 조림에 넣는다.

1. 장조림 등 조림 요리에 넣는다. 매실청을 넣으면 향긋해지듯 과일 사탕은 의외로 요리와 조화된다.

2. 캐러멜이나 밀크 사탕은 카레에 넣으면 깊은 맛이 난다.

오렌지 껍질

버리지 않고 모아 마멀레이드를 만든다.

1. 소금으로 빡빡 씻어 왁스를 제거하고, 채칼로 밀어 겉껍질만 얇게 채 썬다.

2. 약간의 오렌지 과육과 설탕을 넣고 수분이 줄어 끈적해질 때까지 끓인다. 설탕의 양은 껍질 양의 30% 정도가 적당하다.

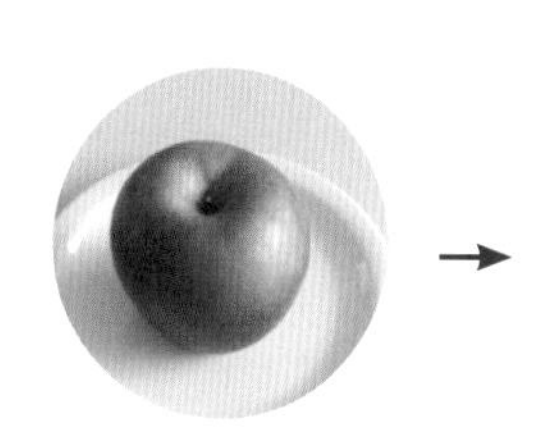

사과

씨방을 피해서 자르면 음식물 쓰레기를 줄일 수 있다.

1. 정중앙의 씨방을 피해서 4등분한다. 3조각은 씨방과 과피 없이 깔끔하게 자를 수 있다.

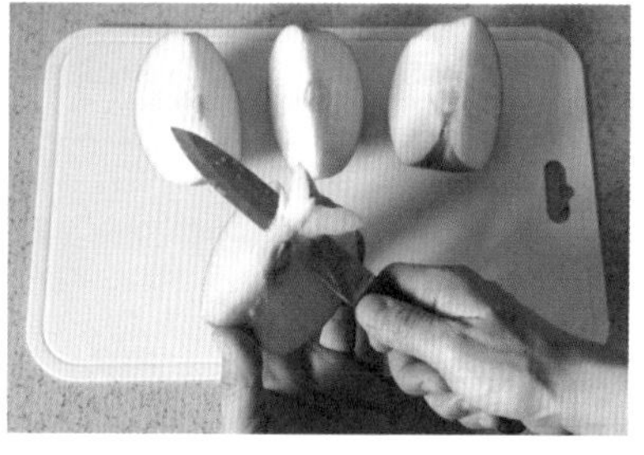

2. 씨가 몰려 있는 한 조각만 손질하면 돼 버리는 부분을 줄일 수 있다.

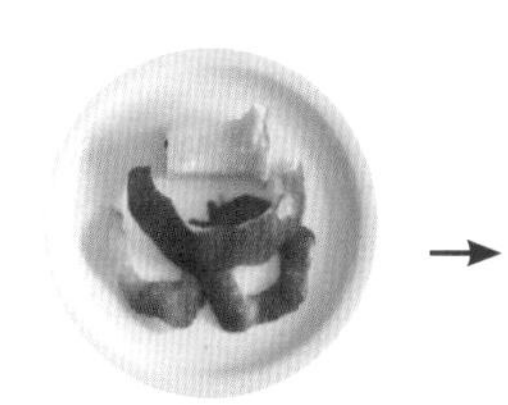

과일의 심지와 껍질

천연 과일 식초를 만들어 껍질의 항산화 성분을 섭취한다.

1. 과일의 심지와 껍질에 식초를 붓고 2주간 재운다.

Tip 직접 만든 식초는 공기 중의 아세트산 때문에 악취가 발생할 수 있으므로 냉장 보관한다.

2. 과일 식초에는 과일 성분이 녹아 있어 양조 식초보다 풍부한 맛과 향을 낸다. 요리에 넣는 것은 물론이고 설탕이나 탄산을 섞어 음료로 즐길 수도 있다.

Save on Food costs **13**

한 주 예산의 함정, **습관적인 외식 줄이기**

'주말인데 저녁은 나가서 먹을까?' 도란도란 이야기 나누며 먹는 주말 외식은 생각만 해도 즐겁습니다. 맥주 한잔 시원하게 마시고 식후 냉면과 아빠가 좋아하는 된장찌개까지 먹으니 10만 원 가까이 나왔습니다. "엄마 완전 맛있어요. 다음에 또 와요." 좋아하는 아이 얼굴을 보니 또 오고 싶지만, 이번 달 카드값을 생각하니 사실은 마음이 좀 무겁습니다. 외식비만 아껴도 생활비가 확 줄어들 것만 같은데 외식의 유혹을 뿌리치기가 쉽지는 않습니다. 한 달 식비에 맞먹는 외식비를 현명하게 줄이는 방법에 대해 살펴보겠습니다.

외식비는 얼마가 적당할까?

식비의 절반이 외식비, 한 달 평균 30만 원 이상

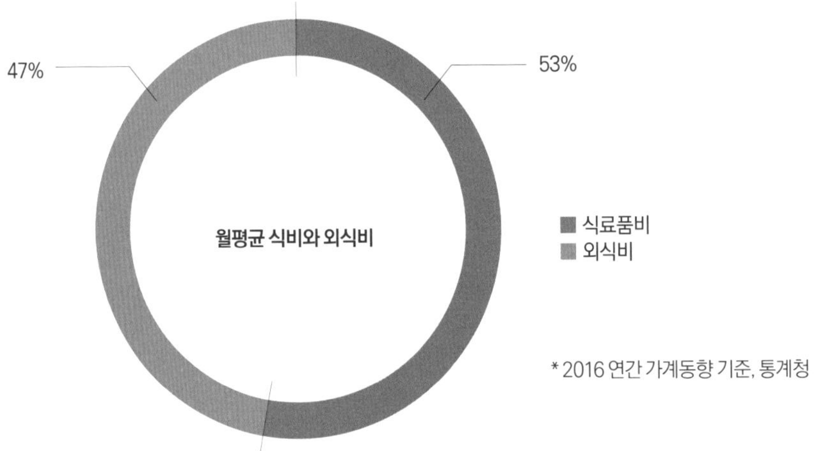

집밥이 줄어들고 있다. 가구당 **월평균 식비는 69만 원,**
이 가운데 외식비와 배달음식비가 차지하는 비중은
47%, 33만 원으로 식비의 절반에 달한다. (4인 식구 기준)

01 우리 집 외식비를 체크해보자

얼마가 적절할까?

외식비는 소득의 5% 이내로 잡는다. 즉 소득이 400만 원(4인 가구 월평균 소득 기준)이라면 20만 원 이내가 적정 금액이다.

월평균 소득 400만 원의 5%
우리 집 외식비는
20만 원

한 번 외식비가 일주일 식비다.

4인 가족이 1회 외식에 지출하는 비용은 보통 최소 2만 원에서 최대 20만 원에 이른다. 그런데 5만 원으로 장을 보면 일주일은 거뜬히 잘 차려 먹을 수 있다. 한 번의 외식비가 결국 일주일 식비에 맞먹는 비용이다.

외식비야말로 '절약 효과'가 크다.

전기요금, 수도요금을 줄이려면 인고의 노력이 필요하지만 외식은 '집밥'으로 대체해도 배고프지 않기 때문이다. 외식비야말로 한 달에 몇십만 원을 바로, 눈에 띄게 줄일 수 있는 비용이다.

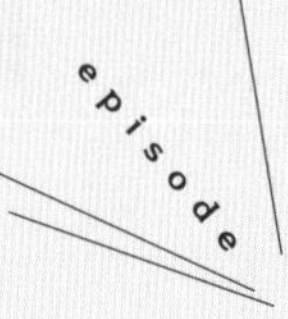

털팽이의 외식비 절약

'무심코 지출한 외식비'만 줄여도 눈에 띄게 절약된다

주말 오후, 가족끼리 마트 쇼핑을 즐겼습니다.
출출함을 느낄 무렵 들른 곳은 왠지 실속 있게 느껴지는 패스트푸드점.
새우버거 세트(5400원 × 3명), 불고기버거 장난감 세트(5800원)를 구입하니
총 2만2000원이 들었습니다. 물론 간만에 가족이 함께 외출한 자리니
가벼운 마음으로 지출할 수 있는 금액이긴 했습니다.

그런데 만약, 이런 패턴으로 매주 한 번씩 먹게 된다면?
한 달에 총 8만8000원이 지출됩니다. 1년이면 무려 105만 원!
'무심코 지출한 패스트푸드' 비용만 줄여도
1년에 무려 100여 만 원을 절약할 수 있습니다.

1주일에 한 번, 햄버거를 줄이면
한 달에 8만8000원,
1년이면
105만 원 절약!

치킨을 줄이면
한 달에 7만2000원,
1년이면
86만 원 절약!

02 얼마나 자주 외식하는가? 외식비 절약 지침

가족끼리 근사하게 먹은 외식은 한 달에 두세 번일 수 있지만 '무심코 지출한 외식비'는 상당히 큰 비용 지출이 될 수 있다. 목이 말라 1500원짜리 아메리카노를 사 마시며 왠지 피곤한 마음에 배달음식을 시키고 싶다. 이런저런 사정으로 예정에 없이 지출한 외식비는 의외로 느는 법이다.

"우리가 외식으로 한 달에 쓰는 돈이 30만 원인데, 반만 줄여도 1년에 200만 원 정도를 모을 수 있단다. 외식비를 반만 줄여서 겨울방학에 일주일간 제주도 여행을 다녀오면 어떨까?"

'외식비 지출규모'와 '절약 목적'을 가족에게 명확히 전달한다.

주말마다 기분 전환용으로 해오던 외식을 그만두면 휴일을 보내는 방법이 바뀌기 때문에 가족의 협력이 필요하다. 외식에 얼마를 지출하고 있으며, 절약한 금액을 어디에 어떻게 사용할 것인지 명확하게 전달한다.

밥만 있어도 외식이 줄어든다.

'집에 밥이 있다'고 생각하면 불필요한 외식 빈도가 현격하게 준다. 외출 전에 예약 취사를 하거나 냉동밥을 상비한다. 남은 볶음밥을 얼려두는 것도 좋다.

우리 집 외식 횟수를 정해둔다.

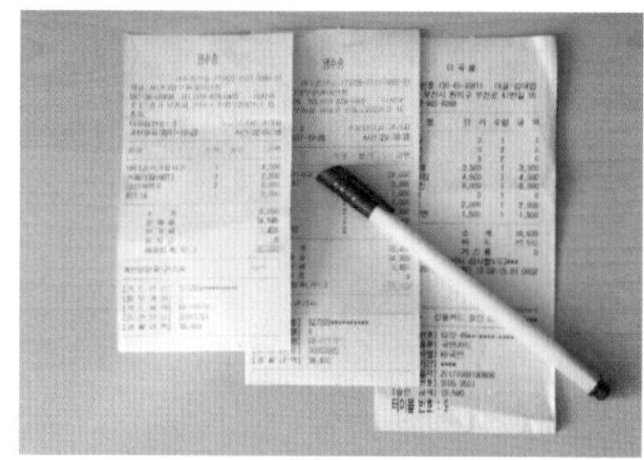

1. 영수증을 체크해서 우리 집 평균 외식비를 가늠한다,

2. 외식 횟수와 예산을 정한다.
예) 한 끼에 5만 원 X 월 3회 = 외식비 합계 월 15만 원

Tip 가족이 각자 하는 외식(평균 20%)은 여유분으로 남겨두는 것이 좋다.

반찬을 사도 좋으니 집에서 먹는 습관을 들인다.

귀가가 늦어지면 반찬을 사는 것도 좋다. 외식보다 저렴하고 시간도 절약할 수 있으며 집에서 먹는 습관을 들일 수 있다.

귀찮음을 이겨낸다.

외식비가 상승하는 이유는? '귀찮음' 때문이다. 냉장고 속 재료로 10분이면 끓일 수 있는 된장찌개도 사 먹으면 몇만 원이니, 결국 '남이 해준 음식'은 비싼 것이다.

즉석 반찬을 상비한다.

냉동 삼겹살이나 생선 등 굽기만 해도 완성되는 재료와 김, 참치, 반찬 통조림을 상비하면 바쁘고 시간 없을 때 간단하게 한 상을 차릴 수 있다.

Memo 샘표 반찬 통조림 1200~3000원

03 외식비 절약에 도움되는 +α 아이디어

1인분의 고급 식재료로 가족 모두가 즐긴다.

장어와 등심 스테이크, 참치회 등 고급 식재료는 구입하기가 쉽지 않지만, 조금만 노력하면 1인분의 재료로 가족 모두가 즐길 수 있다. 참치도 회로 즐기려면 한 팩으로 부족하지만, 냉동 참치 200g을 구입해 상추, 당근, 오이, 초고추장과 함께 밥 위에 올려 회덮밥을 만들면 1만 원으로 가족 모두가 배불리 먹을 수 있다.

휴일에는 집에서 점심을 먹은 뒤 외출한다.

휴일 점심에 외출하면 반드시 외식을 하게 되므로 집에서 간단히 라면이라도 먹고 나간다. 공원에 돗자리를 펴고, 점심 대신 편의점에서 달콤한 아이스크림과 간식을 사서 한가로운 오후를 보내보자. 즐거움은 유지하고 비용은 줄일 수 있다.

한 끼 식사의 플레이팅은 가급적 큰 접시를 사용하자.

옷을 어떻게 입느냐에 따라 사람이 달라 보이듯 음식도 어떻게 담아 내느냐에 따라 맛이 다르게 느껴진다. 밀폐용기에 담긴 차디찬 음식도 큰 접시에 담으면 맛집의 음식처럼 호화로워 보인다.

짧은 시간에 바로 만들 수 있는 가정식

달걀 냉장고에 항상 있는 재료. 스크램블드에그를 해서 각종 재료와 함께 볶으면 누구나 좋아하는 요리를 만들 수 있다.

* 피망, 꽈리고추, 소시지를 볶은 후 달걀 스크램블을 넣고 칠리소스로 양념한다.

햄·소시지 냉장고에 있으면 어디에든 편리하게 쓸 수 있다. 감자, 피망, 브로콜리 등 채소를 곁들이면 햄만 구울 때보다 풍성해 보이고 건강에도 좋다.

* 브로콜리를 데친 뒤 햄과 함께 볶았다.

참치 캔 통조림 참치와 밥을 조합하면 맛있고 조리도 빠른 한 끼 식사가 완성된다. 다른 재료와 볶아서 전분을 넣어 덮밥을 해도 좋고, 볶음밥이나 비빔밥에 넣어도 만족스럽다.

* 다진 양파를 볶은 뒤 방울토마토, 참치 캔, 물 1/2컵을 넣고 1분간 끓인 후 소금으로 간한다.

스파게티 스파게티 반찬도 없고 밥 지을 시간도 없을 때 만들기 좋다. 채소, 햄에 사둔 소스를 잘 조합하면 10분 만에 근사한 접시가 완성된다.

* 스파게티면 1인분에 브로콜리, 양송이, 다진 양파를 볶고, 우유 200cc와 치즈 2장을 넣고 소금으로 간하면 생크림 없이 크림 소스 파스타가 완성된다.

1년 식비 105만 원 GET!

Column

인기만큼 품질도 믿을만 할까?
PB 상품 핫 아이템 비교 분석

PB 상품(Private Brand)이란?

유통업체가 독자적으로 기획하여 자사의 점포에서 판매하는 상품을 의미한다. 한편으로 제조업체의 브랜드는 NB(National Brand) 상품이라고 한다. NB 상품 제조업체는 유통업체에 20~30%의 수수료를 지불하고 판매하지만, PB상품은 유통업체 자체에서 판매하기 때문에 수수료가 포함되어 있지 않고 광고비도 절감되는 만큼 시중 가격보다 20~30% 더 저렴하게 판매할 수 있다.

PB 상품 구매가 높아지면 누가 더 큰 수익을 얻을까?

기업형 유통회사의 매출 비중이 74%에 달하면서 유통회사의 지위가 제조회사보다 높아진 현실이다. 유통업체가 제조업체의 마진을 과하게 축소하거나 초코파이, 카스타드와 같은 대표 상품까지도 PB 상품으로 제작할 것을 요구하면서 PB와 NB 상품이 경쟁해야 하는 부작용도 드러나고 있다. 점유율 1위의 NB 상품을 보유한 기업의 경우 PB 매출이 1% 증가하면 매출 손실액이 평균 10억 정도인 것으로 집계된 바 있다.

PB 상품과 NB 상품의 품질은 같다?

	비율 (%)
NB 제품의 특성을 약간 변형	52
NB 제품에서 포장 형태만 바꿈	26
완전히 새로운 제품	13
기타	9
합계	100

제조업체 설문조사 데이터(한국개발연구원, 2016)

PB 상품은 NB의 특성을 약간 변형하거나 포장 형태만 바꾼 경우가 77%에 달한다. 하지만 품질이 낮은, 완전히 다른 제품인 경우도 4분의1에 달하기 때문에 원재료 명을 꼼꼼히 확인해본다.

NB에서 PB로 바꾸면 식비가 **30% 절약된다!**

노브랜드 _ 짜장라면과 짜짜로니

유통업체	PB	NB	제조업체	단위 가격 차이율
이마트	노브랜드 짜장라면	볶음 짜짜로니	삼양라면	▼29%
	2580원, 개당 516원	3650원, 개당 730원		

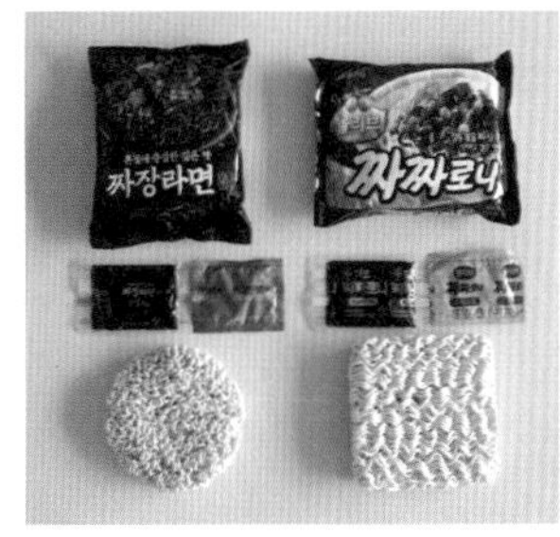

노브랜드 짜장라면은 짜짜로니의 특성을 약간 변형한 PB 제품. 노브랜드 짜장라면은 짜짜로니에서 압착 올리브유, 실당근, 동결건조 완두콩, 돼지고기를 뺀 제품이다. 하지만 맛의 싱크로율이 90% 이상이며 풍미 좋은 액상 수프가 들어 있어 가성비 좋은 제품으로 평가된다.

홈플러스 _ 저온살균 우유와 파스퇴르 후레쉬 우유

유통업체	PB	NB	제조업체	단위가격차이율
홈플러스	저온살균우유	후레쉬우유	파스퇴르	▼42%
	1990원, 100ml당 203원	3290원, 100ml당 353원		

파스퇴르 후레쉬 우유 또한 PB 상품이 존재한다. 바로 홈플러스 저온살균 우유, 가격 또한 1990원으로 42% 저렴하다. 뚜껑 색만 다를 뿐 패키지도 같고 NB 상품 옆에 바로 진열되어 있다. 공장 소재지도 같고 팩에 찍힌 관리책임자 이름까지 같기 때문에 포장 형태만 바꾼 제품으로 보아도 될 것 같다.

홈플러스 _ 카스타드와 롯데 카스타드

유통업체	PB	NB	제조업체	단위 가격 차이율
홈플러스	카스타드	행복 카스타드	롯데	▼29%
	16개 4290원, 10g당 117원	12개 4780원, 10g당 165원		

1989년에 출시된 연 매출 500억 원의 대표 상품인 롯데 카스타드의 PB 상품은 홈플러스 카스타드다. NB가 PB보다 약간 더 달고 케이크의 질감이 부드럽지만 원재료가 80% 이상 동일한 제품으로서 크림의 양과 맛도 비슷하다. 디자인이 다소 투박한 'PB 포장지'만 참을 수 있다면 비용을 30%를 절약할 수 있다.

맛 좋고 가성비 좋은 식비 절약형 PB 상품

〔 **백종원 도시락** 〕 1인 가구가 빠르게 증가하면서 혼밥족의 필수품인 도시락이 인기 있는데 특히 집밥 수준의 여러 가지 반찬을 골고루 담은 백종원 도시락이 인기 상품이다. 추천 도시락은 '매콤 불고기 도시락'과 '돈가스 소시지 도시락'.

〔 **자이언트 시리즈** 〕 사이즈를 늘리고 가격을 낮춰 성공한 브랜드로, '자이언트 떡볶이'와 '자이언트 매콤 달콤 순대', 큼직한 '자이언트 피자'도 추천.

〔 **냉장 빵** 〕 CU의 냉장 빵도 특색 있는데 달콤 상큼한 망고크림이 가득 든 '망고크림빵', 멜론 향 가득한 빵에 생크림이 들어있는 '크림가득메론 빵'도 추천.

〔 **품절 대란 상품군** 〕 출시되면 품절 대란을 일으키는 품목이 많다. 귀여운 캐릭터 디자인의 '미니언즈 우유', 생망고가 들어있는 '망고빙수'와 진한 초코 맛의 '악마빙수', '대만 밀크 티'는 모두 품절 대란을 일으켰던 상품들이다.

〔 **도시락** 〕 GS는 도시락의 평판도 편의점 중에 최상! 무려 6가지 반찬을 담은 '6찬 도시락'과 통닭다리를 뜯어 먹을 수 있는 '완전 크닭'이 추천 아이템.

〔 **젤리 용량까지 만족스러운 인기 가성비 제품군** 〕 '요구르트 젤리' '세븐 카페' '야쿠르트 그랜드', 햄치즈 옥수수가 들어 있는 '치즈듬뿍 토스트' 등등, 가성비가 좋은 데다가 이색적인 재미를 줄 수 있는 제품들이 히트 상품이다.

홈플러스

자사의 브랜드를 앞세우기보다 제조업체와 손잡고 '홈플러스 좋은 상품' 브랜드로 단독 상품을 출시 중이다. 연세우유에서 생산하는 '좋은 상품1A 우유'는 홈플러스 우유 총 매출의 50%를 넘기면서 서울우유보다 더 많이 판매되고 있으며, 롯데 '수박바'와 '죠스바'를 파인트컵 형태로 개발한 '죠스통' '수박통'도 호전 중이다.

롯데마트

'통큰 치킨'을 시작으로 초이스엘, 해빗, 온리프라이스 등 다양한 브랜드로 1만 3000개의 PB 상품을 판매하고 있다. 특히 저품질의 PB 상품이라는 인식은 옛말. 프리미엄 PB 상품 브랜드인 '프라임엘' '초이스엘 골드' 와 유기농 상품 전문 브랜드인 '해빗'이 특히 인기 높다.

[해빗] 친환경 특화 PB 상품인 '해빗'에서는 친환경농법으로 재배한 채소와 과일, 친환경 세제와 주방 용품 등 건강과 관련된 웰빙 상품을 거품 없는 가격에 구입할 수 있다. 추천 상품은 쌀눈을 살린 '무농약 7분도 쌀눈쌀'과 유기농 목초로 키운 '유기농요구르트'

[온리프라이스] 이마트에 노브랜드가 있다면 롯데마트에는 온리프라이스가 있다. 가격 고민 없이 쉽게 고를 수 있도록 패키지에 가격을 표시하였다. 눈속임 없는 저렴한 가격을 강조하기 위해 990원이 아닌 1000원 단위의 균일가로 책정한 것도 온리프라이스만의 특징이다.

[프라임엘] 프라임엘은 PB 상품이 단순히 저가 상품이라는 인식에 차별화를 둔 웰빙 프리미엄 PB 상품이다. 추천 상품은 킬리만자로산맥에서 11월에서 1월까지만 생산되는 프리미엄 원두로 만든 '프라임엘 탄자니아 킬리만자로' 원두와 건강기능식품 등이다.

이마트

[피코크] 200개 품목으로 시작해 간편식을 비롯한 음료, 과자 등 1000개가 넘는 상품군을 갖춘 가정식 브랜드로 특급 호텔 셰프 6명이 레시피만 연구한다고 한다. '피코크 티라미수 케이크'와 5가지 치즈를 넣었다는 '라자냐'는 품절될 정도로 인기가 좋다. (사진 출처: 신세계그룹)

[노브랜드] '스마트 컨슈머가 되는 길'이라며 '가격 대비 가성비 극대화'를 강조한 상품이 많다. 500원짜리 갱지 연습장, 980원 감자칩, 1kg에 3780원 하는 군만두 등 가성비 좋은 제품군을 공격적으로 늘리면서 제조, 판매하고 있다. 다른 PB 브랜드와 달리 중소기업 제품이 월등히 많은 것도 특징이다. (사진 출처: 신세계그룹)

CHAPTER 03

Zero-cost Housekeeping

청소 · 세탁 · 수납 · 재활용까지,
생활비 걱정 확 줄이는

365일 가사

살림 노하우에 관한 콘텐츠는 이제 다양한 소셜 미디어 매체를 통해 쉽게 접할 수 있습니다. 공개된 사진들이 훌륭하니, 따라 하면 내 삶도 변할 수 있다는 환상을 부릅니다. 하지만 집안일이라는 게 어떤가요. 돌아서면 다시 쓸고 닦고 정리하는 과정의 연속이며 새로운 지출 또한 발생합니다. 누구나 자신의 공간을 쾌적하게 유지하고 싶은 마음이 크니 가사에 집중하지만, 불필요한 낭비는 최대한 줄여야 합니다. 미니멀 라이프와도 직결된 소비 제로 가사는 과연 불가능한 문제일까요?

Zero-Cost Housekeeping **01**

하루 30분으로 끝내는 '일주일 연상 가사'

집안일은 해도 해도 끝이 없습니다. 치우고 돌아서면 또 치울 거리가 생기고, 날마다 쓸고 닦아도 창틀에는 먼지가 쌓이고 후드에선 기름때가 떨어집니다. 그래서 집안일이야말로 종일 닥치는 대로 하기보다 주기를 파악해 계획하는 효율적인 시간 관리가 필요합니다. '일주일 연상 가사'로 시간 절약하는 방법을 소개합니다.

Step 1 가사를 주기별로 구분하자

가사를 매일 해야 하는 일과 매일 하지 않아도 되는 일로 구분한다. 하루라도 건너뛰면 차질이 있는 일은 매일 해야 하지만, 그렇지 않아도 되는 일은 일주일 단위로 모아서 하는 것이 효율적이다.

매일 하는 가사

청소 (집 정리, 청소기 돌리기)
세탁 (세탁기 돌리기, 개기)
요리(조리, 설거지)

매일 하지 않아도 되는 가사

바닥 닦기
가구·유리창·거울 닦기
화장실 청소
주방 청소(가스레인지, 후드, 싱크대 등)
현관, 베란다 청소
침구 세탁 (베갯잇, 침대 패드 등)
다림질
쓰레기 버리기, 분리 배출

Step 2 매일 하지 않는 일은 일주일 연상 가사 스케줄을 짠다

'일주일 연상 가사'의 원리와 장점은?

요일별 테마에 맞춰 요일과 가사를 연결한 것으로, 일주일 단위로 '해당 요일에 연상되는' 청소를 실행한다. 매일 철저하게 청소하는 것은 아니지만, 일주일 단위로 집 안 곳곳을 청소할 수 있기 때문에 별도의 대청소를 하지 않아도 실내를 깨끗하게 유지할 수 있다.

일	월	화	수
태양(日)의 날 세탁과 관련된 가사를 한다. ☑ 침대 패드, 베갯잇을 세탁한다. ☑ 이불을 턴다. ☑ 옷을 다림질한다.	**달(月)의 날** 빛을 떠올려 반짝이는 것을 닦는다. ☑ 유리창과 거울을 닦는다. ☑ 싱크대 문과 냉장고 도어 등 반짝이는 가구를 닦는다.	**불(火)의 날** 불 주위를 청소한다. ☑ 가스레인지, 후드를 청소한다. ☑ 음식물 쓰레기를 버린다.	**물(水)의 날** 물 주위를 청소한다. ☑ 화장실을 청소한다.

목	금	토
나무(木)의 날 나무로 된 것을 청소한다. ☑ 가구 위의 먼지를 닦는다. ☑ 바닥을 닦는다.	**돈(金)의 날** 금전관련 일을 한다. ☑ 영수증과 가계부를 정리한다. ☑ 공과금 등을 납부한다.	**흙(土)의 날** 흙이 떨어진 곳을 청소한다. ☑ 화분을 관리한다. ☑ 현관, 신발장, 베란다를 청소한다. ☑ 분리수거 등 쓰레기를 버리고 일주일 청소를 마무리한다.

Tip 장소별로 청소 주기를 정해 나눠서 청소한다. 예) 화요일 플랜

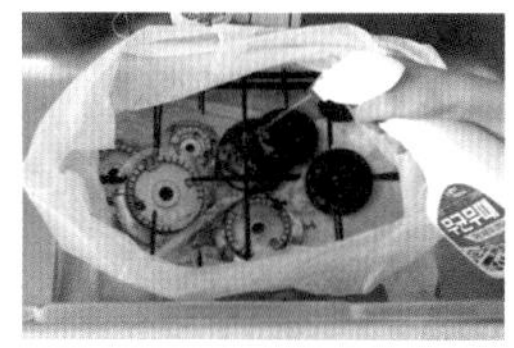

가스레인지는 매주 1회 청소한다.

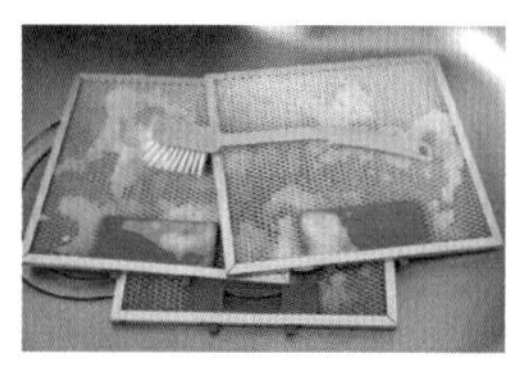
후드 부분은 2주에 한 번씩 청소한다.

Step 3 가사는 하루 30분씩 실천한다

매일 하는 가사(청소, 세탁) + 일주일 연상 가사를 1일 30분 실천한다.

매일 하는 가사

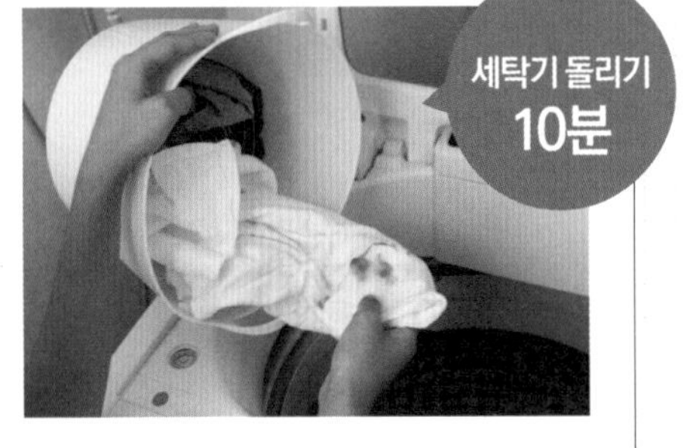

+

일주일 연상 가사

하루 30분 가사, 나만의 기본 룰을 만들어보자.

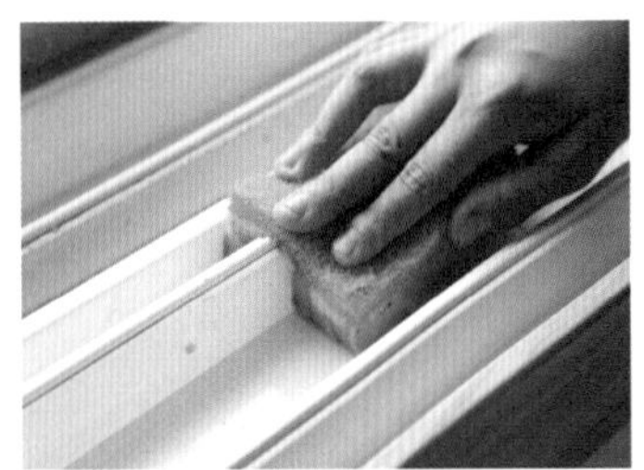

집안일을 10~15분 단위로 나눈다.
하루 30분 마감 시간을 정하고, 할 일을 10분 단위로 나눈다. '유리창 청소'도 막연히 하다 보면 반나절이 걸릴 수 있지만 '10분 동안 거실창틀 닦기'라고 시간과 범위를 한정하면 빠른 시간에 집중해서 할 수 있다.

완벽하게 할 필요 없다.
완벽하게 청소하려 하면 지쳐서 쉽게 포기하게 된다. 하다 보면 요령이 생겨 쉽게 청소 할 수 있게 되므로 하루 30분을 기준으로 조금씩 청소 양을 늘리는 것이 좋다.

청소는 아침에 한다.
아침에 청소를 하면 기분 좋은 하루를 보낼 수 있다. 또한 청소를 밤까지 미루면 '오늘은 피곤하니까 내일 해야지'라는 생각이 들게 되므로, 청소는 아침에 하는 습관을 들인다.

가사를 미루지 않게 하는 마인드컨트롤, '5초의 법칙'

가사를 미루고 싶다는 생각이 드는 순간 5초를 센다. 아무 생각하지 않고 '5,4,3,2,1' 카운트다운을 세다 보면 '피곤한데 다음에 해야지'라고 변명할 시간을 차단해 지금 할 일을 미루지 않게 된다.

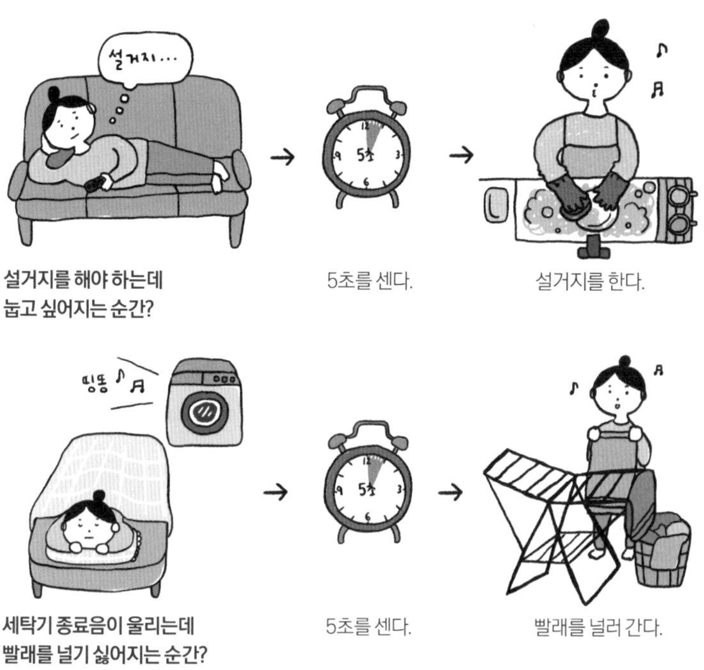

설거지를 해야 하는데 눕고 싶어지는 순간? → 5초를 센다. → 설거지를 한다.

세탁기 종료음이 울리는데 빨래를 널기 싫어지는 순간? → 5초를 센다. → 빨래를 널러 간다.

Time is money.

일주일 연상 가사로 1일 1시간의 가사를 30분으로 단축하면,
30분의 금전적 가치는 얼마일까?
시간을 돈으로 환산하면 가사를 하는 여성에게 1분의 금전적 가치는 145원!

(영국 워릭대학 이안 워커 교수, 2002)

145원 × 30분 × 365일 =

1년에 약 158만 원 절약!

재료비 0원! 집 안 **청소 아이디어**

청소에 돈을 들일 필요는 없습니다. 마트에 가면 욕실 하나에도 변기용, 욕조용, 바닥용, 배수관용 등등 각종 세제들이 있으니 막상 무엇을 사야 할지 상당히 혼란스러울 것입니다. 그런데 사실은 이들 모두가 '통만 바뀐 계면활성제'일 뿐입니다. 또 청소 도구와 각종 세제를 구입하지 않아도 청소의 원리만 파악하면 최소한의 세제와 헌 양말, 비닐, 노끈, 나무젓가락 등의 흔한 물건을 이용해 힘들이지 않고 청소할 수 있습니다.

절약 청소의 4요소 'Chemical – Heat – Agitation – Time'

Step 1 때를 제거하는 청소의 4가지 요소는 **세제, 열, 마찰력, 시간**이다.

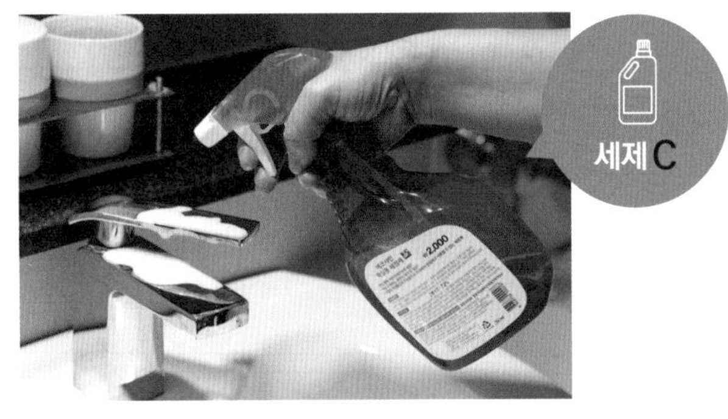

계면활성제와 산, 알칼리의 화학작용으로 때를 제거한다.

세제란 산, 알칼리를 중화해 때를 녹이기 때문에 때의 종류에 맞는 세제를 선택하는 것이 가장 중요하다. 또한 세제의 농도를 진하게 하면, 헹구는 시간과 물이 많이 소요되고 피부와 호흡기에도 좋지 않으므로 표준 사용량을 지키는 것이 좋다.

알칼리성 때 (비누때, 암모니아, 요석) + **산성 세제** (구연산, 식초)
↓
중화되어 제거

중성 때 (흙, 식기오염) + **중성 세제** (주방 세제)
↓
중화되어 제거

산성 때 (기름때, 손때, 먼지, 배수구때) + **알칼리성 세제** (베이킹 파우더, 스프레이 세제, 락스)
↓
중화되어 제거

온도가 높을수록 때가 잘 빠진다.

온도가 높아지면 열로 인해 계면활성제 분자의 작용이 활발해진다. 또한 지방이 녹는 융점인 40~60도로 온도를 높이면 기름때가 녹아 쉽게 제거된다.

손의 힘이나 연마제, 정전기 등의 물리적 마찰력을 가해 때를 제거한다.

단 마찰력이 강해지면 표면에 흠집이 생길 수 있으므로, 온도를 높이고 시간을 늘려 때를 제거해주는 것이 좋다.

충분히 때를 불리면 세제가 오염 물질에 충분히 침투되어 쉽게 제거된다.

예를 들어 세제 위에 랩을 씌워두거나 액체세제를 밀가루로 반죽해 발라두는 등 여러 방법을 활용해볼 수 있다.

Step 2

청소의 4요소 C-H-A-T의 비율을 조정해 손상 없이 청소한다.

청소의 4요소의 기본적인 비율은 **세제 25% + 열 25% + 마찰력 25% + 시간 25%이다.** 하지만 때의 종류와 소재에 따라 비율을 조정하면 강한 세제와 마찰력 없이도 때를 제거할 수 있다.

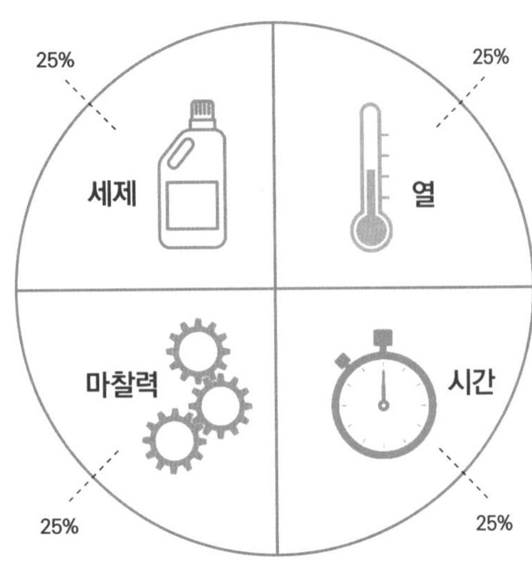

예) 레인지 후드의 기름때 제거하기

불리지 않고 찬물에서 철수세미로 벗김
세제 30% + 열 10%(찬물) + 마찰력 50%(철수세미)
+ 시간 10%(불리지 않음)
→ 얼룩은 벗겨졌지만 스크래치가 생김

찬물에서 강알칼리 세제로 30분 불림
세제 40%(강알칼리) + 열 10%(찬물) + 마찰력 20%
+ 시간 30%(30분 불림)
→ 얼룩은 쉽게 벗겨졌지만 알루미늄 재질이 검게 부식됨

뜨거운 물에서 30분 불림
세제 25% + 열 35%(뜨거운 물) + 마찰력 10%
+ 시간 30%(30분 불림)
→ 소재의 손상 없이 때가 벗겨진다!

돈 들이지 않고 반짝반짝~ 집 안 부실별 청소 아이디어

01 거실

청소기는 하루에 한 번, 나머지는 빗자루로 전기요금을 절약한다. 절약

무거운 청소기를 꺼내는 것은 은근 귀찮은 일, 게다가 벽이나 기둥에 부딪치면 흠집이 나고 좁은 가구 틈은 들어가지도 않는다. 간단한 청소라면 빗자루가 청소기보다 가볍고 빠르다.

빗자루의 장점

1. 아날로그식 청소 도구이므로 콘센트가 필요 없어 어느 곳이든 사용 가능하다.
2. 전기요금이 들지 않고 필터와 배터리 교체도 필요 없다.
3. 소음이 없어 아이가 잘 때나 한밤중에도 청소할 수 있다.
4. 노즐을 바꿔 끼우지 않아도 좁은 틈의 먼지를 쓸 수 있다.

털실 정전기 장갑 마찰력

목장갑 끝에 정전기를 일으키는 털실을 달면 TV 등 가전제품의 먼지를 쉽게 제거할 수 있다. 귀여운 생김새 때문에 청소 또한 즐거워진다.

1. 손가락에 털실을 돌려 감고 중앙을 실로 묶은 후, 끝을 가위로 잘라 실뭉치를 만든다.

2. 장갑 끝부분에 바느질해 고정한다.

3. 정전기로 청소한다. 털실은 정전기를 일으켜 먼지를 흡착하기 때문에 TV 액정과 기타 가전의 미세한 먼지까지 확실히 흡착한다.

오래된 옷은 청소에 활용한다. 절약 

면 행주도 돈 주고 사려면 몇천 원이지만, 오래된 티셔츠 한 장이면 행주를 10장 이상 만들 수 있다. 소재의 특성을 살리면 집 안 곳곳을 청소할 수 있으므로 헌 옷 수거함에 넣기 전 청소에 활용해보자.

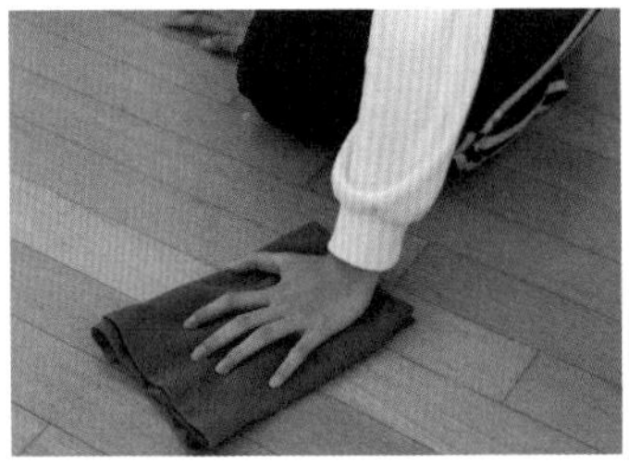

면 면은 원단이 부드러워 소재를 손상시키지 않는다. 또한 흡수력이 뛰어나므로 행주나 바닥 걸레로 사용하기에 좋다.

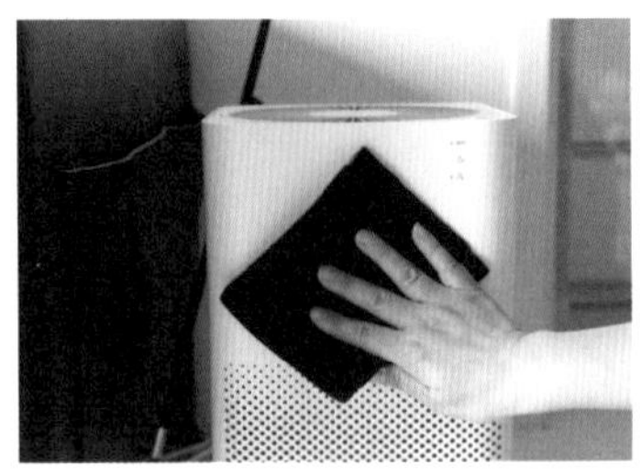

양모 양모의 가장 큰 특징은 정전기가 발생한다는 것! 손바닥 크기로 잘라 TV, 전자제품 등 먼지가 많은 곳 근처에 놓아두고 한 번씩 쓱 닦아주면 되어 청소도 간편하다.

나일론, 아크릴 때타월에 사용되듯이, 흡수성이 거의 없고 질기기 때문에 연마력이 강해 물때를 닦는 데 좋다. 수도꼭지나 세면대를 청소하면 세제 없이도 반짝이게 닦을 수 있다.

Tip 연마력이 강하기 때문에 플라스틱이나 액정 등 흠집이 생기기 쉬운 소재에는 사용하지 않는 것이 좋다,

일회용 물걸레포의 최종 청소는 현관 절약 

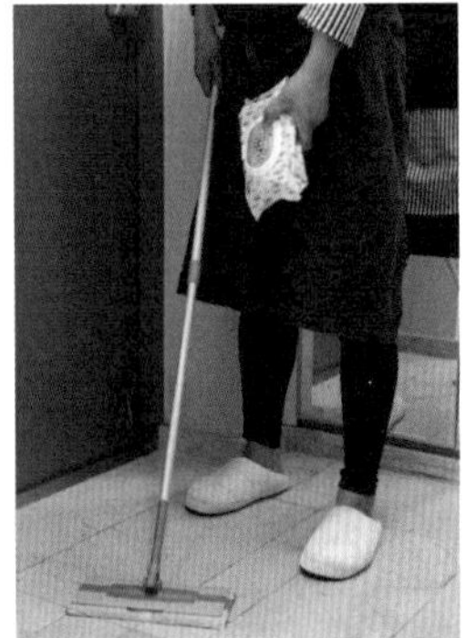

현관은 청소를 건너뛰기 쉬운 장소, 물걸레포로 바닥 청소를 한 후 그대로 현관까지 닦는다. 철저하게 사용했으니, 아깝지 않게 버릴 수 있다.

밀대에는 부직포 대신 스타킹을 씌운다. 마찰력 

헌 스타킹은 밀대의 청소포로 사용할 수 있다. 신축성이 좋아 씌우기도 좋고 먼지가 잘 붙기 때문에 부직포 이상의 효과를 낼 수 있다.

낡은 양말을 겹쳐서 유리창 청소 절약

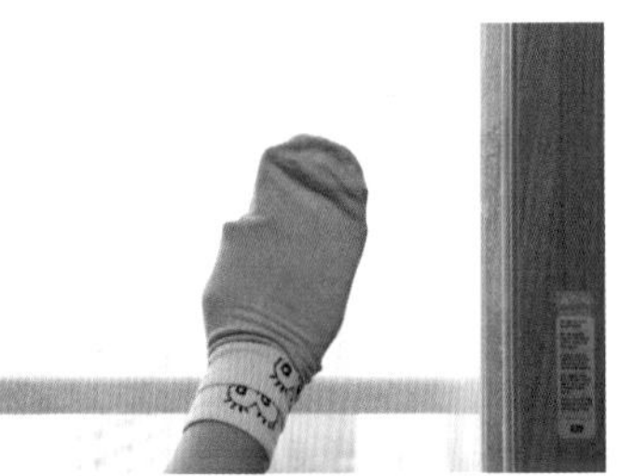

1. 양말을 겹쳐 장갑처럼 손에 끼고 유리창을 닦는다. 더러워지면 양말을 한 겹씩 벗긴다.

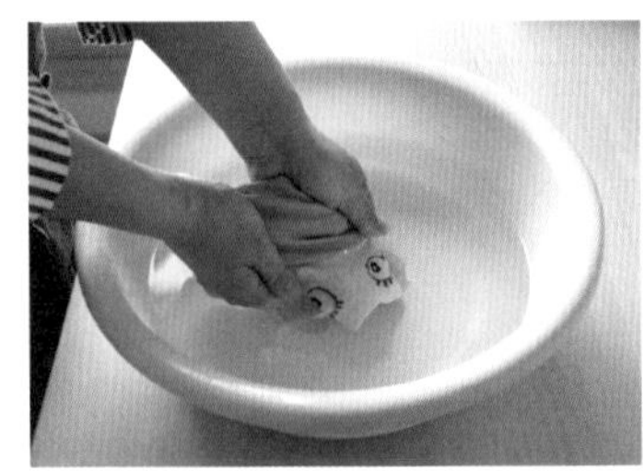

2. 더러워진 양말은 헹구어 물기를 짠다.

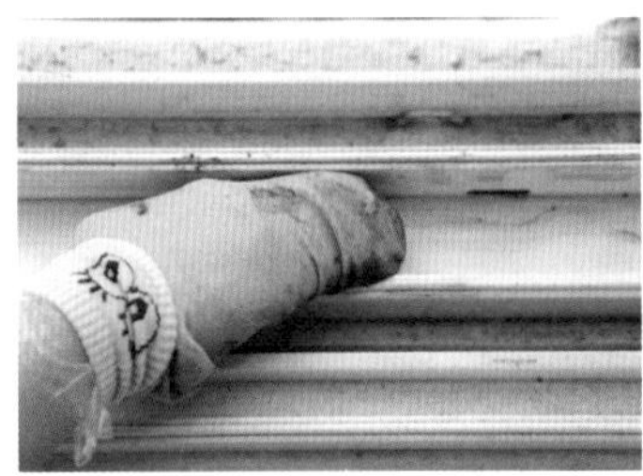

3. 손에 비닐봉투를 끼고 그 위에 젖은 양말을 씌운 후 창틀을 닦는다. 사이사이를 꼼꼼히 닦을 수 있다. 더러워진 양말은 버린다.

쌀뜨물로 바닥 왁싱 세제 

쌀뜨물에는 쌀이 가진 영양 성분이 녹아 있는데, 이 중 '오리자오일'이라는 유분은 마룻바닥을 코팅하는 왁스 효과가 있어 먼지로부터 마루를 보호한다. 옛날 할머니들이 쌀겨를 스타킹에 넣어 나무 마루를 닦았는데 이것 또한 오리자오일을 활용한 것이다,

1. 쌀을 씻은 첫 번째 물을 준비한다.

Tip 쌀뜨물에는 영양분이 많기 때문에 하루 이상 둘 때는 냉장 보관한다.

2. 쌀뜨물에 걸레를 짜서 바닥을 닦는다. 시판 왁스처럼 처음부터 광이 나지는 않지만 서너 번 닦으면 체감할 수 있을 만큼 반짝인다. 시판 왁스와 달리 화학 약품이 포함되지 않은 것도 쌀뜨물의 장점!

02 주방

매일 행주 한 장으로 달라붙기 전에 닦는다. 열

저녁 설거지 후에는 물행주 한 장으로 싱크대 전체를 닦는다. 가스레인지가 식기 전에 닦으면 세제 없이도 음식 찌꺼기가 쉽게 닦여 청소가 간편하다.

가스레인지 청소는 + 소다 커피 페이스트 세제 + 마찰력

기름때를 녹이는 작용을 하는 알칼리성의 베이킹 소다에 연마작용을 하는 커피 찌꺼기를 섞으면 기름때가 들러붙은 가스레인지 부속품도 철수세미 없이 닦을 수 있다.

1. 베이킹 파우더와 커피 찌꺼기를 1:1로 섞은 뒤 소량의 물에 뻑뻑하게 개어 보관한다.

2. 가스레인지 부속품을 닦으면 힘들이지 않고 기름때를 제거할 수 있다.

끈적한 기름때에는 밀가루 세제 

끈적한 기름때는 세제를 사용해도 수세미만 더러워질 뿐 쉽게 닦이지 않지만, 밀가루로 문지르면 뽀드득한 느낌이 들 정도로 기름때가 흡착되는데 이는 밀가루의 글루텐 성분이 기름을 흡수하기 때문이다. 기름때가 끈적하게 찌든 곳에 밀가루를 뿌리고 손이나 칫솔 등으로 비벼 문지른다. 물 없이 문질러야 효과가 좋다.

배수구 거름망은 비닐봉지로 세척한다. 시간

배수구 덮개와 거름망의 물때가 심할 때는 비닐을 사용한다. 비닐에 락스와 세제, 온수를 넣고 거름망을 넣고 밀봉한다. 30분 후 솔로 문질러 세척하면 곰팡이와 물때가 씻겨서 새것처럼 반짝인다.

랩을 씌워 오염 방지 마찰력 

냉장고 위, 가스레인지 주위의 타일, 후드 위의 싱크대 문 등 먼지와 기름때로 청소가 어려운 곳은 미리 랩을 깔아 오염을 예방한다. 6개월이나 1년에 한 번 랩만 교환하면 된다.

이쑤시개로 틈새의 기름때를 제거한다. 마찰력 

기름때가 달라붙은 가스레인지의 틈새는 이쑤시개로 긁어낸다. 창틀이나 각종 틈새의 먼지를 제거할 때도 좋다.

소기름에 막힌 배수구는 드라이어로 뚫는다. 열

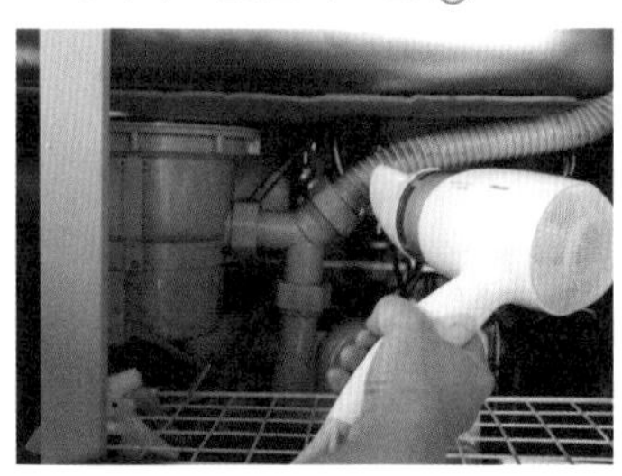

겨울철 곰국을 끓이다 막힌 배수구는 헤어드라이어로 뚫는다. 파이프의 S자 부분에 헤어드라이어로 열을 쬐어주면 소기름이 녹아 막힌 것이 뚫린다.

주방 세제는 밥그릇에 1/2회 펌핑으로 충분하다. 세제 

한 사람이 1년 동안 먹는 세제의 양은 소주 2컵 분량, 섭취한 세제는 5일 동안 인체에 머물면서 독성 작용을 한다. 설거지를 할 때 적게 사용하면 헹굼도 쉽고, 물과 세제 또한 절약할 수 있다.

1. 스펀지에 세제를 직접 짜면 세제의 사용량이 많아지기 때문에, 물에 세제를 풀어 세제 희석액을 만든다. 세제의 적정 사용량은 물 1L에 2ml(1회 펌핑량)로, 국그릇이나 밥그릇(250ml)에 1/4회 펌핑하여 세제 희석액을 만든다.

2. 수세미를 조물조물하면 적은 양의 세제로도 풍성한 거품을 낼 수 있다.

커피 찌꺼기로 비린내를 제거한다. 세제 

커피 찌꺼기는 산성을 띠는 다공성 구조이기 때문에 생선 비린내와 같은 알칼리 성분을 흡착하는 탈취 효과가 있다.

1. 생선을 구운 프라이팬, 달걀찜 뚝배기, 카레 냄비 등을 설거지할 때 커피 찌꺼기를 뿌리면 냄새와 기름때가 깨끗이 제거된다.

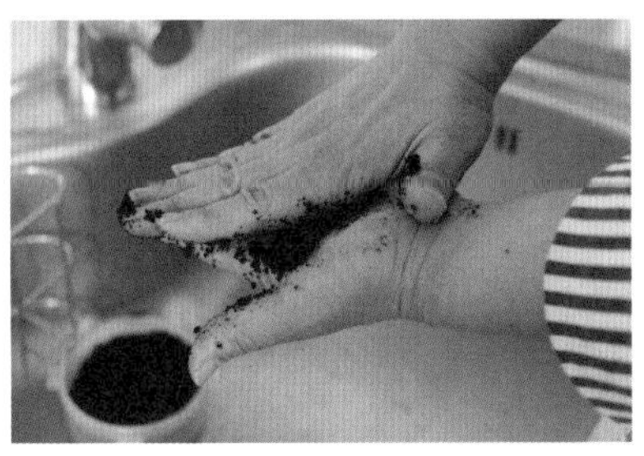

2. 생선, 양파, 마늘을 다듬은 후 커피 찌꺼기로 손을 씻으면 냄새가 말끔히 제거된다.

Tip 커피 찌꺼기는 프라이팬에서 볶으면 빠르게 건조된다.

나무젓가락으로 타일의 기름때를 제거한다. 마찰력 

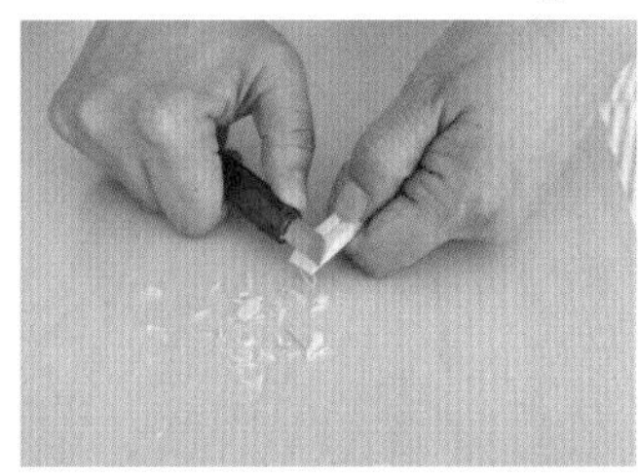

1. 분리하지 않은 나무젓가락의 윗부분을 칼로 비스듬히 깎는다.

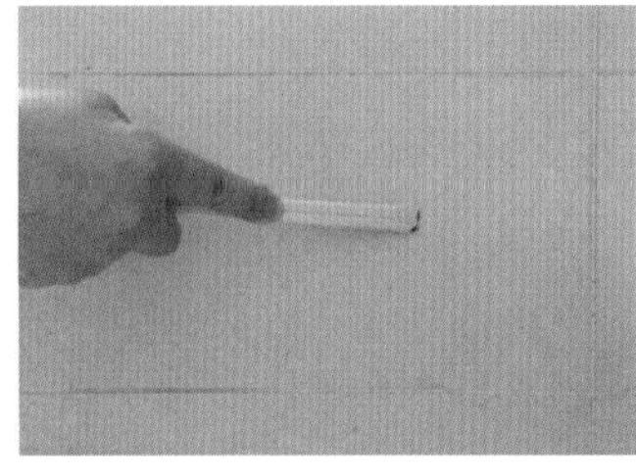

2. 타일이나 가스레인지의 굳은 기름때와 냉장고에 굳은 음식물을 긁어낸다. 나무는 타일이나 쇠보다 경도가 약하기 때문에 표면을 손상시키지 않고 기름때만 깔끔하게 떼어낼 수 있다.

03 화장실

샤워 후 하루 하나씩 청소하기 시간 절약

오늘은 세숫대야, 내일은 양치 컵 등 하나씩 씻는 습관을 들인다. 간단한 물때는 거품으로 쓱쓱 닦는 것으로도 충분하다. 한꺼번에 청소하기는 힘들어도 하나라면 간단하게 끝낼 수 있다.

물은 높은 곳→ 낮은 곳으로 뿌린다. 절약

샤워기로 물을 뿌릴 때는 벽→ 선반→ 바닥→ 욕조 → 배수구 순으로 높은 곳에서 낮은 곳으로 뿌린다. 벽에서 바닥까지 한 번에 청소할 수 있어 물을 절약할 수 있다.

화장 솜으로 거울 닦기 세제

뿌옇게 먼지가 앉아도 유난히 청소하기가 귀찮은 것이 거울이다. 화장 솜을 사용한 후 반대쪽 면으로 거울을 닦는다. 알코올이 묻어 있어 기름때까지 깨끗이 닦이고 김 서림도 방지할 수 있다.

수전이 반짝반짝, 스타킹 수세미 마찰력

스타킹 세 켤레의 다리만 잘라 윗부분을 묶고 머리 따듯이 딴다. 끝부분은 틈새로 끼워 넣어 풀리지 않도록 묶는다.

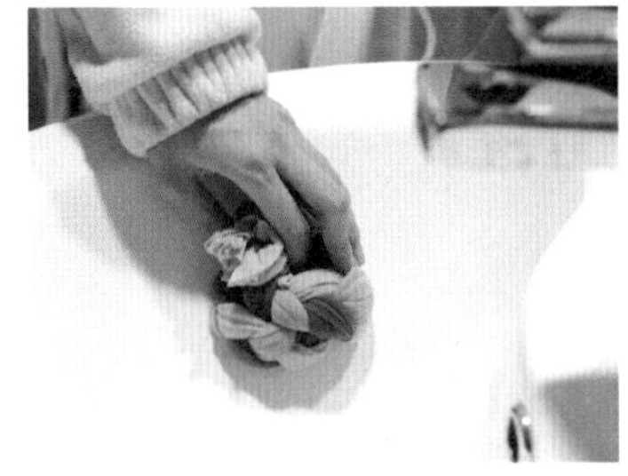

양 끝을 묶어 똬리 모양을 만들어 세면대를 닦는다. 흠집 없이 닦을 수 있다.

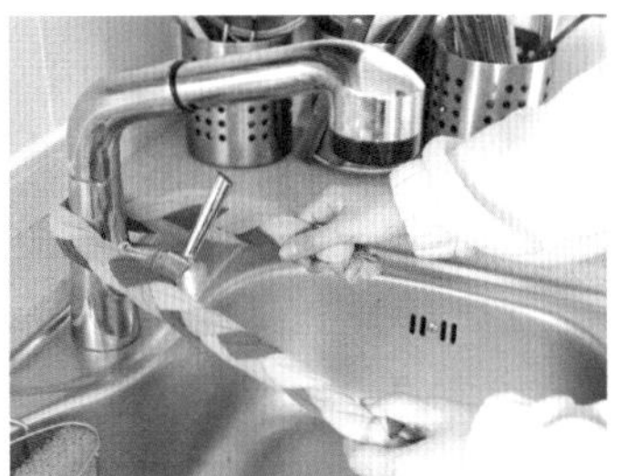

양쪽 매듭을 잡고 수전을 문지른다. 반짝반짝 광을 낼 수 있다.

곰팡이 퇴치법 열 + 세제 + 시간

1 45도의 물로 곰팡이 예방

샴푸와 비누때는 물곰팡이의 영양원. 샤워가 끝나면 45도의 온수를 벽의 70% 높이까지 뿌려 벽을 샤워시킨다. 찬물을 뿌리는 것은 화장실 벽의 곰팡이를 오히려 사방으로 퍼뜨리는 역할을 하지만, 뜨거운 물의 경우 포자가 열에 손상을 입혀 곰팡이를 줄인다.

2 스퀴지로 습기 제거

곰팡이가 생기는 근본적 원인은 습기, 스퀴지로 욕실의 물기를 제거한다.

3 줄눈에 양초 바르기

타일의 줄눈에 양초를 발라두면 물이 스며들지 않아 곰팡이를 예방할 수 있다.

4 확실한 곰팡이 대책은 환풍기

환풍기를 하루 2시간씩 틀 경우 전기요금은 월간 200원 남짓(소비전력15w, 누진세 2단계 적용), 곰팡이 생긴 욕실을 닦는 노력에 비해 적은 금액이므로 샤워 후에는 욕실을 바짝 말려 곰팡이를 예방한다.

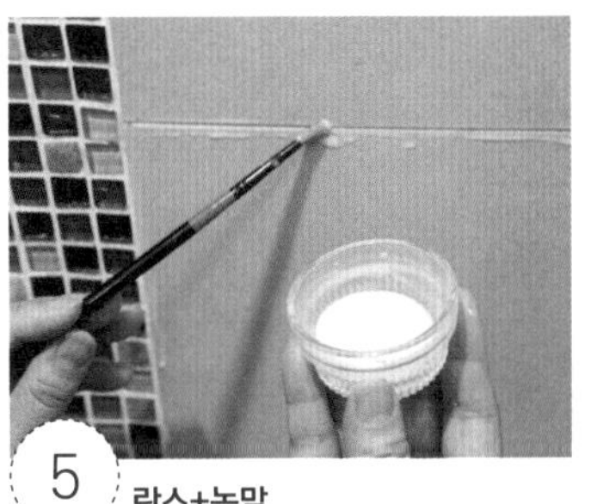

5 락스+녹말

락스와 녹말을 1:1로 혼합해 곰팡이가 번식한 부분에 붓으로 바르고 30분간 둔다. 녹말은 락스가 흐르지 않도록 하여 세제의 효과를 높인다.

Tip 녹말이 남아 있으면 곰팡이의 먹이가 될 수 있으므로 물로 깨끗이 헹군다.

스타킹은 일회용 배수구망으로 사용한다. 절약 

헌 스타킹을 배수구에 씌우면 머리카락과 작은 쓰레기까지 거를 수 있다. 버리면 되어 청소도 쉽다.

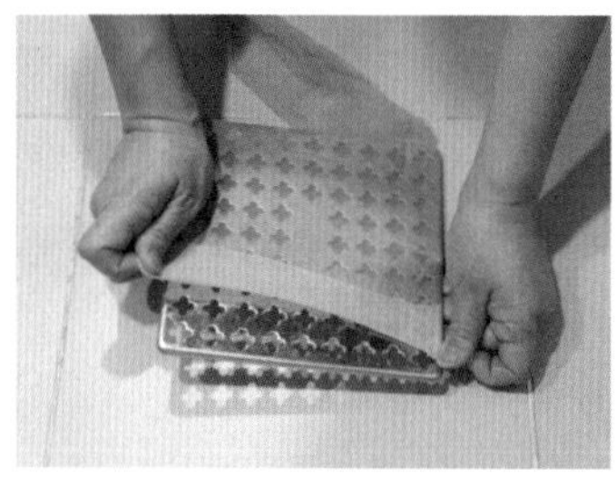

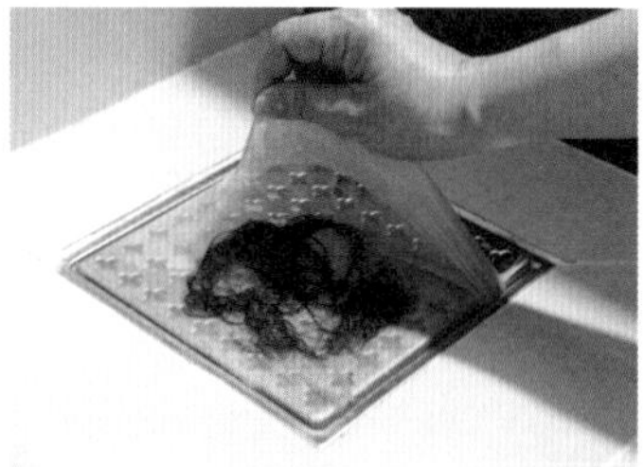

1. 스타킹을 잘라 배수구에 씌운다. **2.** 머리카락과 쓰레기가 모이면 쏙 뽑아서 버린다.

Tip 끝이 막히지 않은 스타킹의 중간 부분은 끝을 묶은 후 뒤집어 끼운다.

비데의 노즐은 화장지 습포로 청소한다. 시간 + 세제 

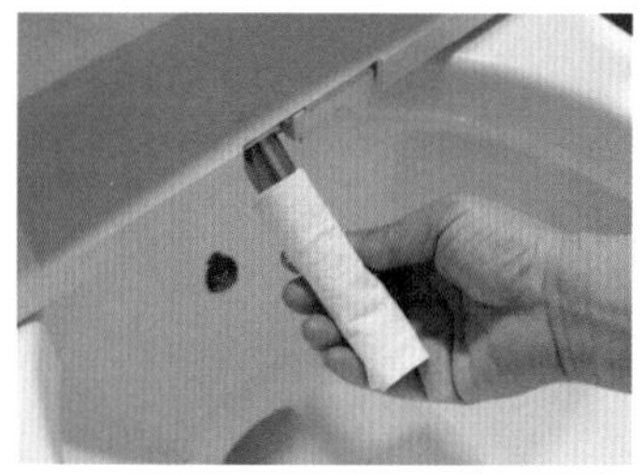

1. 비데 노즐을 당긴 후 휴지로 둘둘 감는다.

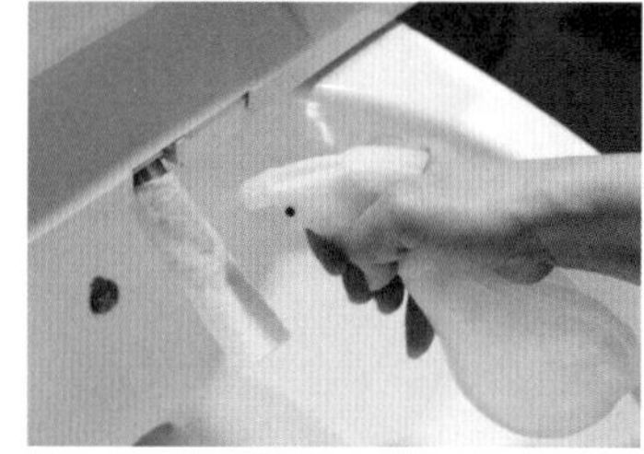

2. 식초나 구연산수를 휴지가 축축하게 젖을 때까지 뿌린다.

Tip 알칼리성을 띠는 요석이나 암모니아에 산성인 식초나 구연산수를 뿌리면 중화되어 쉽게 녹는다. 살균 효과는 덤!

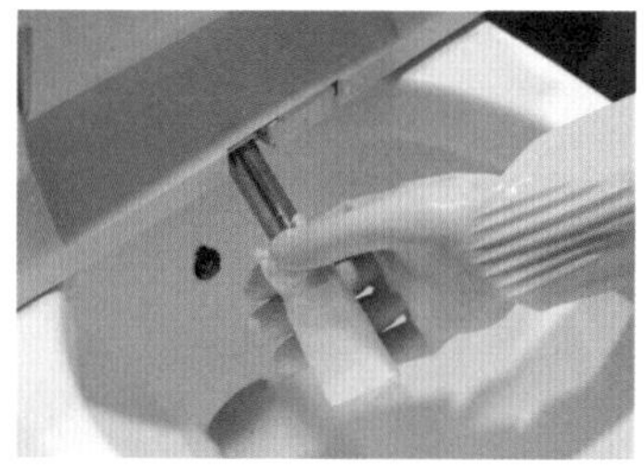

3. 10분 정도 불린 후 그대로 걷어내면 오염이 완전히 제거된다.

요석은 사포로 닦는다. 마찰력 

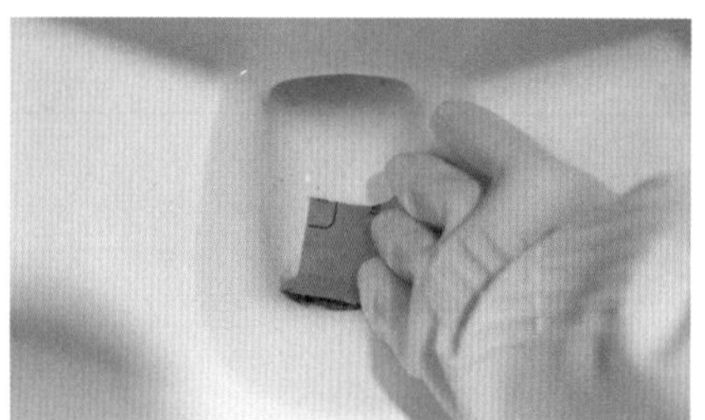

변기솔로 닦아도 떨어지지 않는 강력한 요석은 사포로 닦는다. 2000방의 고운 사포에 물과 세제를 묻혀 부드럽게 닦는다.

Tip 사포는 요석의 표면을 깎아내기 때문에 효과는 최대지만, 변기가 긁힐 수 있으므로 강하게 문지르지 않는다. 사포의 숫자가 클수록 표면이 고운 사포이므로 숫자를 확인한다.

좁은 틈은 노끈으로 청소한다. 마찰력 + 세제

1. 노끈에 치약을 골고루 묻힌다.

2. 노끈을 양손으로 잡고 변기나 세면대 틈새에 넣어 좌우로 움직이며 마찰시키면, 좁은 틈에 낀 때가 벗겨지면서 노끈에 끼어 나온다.

정리정돈을 잘 해야 **돈이 모인다**

가계부는 숫자로 지출을 파악하지만 정리는 '구입한 물건을 보며 지출을 파악하는' 경제 활동입니다. '내가 힘들게 번 돈을 이런 쓸데없는 물건을 사는 데 썼구나!'라고 반성하다 보면 낭비의 실마리를 찾게 되기 때문입니다. 저축하고 싶으면 정리부터 시작합시다. 불필요한 지출이 줄면서 자연스럽게 절약 생활을 누리게 됩니다.

01 정리하는 사람 vs. 정리하지 않는 사람

정리하는 사람

물건의 재고를 파악하기 때문에 불필요한 지출을 하지 않아 절약할 수 있다. 작은 저축이 모여 큰 저축이 된다.

정리하지 않는 사람

수시로 필요한 물건을 찾을 수 없어 불필요한 지출을 해버리게 된다. 작은 낭비가 모이면 큰 낭비로 이어진다.

02 낭비의 원인은 비효율적인 정리와 보관 습관

1. 정리가 안 되어 낭비한다.

책상이 엉망이어서 공부를 할 수 없다. → 카페에서 공부한다. → 커피 등 불필요한 지출을 하게 된다.

2. 필요한 물건을 찾을 수 없어 낭비한다.

카레를 만들려는데 냉장고 속이 엉망이다! 도무지 감자를 찾을 수 없다. → 감자를 사러 갔다가 장바구니 가득 쇼핑을 한다. → 냉장고 구석의 감자는 썩어서 식비와 전기요금이 낭비되었다.

3. 물건을 보관하기 위해 낭비한다.

짐이 많은 탓에 집이 좁게만 느껴진다. → 평수 넓은 집으로 이사하니 월세가 상승한다. → 처음에는 넓었지만 어느새 물건이 늘어나 다시 좁아진다.

03 저축의 사이클 vs. 낭비의 사이클

정리 → 절약 → 저축

정리를 하면 절약할 수 있고, 절약하면 저축이 늘어난다. 저축하고 싶으면 정리부터 시작해보자. 내가 쓴 돈이 어떻게 활용되고 있는지 알 수 있어 낭비가 줄어든다.

정리 안 됨 → 지출 → 낭비

정리가 안 되면 지출이 늘어나고, 지출이 늘어나면 낭비로 이어진다.

더 이상의 낭비를 없애는 3단계 정리 기술

Step 1 낭비를 기억하며 버린다

모두 꺼낸다.

물건을 효율적으로 잘 사용하려면 얼마나 가지고 있는지 파악하는 것이 중요하므로, 수납장 속의 물건을 모두 꺼내 총량을 파악한다. 이때 물건이 많다는 것은 그만큼 지출도 많았다는 증거!

버린다.

물건을 처분할 때 아까운 것이 사람의 심리지만, 정리는 지출을 줄이는 터닝포인트가 되므로 필요 없는 것은 처분한다. 한 번 버린 물건은 아무리 싸도 두 번 다시 구입하지 않는다.

예) 냉장고 속의 먹지 않거나 오래된 음식을 버린다.
→ 전기요금이 절약되고 식재료를 효율적으로 관리할 수 있어 식비가 절약된다.

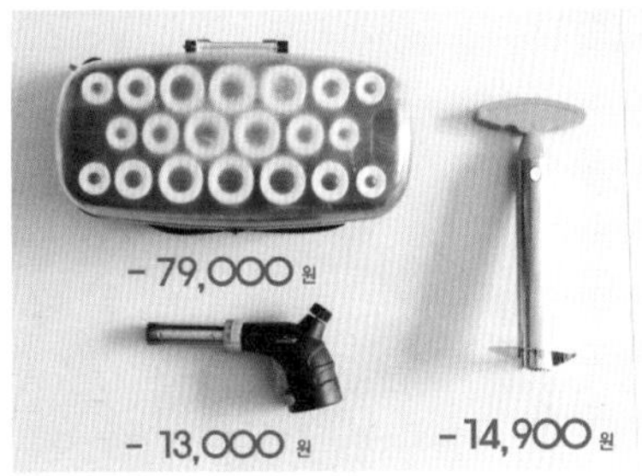

낭비를 기억한다.

사용하지 않은 물건은 낭비의 결과물. 물건을 버릴 때는 이 물건을 내가 얼마에 샀는지 떠올려보자. 이후로는 실수를 반복하지 않게 된다.

Step 2 활용하기 쉽게 정리한다

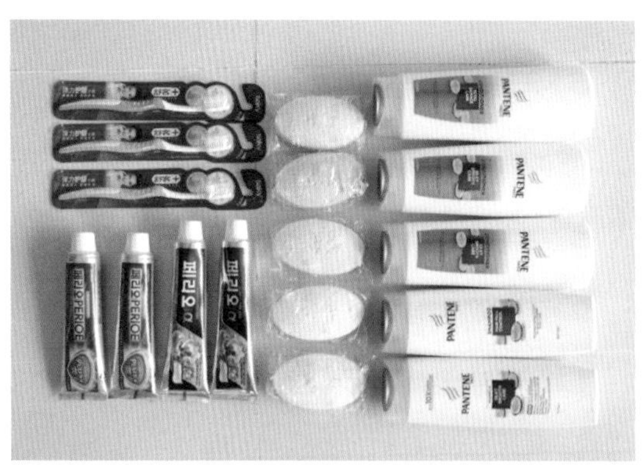

종류별로 구분한다.

물건을 종류별로 구분하면 찾는 시간을 줄일 수 있으며 물건 재고량도 파악할 수 있다. 재고가 충분한 물건은 소진될 때까지 구입하지 않는다.

예) 샴푸의 사용기간은 6개월, 적정 재고는 1개. 현재 3개가 있으므로 아무리 싸게 판매해도 1년간은 구입하지 않는다.

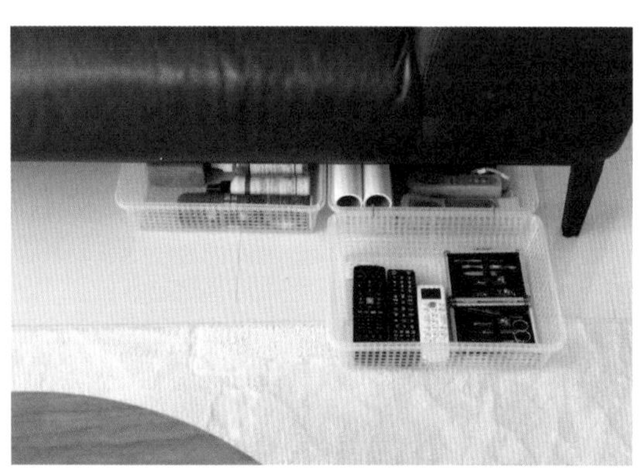

사용 장소 가까이에 배치한다.

물건이 어디에서 쓰일지 생각해 사용 장소를 정한다. 사용 장소 근처에 배치하면 쓰기 편할 뿐 아니라 제자리에 두기도 쉬워 정리 상태가 오래 유지된다.

예) 손톱깎이는 가족 모두 일주일에 한 번씩은 사용하는 물건. 가족이 손톱 깎는 위치를 기억해 수납 장소를 정한다. 소파에 앉아 TV를 보면서 깎는다면 소파 근처에 두는 것이 활용도 높다.

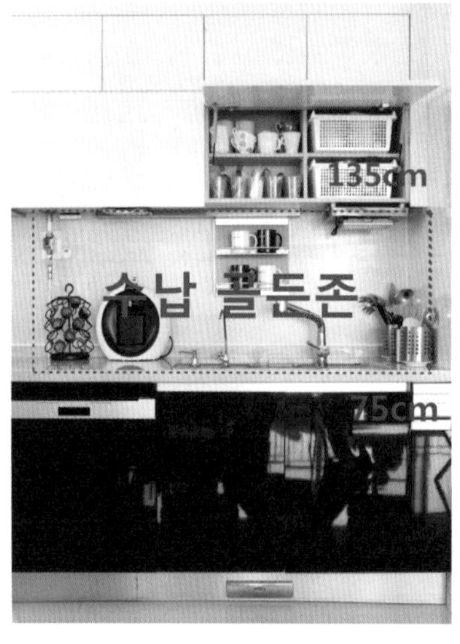

자주 사용하는 물건은 골든 존에 정리한다.

골든 존(Golden Zone)이란 구부리거나 발을 들지 않고 편하게 꺼낼 수 있는 '어깨에서 허리까지'의 높이다. 자주 사용하는 물건은 골든 존에, 무거운 물건은 하단에, 가벼운 물건은 상단에 정리한다.

Step 3 사지 않는다

가득 채우지 않는다.

물건 양은 수납장의 80%가 적당하다. 20%는 여유분으로 남겨두어야 꺼내기 편해 물건 활용도가 높아진다. 적정 수납량을 정해두고 그 이상 구입하지 않는다.

쇼핑할 때는 수납을 고려한다.

수납할 공간과 물건의 재고를 고려해 구입 여부를 결정한다. 싸니까 우선 구입하는 것은 금물! 쌓아두지 않는다.

물건이 한눈에 파악되는 수납의 기술

걸어서 수납하기 꺼내기 편하며 물건의 위, 벽이나 문 등 죽은 공간을 활용할 수 있다. 가벼운 물건(의류, 주방 소품, 청소 도구 등)에 적합한 수납법이다.

구획 나누기 칸막이로 구분하면 물건을 종류별로 정리하기에 좋으며, 정리한 물건이 섞이지 않는다. 크기가 작은 물건(문구, 화장품, 속옷, 주방 용품 등)을 정리하기에 적합한 수납법이다.

세워서 수납하기 물건의 윗면이 보여 한눈에 찾기 편하며, 바닥에 깔린 물건이 없어 겹쳐서 수납할 때보다 꺼내기 편하다. 겹쳐서 수납하는 것보다 효율적인 방법이기 때문에 세울 수 있는 물건은 가능한 한 세워서 수납하는 것이 좋다.

Zero-Cost Housekeeping **04**

꼭 필요한 물건만 남기는 **미니멀 라이프**

저는 봄, 가을에 한 번씩은 안 쓰는 물건을 팔거나 버립니다. 비싸게 구입한 물건을 버리는 것은 그 순간에는 손해 본 것처럼 생각되지만, 물건은 가지고 있는 것만으로 돈이 들고 이는 경제적 부담이 가장 큰 집세와도 연관됩니다. 대출 이자 꼬박꼬박 내고 있는 우리 집을 쓸모없는 물건이 차지하고 있다면 값비싼 보관비용을 지불하고 있는 것이 아닐까요? 가장 손쉽고 확실한 절약 방법인 '현명한 버리기 기술'에 대해 소개합니다.

01 버리기의 절약 효과

80%는 사용하지 않는 물건

통계청의 '가계 동향 조사'에 따르면 우리는 지출의 50%를 물건을 구입하는 데 사용한다. 하지만 '내가 가진 물건=내게 필요한 물건'은 아니다. 실제로 사용하는 물건은 전체의 20%에 불과하기 때문이다. 내 주위에는 당장 없어져도 모를 물건이 더 많다.

물건은 있는 것만으로 돈이 드는 법

물건을 소유하면 관리하기 위한 유지비가 들기 때문에, 사용하지 않는 물건을 가지고 있는 것은 낭비다.

러닝머신을 소유할 때 드는 비용

러닝 머신을 구입할 당시에는 향후 건강해질 것이라는 희망 때문에 가격 대비 이득이라고 생각한다. 하지만 3개월 지난 뒤의 기능은…? 대부분 '옷걸이 대용'으로 전락하고 만다. **결국 손실이 확대되는데, 물건을 구입하면 구입비 이외에도 경제적, 공간적 비용이 들기 때문이다.** 자동차를 구입하면 주차료를 내고 이삿짐을 맡기면 보관료가 든다. 집세로 일괄 지불하기 때문에 인지하지 못할 뿐, 모든 물건은 차지하는 공간에 대한 보관비용을 내고 있는 셈이다. **사람이 눕는 공간은 고작 매트리스 한 장!** 소파, 냉장고, 옷장 등의 물건이 차지하는 공간 때문에 작은 집으로 옮길 수 없고, **물건의 공간적 비용은 고스란히 집세에 반영된다.**

러닝 머신 소유 비용

파워모터 6200워킹머신 런닝머신 걷기 헬스운동기구

22% 215,000원

① 구입비 : 21만5000원

② 배송비 : 무료배송

③ 보관비 (물건이 차지하는 공간의 집세, 관리비, 난방비, 냉방비 등)

러닝 머신이 차지하는 공간 : 2m×1m=2㎡ = **0.6평**

0.6평의 월세 : 월 7만5000원(1평당 서울 평균 월세)×0.6 = **4만5000원**

0.6평의 관리비 : 월 6233원(1평당 전국 평균 아파트 관리비)×0.6 = **3740원**

0.6평의 예상 보관비용 : 월 4만8740원

④ 작동비 (전기요금, 대기전력, 인터넷요금, 수도요금 등)

소비전력 600w, 하루 1시간씩 30일 사용할 때

월간 소비전력량은 18kWh

예상 전기요금 : 3840원(누진세 2단계 적용)

---

⑤ 업그레이드, 주변 기기 구입비 : 평균 4만 원

층간 소음 방지를 위해 3만~5만 원 정도 비용을 들여 충격흡수 바닥 매트를 구입

⑥ 수리비 : 평균 7만 원 (1회당)

출장수리비 3만 원, 부속비용이 5000원~8만 원 정도 소요

⑦ 버릴 때 폐기물 처리비 : 무상 방문 수거

생활에 불편을 준다.

사용하지 않는 물건은 공간을 차지해 생활에 불편을 준다. 또한 물건이 많으면 청소와 정리가 힘들어지고, 이를 관리하기 위해 신경 쓸 일도 늘어난다.

버리는 것은 손해가 아니라 이득이다.

구입한 물건을 버리는 행위는 그 순간에는 손해 본 것처럼 느껴지지만, 불필요한 물건에 들어가는 유지·보수 비용이 사라지므로 장기적으로 이득이다.

02 물건이 끝없이 늘어나는 욕망 사이클

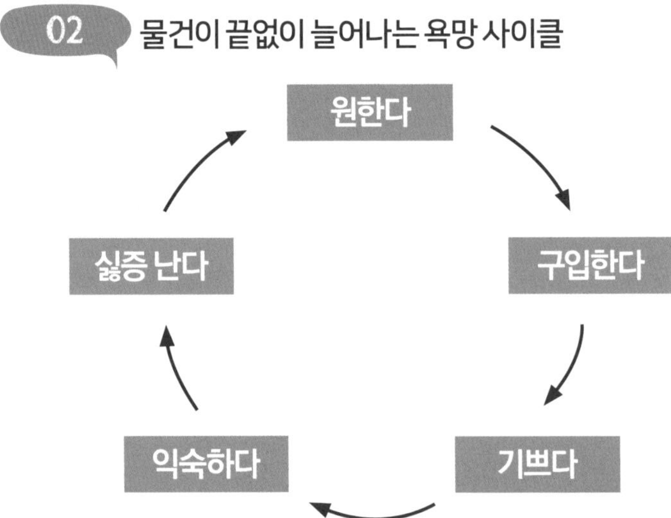

물건 증가의 사이클

원하는 물건을 구입한 뒤 그 기쁨이 지속되는 시간은 그리 길지 않고, 금세 싫증을 느끼게 된다. 그래서 또 새로운 물건을 구입하는 과정을 반복하다 보면 어느새 물건은 늘어나게 된다.

원하는 물건을 다 가지면 만족할까?

더 큰 만족을 얻기 위해 10배 비싼 물건을 구입해도 만족감이 10배가 되는 것은 아니다. 물건의 가격에는 한계가 없지만 사람의 감정에는 한계가 있기 때문이다. 인간은 원하는 물건을 모두 가져도 만족하지 못한다.

03 물건을 줄여가는 3단계 행동 패턴

1단계

불필요한 물건을 집에 들이지 않는다.

필요한 물건과 갖고 싶은 물건을 구분한다. 소비사회에서는 쓸모없는 물건도 마케팅을 통해 필요한 물건으로 둔갑한다. 쇼핑 호스트의 미사여구에 현혹되어 충동 구매한 착즙기, 오렌지 하나만 짜도 설거지가 한가득이다 보니 쓰지 않게 되고 불필요한 물건으로 전락하기 쉽다.

공짜라도 거절한다.

버리는 데도 돈이 든다. 일회용품, 불필요한 포장 등 내게 필요 없는 것은 공짜라도 거절하는 용기가 필요하다.

2단계

집 안의 불필요한 물건을 버린다.

물건을 소중히 여기는 것은 좋지만 불필요한 물건을 가지고 있는 것은 손해다. 자신에게 필요한 것이 무엇인지 판단해서 불필요한 물건을 줄인다.

3단계

소유욕을 버린다.

큰 부자가 느끼는 기쁨도 결국 내가 느끼는 기쁨과 다르지 않다. 물건에 대한 욕심을 버릴 때 소소한 행복을 알게 된다.

04 버리기의 기술

물건이 많은 장소부터 START!

물건을 많이 모아둔 장소부터 파악한다. 베란다, 신발장, 옷장, 싱크대 등 물건이 많은 장소부터 시작하면 일주일 만에 50%의 물건도 줄일 수 있다.

3개×365일=1000개, 1년에 1000개 버리기

성인 한 명이 소유한 물건은 1000~2000개, 4인 가족이 사용하는 물건의 수는 4000여 개에 이른다. 하루에 3개의 물건을 버린다면? 1년 후 우리 집 물건의 30%, 총 1000개의 물건을 줄일 수 있다.

버리기의 사이클

버리는 것도 기술이다. 버리기로 결심하기까지 많은 시간이 걸릴 뿐 버리는 것은 간단하다. 필요한지 불필요한지 5초 안에 직관적으로 판단한 후, 불필요한 것은 과감히 버리면 끝!

버릴 것과 팔 것 선별하기

중고품은 의외로 비싼 가격에 거래되므로 현금이 되는 것은 판매한다. 주류, 의약품, 이미테이션 제품 등 법적 개인거래 금지 품목이 아니라면 지역맘 카페나 중고나라를 통해 판매할 수 있다. 인기 품목의 경우 정상 작동, 구입한 지 5년 이내라면 신품의 50~70% 가격에 판매할 수 있다.

수납장부터 줄인다.

물건이 많은 집의 특징은 작은 수납장이 곳곳에 있다는 것. 수납장을 버리면 처음에는 집 없는 물건이 발에 차이지만 차츰 물건이 줄어들게 된다.

구입 가격을 아까워하지 않는다.

새 차도 구입한 다음 날이면 중고차가 되어 날마다 가격이 떨어진다. 샀을 때 가격을 따지면 물건을 처분할 수 없다.

대체품이 있는 물건부터 버린다.

찜통은 냄비로 대체할 수 있고, 토스터기는 생선 그릴로, 핫플레이트는 가스레인지로, 달걀말이 팬과 궁중 팬은 프라이팬 하나로 충분하다. 대체품이 있다면 주저하지 않고 버린다.

창의력을 버린다.

'껌통에 머리끈을 수납할까? 통조림 깡통은 화분으로 쓰면 좋을 것 같아.' 버려야 할 때 떠오르는 창의적인 아이디어는 버리고 싶지 않아 생각해낸 변명일 뿐이다. 필요한지 불필요한지만 직관적으로 판단한다.

본체부터 없앤다.

닌텐도 위를 구입하면 조이스틱, CD, 위핏보드, 케이블 등 주변 기기가 끝없이 늘어난다. 주변 기기부터 처분하려면 아까운 마음에 쉽게 포기하게 된다. 본체를 없애야 주변 기기까지 한 번에 처분할 수 있다.

마트를 창고로 생각한다.

마트는 내 물건을 보관해주는 창고이며, 편의점은 한밤중에도 필요할 것을 대비해 24시간 열어둔 창고다. 비싼 집세 내면서 여분의 물건을 비축해 내 집을 창고로 만들지 말자.

버릴까 말까 망설여지면 버린다.

나중에 쓴다는 생각은 아까워서 떠올린 변명이다. 지금까지 몇 년 동안 쓰지 않았는데 나중에 쓸 리는 없다. 진짜 필요하면 빌리거나 다시 사면 된다.

잘못 샀다는 생각이 들면 버린다.

잘못 샀다고 생각되는 물건을 보면서 살면 스트레스만 쌓인다. 잘못 구입한 이유만 가슴에 새기고 버린다.

나눔 바구니 마련하기

나에게는 필요 없지만 누군가에게는 요긴한 물건일 수 있다. 식기, 장난감, 화장품 등 판매하기는 어렵지만 쓸 수 있는 물건은 바구니에 담아둔다. 손님이 찾아오면 편하게 나눈다.

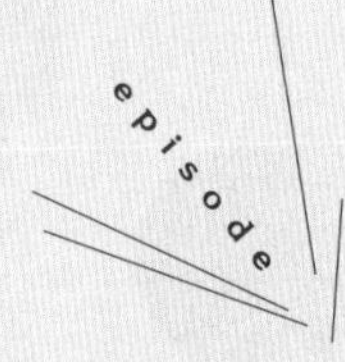

털팽이의 버리기 효과!

'아, 아까워서 끼고 사는 게 상책은 아니구나.' 몇 년 전 이 사실을 깨달은 이래 저 역시 조금씩 줄여가는 생활을 시작했습니다. 이미 구입한 물건들이 집 안 곳곳에 아무렇게나 방치되는 현실을 눈으로 확인했기 때문입니다. 내가 가진 것을 버리고, 또 필요한 사람과 나누는 시간을 갖다 보니 새로운 변화가 찾아왔습니다. 공간적인 쾌적함은 물론이고 평소 충동 구매하는 습관도 사라졌죠. 게다가 일상생활 패턴도 편하고 가벼워졌답니다.

고정 지출이 준다

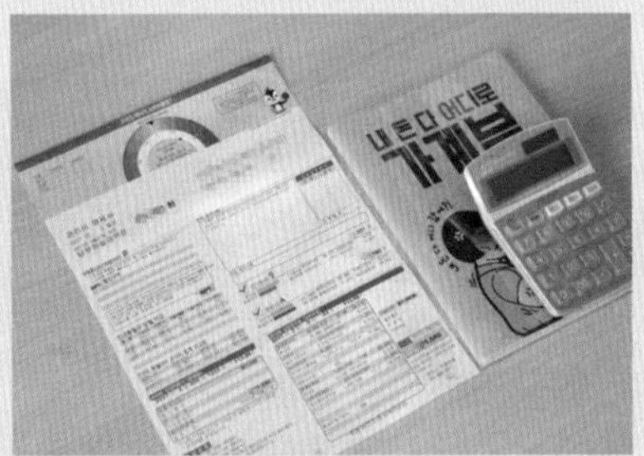

물건을 줄이면 전기요금, 인터넷요금, 수리비를 비롯해 집세와 관리비까지 줄일 수 있다. 고정 지출이 줄어들면, 저축이 늘어나고 수입에 대한 부담이 줄어서 일이 즐겁고 자유로워진다.

소중한 일에 집중할 수 있다

버리기는 그 자체가 목적이 아니라 소중한 것에 집중하기 위해 그 외의 것을 줄이는 행위다. 물건을 줄이면 불필요한 물건에 대한 집착을 끊어 삶에 복잡한 요소를 잘라낼 수 있으며, 그만큼 중요한 일에 집중할 수 있다.

구매하는 물건이 준다

소비에 익숙한 생활에서 벗어나 버리는 생활을 하다 보면 자연스럽게 물건에 대한 소유욕이 줄어든다. 차츰 구매하는 물건 또한 줄어들어 소비 체질에서 저축 체질로 바뀐다.

가끔 쓰는 물건은 빌린다

1년에 한두 번 쓰는 물건이라면 이웃에게 빌리거나 렌털한다. 비싸다고 생각하지만 유지·관리비를 생각한다면 비싸지 않다. 렌털 후에 정말 필요하다면 그때 구입해도 늦지 않다.

청소가 간편해진다

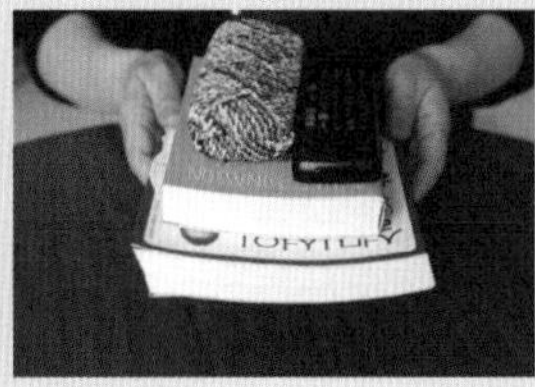
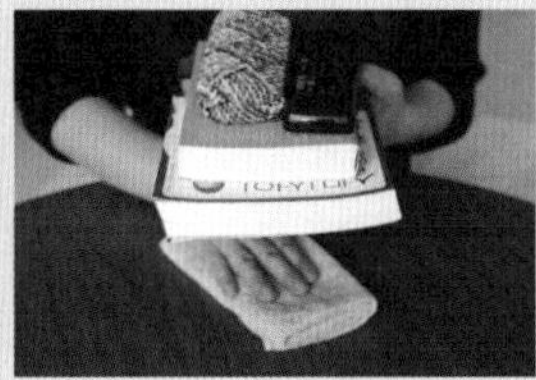

물건이 있을 때의 청소 : ①물건을 닦는다. → ②치운다. → ③물건 아래를 닦는다. → ④물건을 제자리에 둔다.

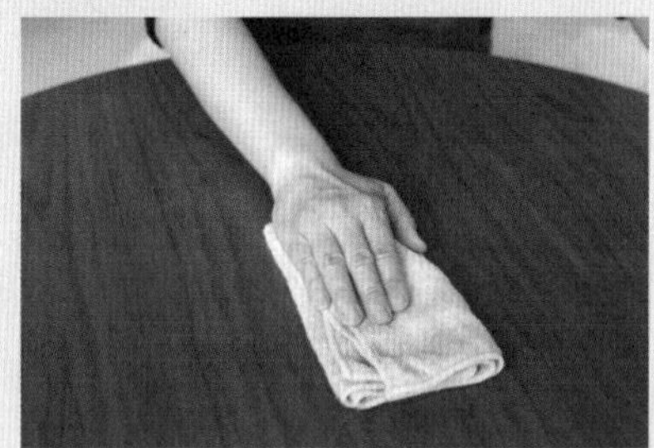

물건을 버린 후 청소 : 바로 닦으면 끝! 물건이 적으면 치울 물건도 적어져 정리와 청소가 간편해지며, 청소 단계도 1/4로 줄어 간편해진다.

절약에 도움이 된다

옷이나 가방이 넘쳐날 때는 함부로 쓰게 되고 지저분하게 관리한다. 하지만 꼭 필요한 것만 남겨두면 깨끗하게 관리하고 더 오래 쓰게 되어 절약에 도움이 된다.

재활용 생활로 **친환경과 절약을 모두 잡는다**

절약은 가계에도 도움이 되지만 자원을 낭비하지 않고 폐기물과 이산화탄소의 발생을 줄여 환경문제 해결에도 도움이 됩니다. 또한 재활용하는 부모의 평소 모습을 통해 아이들은 물건을 소중히 하고 감사하는 마음을 배우게 되죠. 자원과 에너지를 절약하는 재활용 가사법과 에코라이프(Eco Life) 아이디어를 소개합니다.

01 절약으로 친환경을 실천한다

절약은 환경문제 해결에 도움을 준다. 생활용품을 절약하고 재활용하면 산업화 과정에서 발생하는 오염 물질과 이산화탄소의 배출을 줄여 지구온난화와 환경오염을 줄일 수 있다.

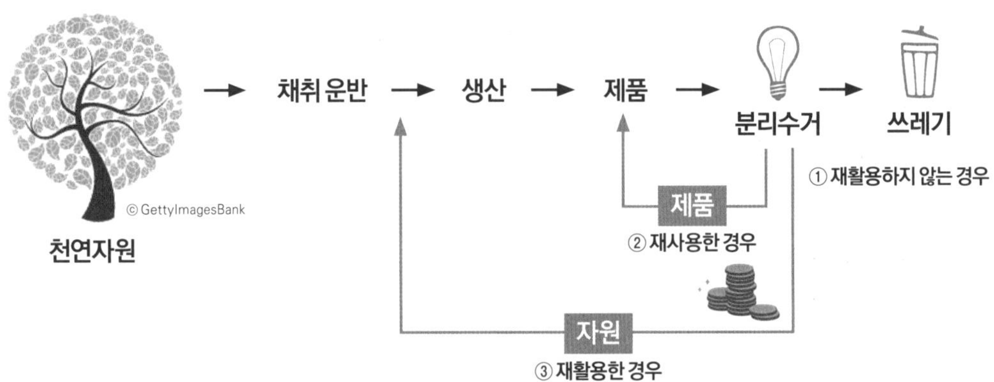

자원의 순환 과정

① **사용한 제품을 재활용하지 않고 버릴 경우** 폐기물과 이산화탄소가 발생하여 환경에 영향을 준다.
② **중고 제품을 재사용할 경우** 현금이 생겨 가계에도 도움이 되고, 제품 생산에 필요한 에너지와 자원을 아낄 수 있으며 쓰레기의 배출 또한 줄일 수 있다.
③ **분리 수거하여 재활용할 경우** 쓰레기가 발생하지 않아 폐기물이나 이산화탄소의 발생을 줄일 수 있고, 자원으로 회수되기 때문에 원자재 또한 아낄 수 있다. 재활용업체나 동사무소 등을 이용하면 판매수익도 얻을 수 있다.

환경을 위한 녹색 소비

쓰지 않는 물건을 기증하는 것은 자원 재순환의 시작이다. 쓰레기 배출을 줄일 수 있고 저렴한 가격에 구입할 수 있어 살림에도 도움이 된다. 기증품 매장은 아름다운가게, 녹색가게, 구세군 희망 나누미, 굿윌 스토어, 리사이클 시티 등이 있다.

Memo **사회적기업 아름다운가게** 물품을 기증받아 수익금을 창출하고 이를 소외 이웃을 돕는 공익 사업에 재환원하는 비영리법인이다. 기증한 물품 수에 따라 연말정산이 가능한 기부 영수증을 발행해준다.

작은 절약이 쌓여 큰 성과를 만든다.

나만 절약하는 것은 의미가 없다고 생각할 수도 있지만, 모두가 그렇게 생각한다면 환경문제는 개선되지 않는다. 나의 작은 절약이 가계에도 환경문제에도 도움이 되고 한 사람 한 사람의 마음과 행동이 모여 큰 결과를 낳는다.

Tip **재활용의 가치** 알루미늄 캔을 재활용한 경우, 보크사이트 광석으로 알루미늄을 생산할 때보다 에너지 사용량을 95% 줄일 수 있다. 이는 TV를 3시간 동안 시청할 수 있고, 10W LED 전구를 40시간 동안 켤 수 있는 양이다.

02 환경에 부담 적은 제품을 사용한다

지구를 위해 할 수 있는 것은 많다. 에너지와 자원을 낭비하지 않도록 환경에 부담이 적은 제품으로 에코 생활을 실천해보자. 에코 생활은 낭비가 없기 때문에 절약에도 도움이 된다.

에탄올을 이용한 기름때 제거

소독용 에탄올은 지질을 녹이면서 살균작용을 하기 때문에 기름때를 녹이는 효과가 있다. 합성세제와 달리 헹굼이 필요 없기 때문에 아이가 있는 집에서도 안심하고 사용할 수 있다.

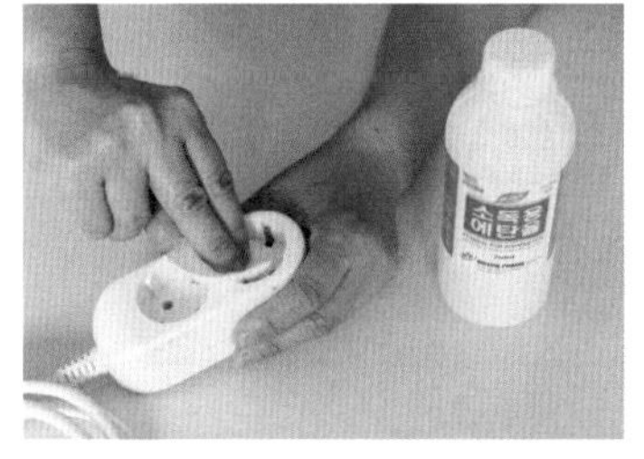

1. 에탄올을 헝겊이나 화장 솜에 묻혀 전자제품, 스마트폰, 케이블과 콘센트의 때를 닦는다. 빠른 시간에 증발하므로 면봉에 묻혀 전자 기기를 닦아도 좋다.

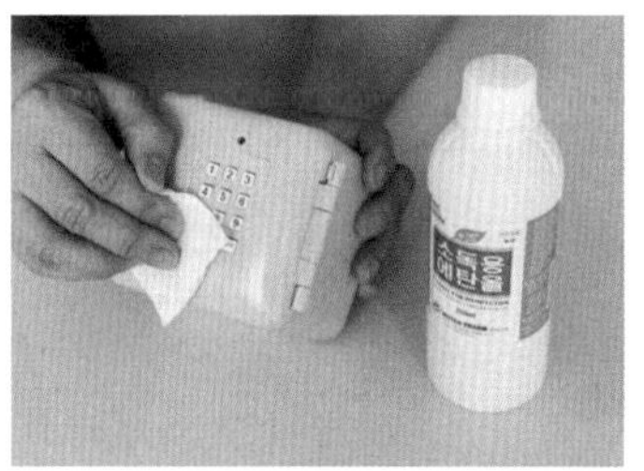

2. 세척할 수 없는 장난감을 닦는다. 헹굼이 필요 없어 안심하고 사용할 수 있다.

Tip 변색될 수 있으므로, 눈에 띄지 않는 곳에 뿌려본 후 사용한다.

녹차 양치질로 감기를 예방한다.

녹차에 포함된 카테킨과 홍차의 테아플라빈 성분은 항바이러스 작용을 하여 감기를 예방한다. 감기에 걸리는 원인은 입과 코로 바이러스를 흡입하기 때문인데 흡입된 바이러스는 목의 점액과 융모에 부착된다. 양치질을 하면 융모가 움직이고, 흡입된 바이러스를 뱉어내는 섬모운동을 활성화해 감기 예방에는 양치질이 마시는 것보다 효과가 크다.

1. 녹차나 홍차 티백을 뜨거운 물에서 5분 이상 우려낸 후 물에 2배 희석한다.

Tip 추출한 차는 성분이 분해되므로 하루 안에 사용하는 것이 좋다.

2. 감기 예방에는 고개를 들고 목구멍을 씻어내는 양치질이 효과적이다.
①녹차를 입에 머금고 뺨의 근육을 움직여 가글한다.
② 고개를 들고 위를 향해 '오~' 소리를 내며 15초 정도 가글해 목구멍 안쪽까지 씻어낸다. 이때 목소리가 떨린다는 것은 가글액이 목젖 안쪽에 들어갔다는 증거다.
③양치액을 뱉는다.

여드름 피부는 꿀 세안으로 치유

꿀은 화장품이나 팩의 단골 재료로 항균작용을 하기 때문에 여드름균이나 황색포도상구균을 없애고, 꿀의 당분은 피부를 매끈하게 정돈해준다.

클렌저의 거품을 낸 후 꿀 한 방울 혼합해 세안하면 피부염을 개선할 수 있다.

면봉에 바른 꿀을 여드름에 바르고 1시간 후 세안한다. 그대로 취침해도 좋다.

휴지 대신 손수건을 사용할 것

1인당 연간 휴지 사용량은 27m 두루마리 휴지 33개 분량! 주머니에 항상 손수건을 넣어두고, 약간 흘리거나 입 주위에 묻은 것을 닦을 때는 손수건을 사용해보자. 손수건은 여러 번 쓸 수 있고 쓰레기도 발생하지 않으며, 얇기 때문에 주머니에 쉽게 넣을 수 있다. 피부에도 부드러워 비염이 있는 경우 손수건을 사용하면 코 주위가 헐지 않는다.

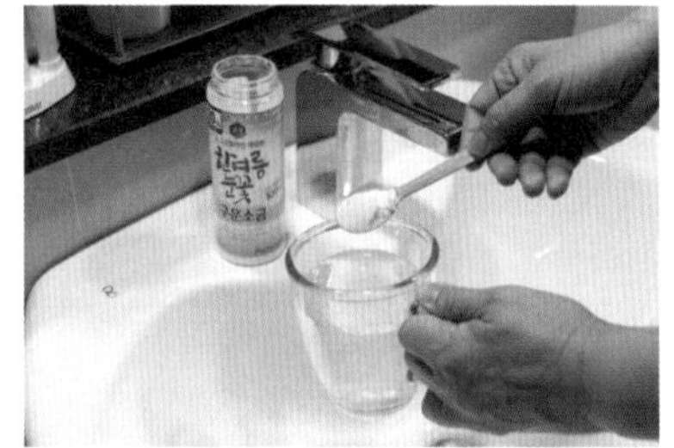

외출 후에는 소금물로 가글이 필수

소금은 항균작용과 탈수작용을 해 인후 점막에 붙은 바이러스를 씻고 염증으로 부은 부분에서 수분을 빼앗아 목의 통증을 완화한다. 미지근한 물 1컵에 소금 1작은술을 녹인 물을 입에 머금고 15초 정도 가글한다. 코감기에 걸렸을 때는 소금물을 화장솜에 묻혀 콧구멍 안쪽을 닦아준다.

03 버릴 물건도 다시 사용해볼 것

아이에게 물건 소중히 여기는 법을 알려주자.

성장하는 아이의 옷과 일상 용품은 리폼으로 수선한다. 엄마가 무엇인가를 만드는 모습을 보고 자란 아이들은 스스로 고민하고 연구하는 것을 즐거워하며, 물건을 소중히 여기는 마음을 배우게 된다.

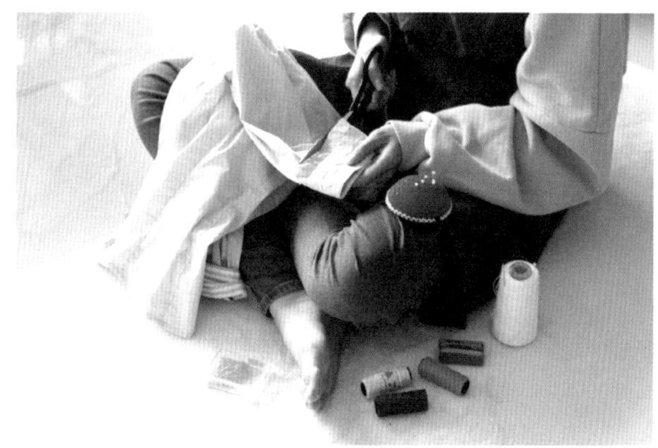

오래된 청바지는 반바지로 리폼한다.

길이가 짧아진 아이들의 바지나 유행이 지난 청바지는 밑단을 잘라 반바지로 리폼한다.

1. 청바지를 반바지 길이로 싹둑 자른다.

2. 바늘로 밑단의 가로줄에 있는 실을 빼면 자연스러운 수술을 만들 수 있다.

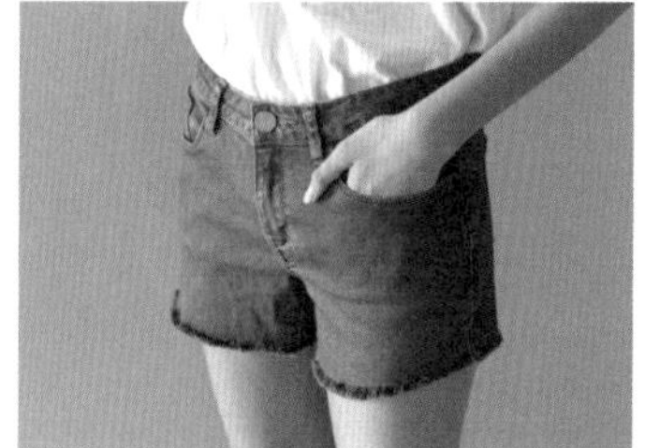

오래된 청바지가 빈티지한 수술이 달린 세련된 반바지로 변신했다.

오래된 셔츠의 목 부분만 잘라 넥칼라를 만든다.

오래된 티셔츠로 갑갑하지 않게 입을 수 있는 레이어드용 넥칼라를 만든다.

1. 목과 가슴 부분을 U자 모양으로 자른다.

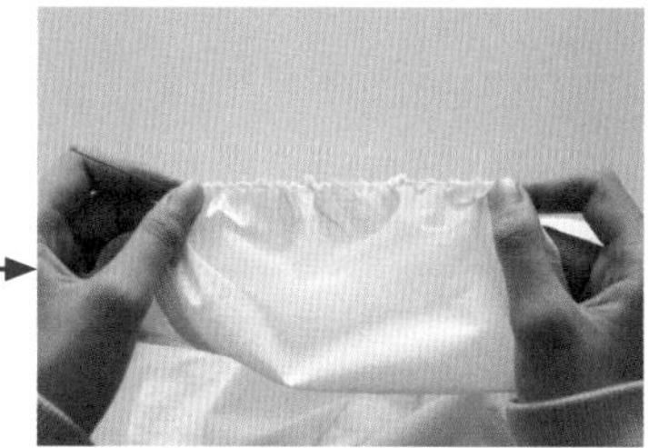

2. 가장자리는 올이 풀리지 않도록 감침질하거나 재봉틀로 오버로크한다.

니트를 입을 때 레이어드한다. 뚱뚱해 보이지 않고 답답하지 않게 입을 수 있다.

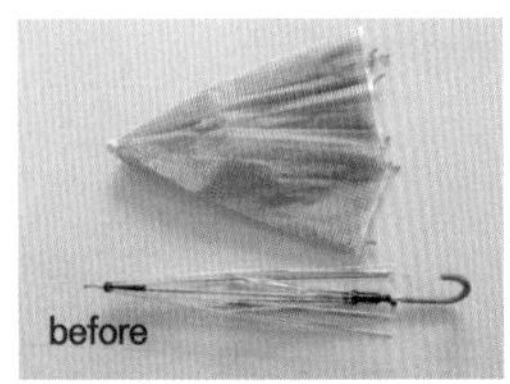

뼈대가 부서진 우산으로 에코 백 만들기

고장 나거나 뼈대가 부러진 우산은 에코 백으로 리폼한다. 우산의 나일론 천은 튼튼할 뿐 아니라 방수 원단이기 때문에 때가 묻지 않아 에코 백 만들기에 좋은 소재이다.

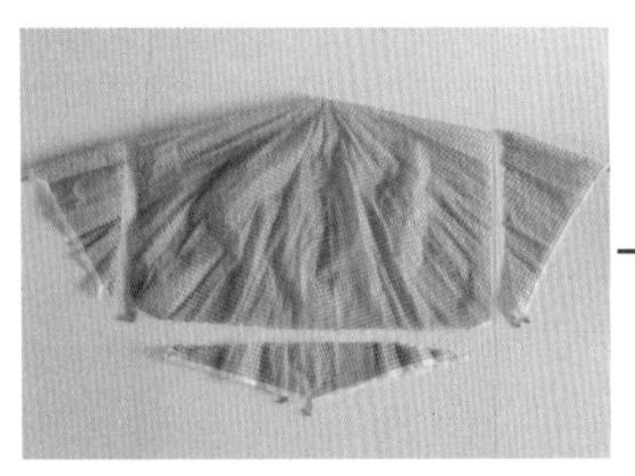

1. 우산 천을 뼈대에서 분리하면 8개의 삼각형 천이 연결되어 있다. 이를 반으로 접어 최대한 사각형 모양이 크게 나오도록 자른다.

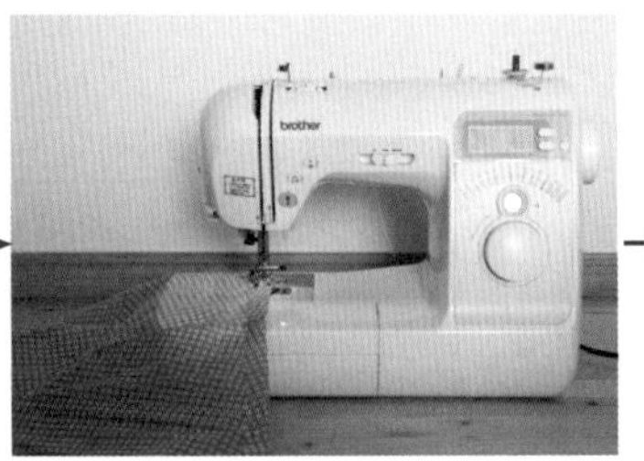

2. 천 안쪽 면이 보이도록 뒤집은 후 에코 백 사이즈로 자르고, 양쪽 가장자리를 박는다.

Tip 올이 풀리지 않으므로 시접 처리를 하지 않아도 된다.

3. 나머지 천으로 끈을 만들어 달면 완성!

일회용 핫팩은 탈취제로 재활용

핫팩의 내용물은 냄새를 잘 흡착하는 활성탄이기 때문에 탈취제로 재활용할 수 있다.

1. 옷장, 신발장, 냉장고에 넣어두면 수납장 안의 습기와 꿉꿉한 냄새를 흡수한다.

2. 부츠나 신발 안에 넣어두면 냄새와 습기를 제거해 보송보송한 기분으로 신을 수 있다.

커피 찌꺼기로 구두 광택 내기

커피의 유분 함량은 평균 15%로, 커피 찌꺼기로 구두를 닦으면 유분이 코팅되어 촉촉하고 반질반질하게 손질할 수 있다.

1. 커피 찌꺼기를 접시에 담은 후 전자레인지에 돌려 건조시킨다.

Tip 오염이 심한 신발은 커피 찌꺼기의 물기를 꼭 짜서 촉촉한 상태로 닦아도 좋다.

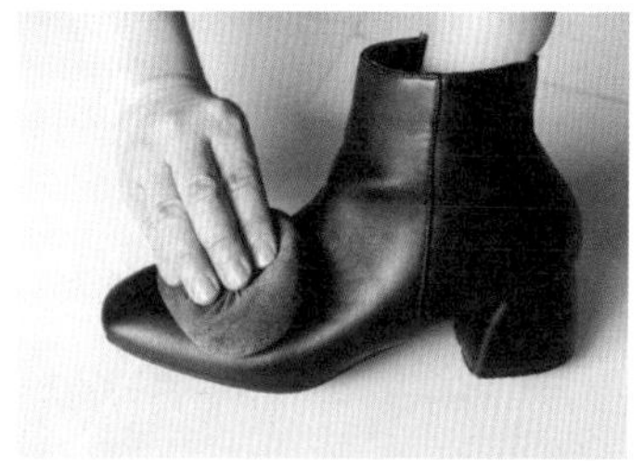

2. 말린 커피 찌꺼기를 스타킹에 넣고 묶은 후 구두를 닦는다.

Tip 커피 찌꺼기의 색이 물들 수 있으므로 옅은 색 구두는 닦지 않는 것이 좋다.

오래된 이불은 키친타월로 재활용

오래되어 얼룩이 묻고 황변된 매트리스 커버나 이불 커버는 키친타월로 재활용한다. 면 소재이므로 흡수성이 좋아 얼룩이 잘 닦인다.

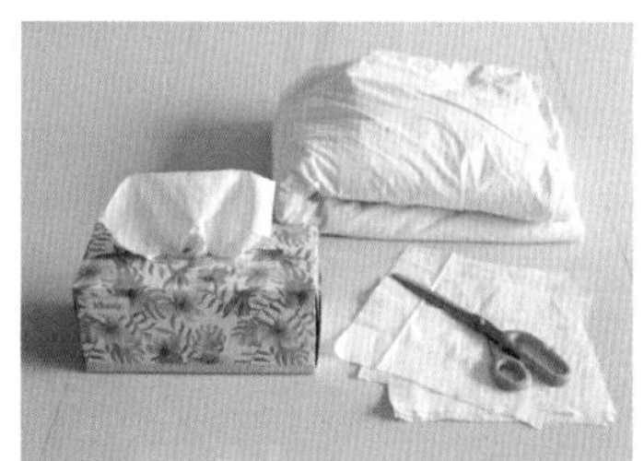

1. 이불 커버를 15~20cm 크기로 자른다. 이불 한 장을 자르면 키친타월 수십 장을 만들 수 있다. 반씩 겹쳐 접은 후 티슈통에 넣어도 편리하다.

2. 행주 대신 얼룩을 닦거나 청소에 사용하고 더러워지면 버린다.

깨진 그릇으로 장식 소품 만들기

아끼는 접시가 깨지면 버리지 말고 접착제로 붙이거나 화분으로 재활용해보자.

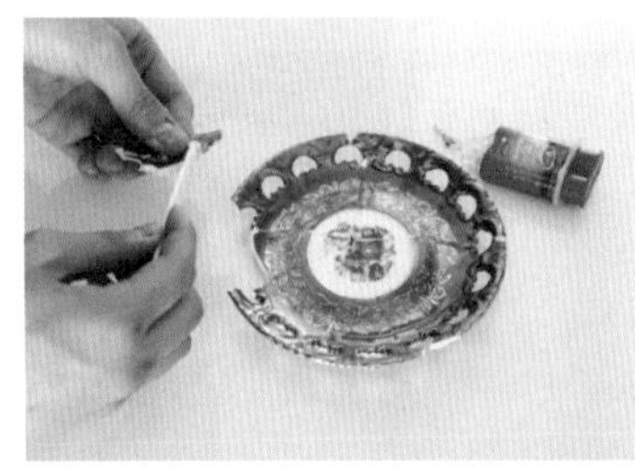

1. 깨진 접시는 순간접착제나 도자기용 에폭시 접착제로 붙인다. 꼼꼼히 붙이면 티 나지 않게 보수할 수 있다.

2. 크랙이 깊어서 눈에 띈다면 에폭시 접착제나 금속용 퍼티(믹스앤픽스)를 채우고 건조 후에 아크릴 물감을 칠한다. 음식에 사용할 수는 없지만 데코용이나 양념통 받침 등으로 사용할 수 있다.

이가 나간 컵과 커피잔은 다육이 화분으로 재활용한다.

Tip 컵에 공기가 들어가지 않을 만큼 컵이 잠기도록 물을 받은 후, 망치로 컵 바닥에 못을 박아 물구멍을 만든다.

지퍼백은 '간이 세탁'용 재활용품

한 번 사용한 지퍼백은 세균 증식이 염려되어 사용할 수 없지만 청소에는 재활용할 수 있다. 행주와 표백제를 넣은 지퍼백에 뜨거운 물을 넣고 밀봉하면 온도가 유지되어 행주를 새하얗게 표백할 수 있다. 수세미를 살균하거나 속옷, 양말을 세탁할 때도 유용하다.

Zero-Cost Housekeeping **06**

물·세제·전기요금, 3중 절약 세탁법

패딩이나 울, 실크 소재 의류는 옷감이 손상될 것 같아 세탁소에 맡기지만, 자주 이용하다 보면 세탁비도 만만치 않습니다. 하지만 코트와 수트를 제외한 대부분의 의류는 홈드라이와 간단한 손질만으로도 깨끗이 관리할 수 있습니다. 소중한 옷을 손상 없이 세탁하는 법과 함께 세탁기와 다리미의 절전 노하우까지 소개합니다.

01 맡기지 말고 집에서! 세탁비 절약 기본 지식

세탁기에 옷을 넣고 버튼을 누르는 것을 세탁으로 생각한다면 큰 오산! 몇 분의 수고만 더해도 옷을 항상 새것처럼 관리할 수 있고 세탁비도 절약할 수 있다.

패딩은 집에서 세탁한다.

기름은 기름에 녹는 법! 패딩을 드라이클리닝하면 오리털의 유분이 빠져 풍성함이 사라지므로 중성세제로 물세탁한다.

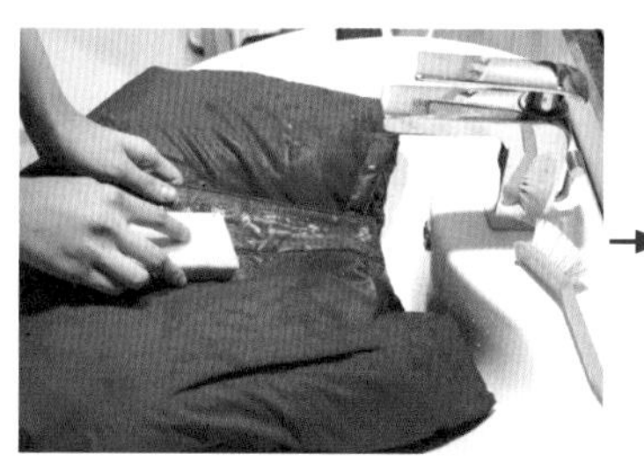

1. 솔로 목, 소매, 지퍼 등 때가 타기 쉬운 부분을 부분 세탁한다.

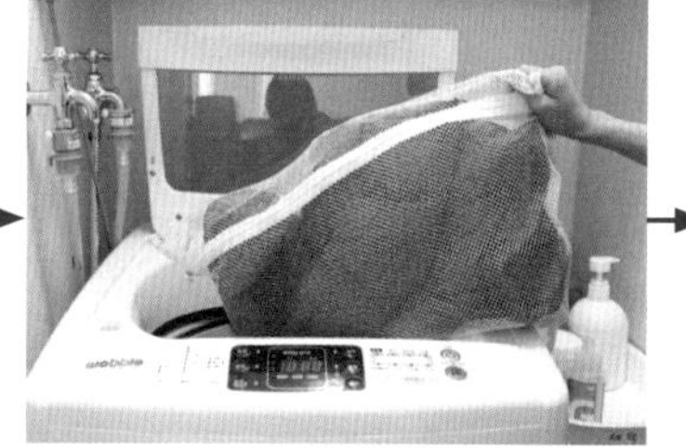

2. 세탁망에 넣어 중성세제로 세탁하고, 1분 이내로 짧게 탈수한다.

3. 손바닥이나 거품기로 두드려서 뭉친 솜을 풀어준 후, 따뜻한 바닥에 펴서 건조한다.

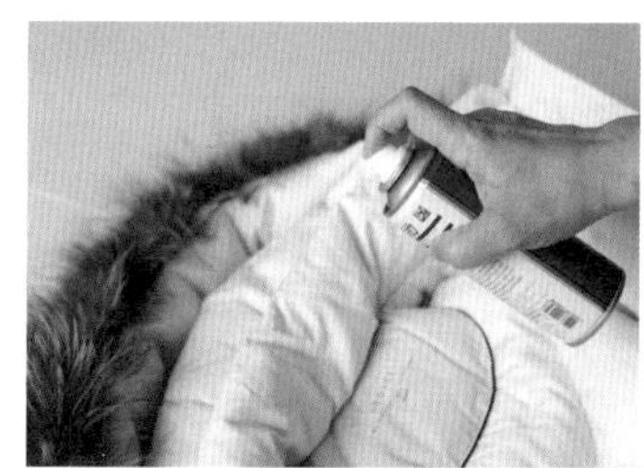

방수 스프레이를 뿌려 찌든 때를 예방한다.

흰 운동화, 점퍼와 재킷의 소매와 깃 등 찌든 때가 붙기 쉬운 의류, 세탁이 어려운 소재에는 방수 스프레이를 뿌린다. 방수 스프레이는 표면에 실리콘 피막을 만들어 오염을 방지하며 효과도 한 달가량 지속된다. 세탁 후 방수 스프레이를 뿌리고 30분 이상 건조시킨다.

러그는 아코디언 모양으로 접어 세탁한다.

세탁한 이불이나 카펫에 세제가 남아 있다면 아코디언 모양으로 접어 세탁해보자. 물에 닿는 면적이 넓어지면 구석구석 깨끗이 세탁할 수 있다.

1. 진공청소기를 돌리거나 털어 먼지를 제거한 뒤 아코디언 모양으로 주름을 접는다.

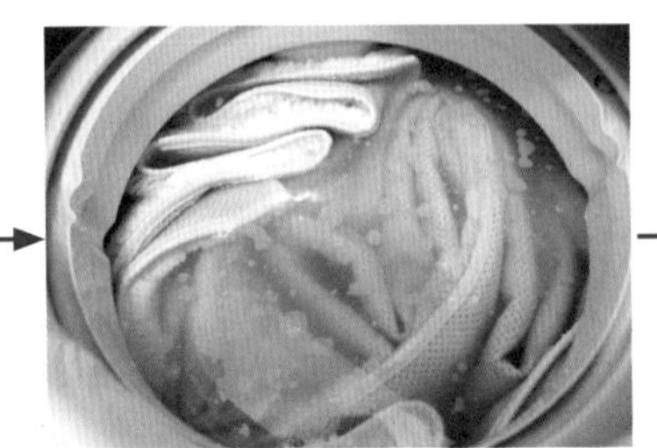

2. 액체 세제를 넣어 '이불 코스'로 세탁한다.

3. 건조대에 M자 모양으로 걸어서 말린다. 겹치는 부분이 없고 바람이 잘 통해 빨리 마른다.

칫솔과 암모니아수로 울 의류의 번질거림을 잡는다.

울 의류, 특히 교복의 팔꿈치와 엉덩이가 번질거리는 원인은 울 섬유의 큐티클이 마찰에 손상되어 표면이 평평해지면서 빛을 반사하기 때문이다. 이 평평해진 표면을 거칠게 만들면 번질거림을 잡을 수 있다.

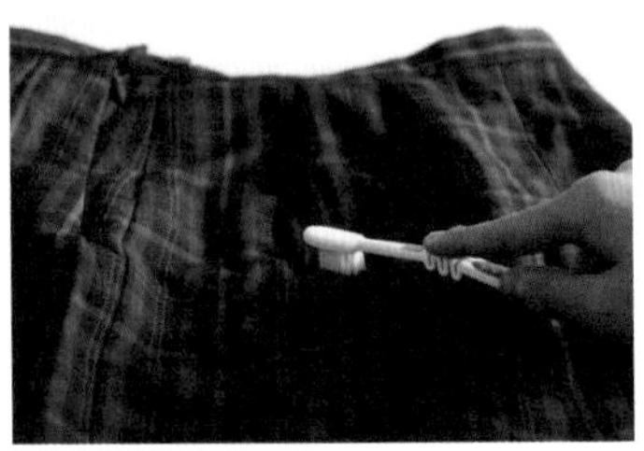

가벼운 윤기(번질거림)라면 칫솔로 가볍게 브러싱한다. 평평해진 울 섬유를 브러싱하면 요철이 생겨 번질거림이 사라진다.

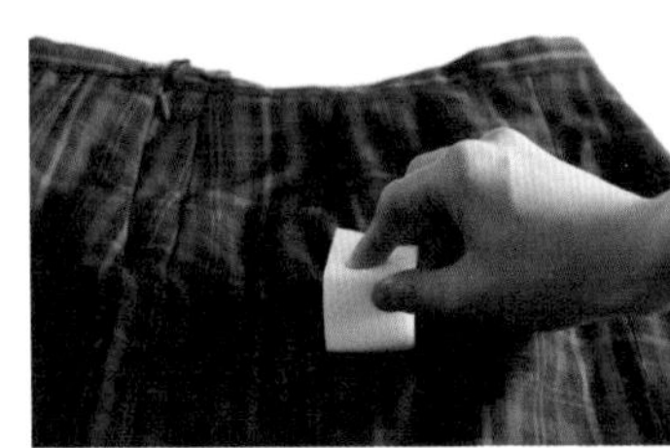

폴리에스테르 혼방 울이라면 매직 스펀지로 부드럽게 문지른다. 표면에 상처를 입혀 거칠어지면서 윤기가 사라진다.

올리브오일은 울 의류의 윤기를 유지한다.

울은 세탁할 때마다 섬유에 함유된 유분이 제거되면서 감촉이 떨어진다. 마지막 헹굼물에 올리브오일 서너 방울을 떨어뜨리고 그늘에서 말리면 울 소재 특유의 자연스러운 윤기가 되살아난다.

얼룩의 종류는 물 한 방울로 감별 가능!

얼룩의 종류를 알 수 없을 때는 물을 한 방울 떨어뜨려 감별해보자.

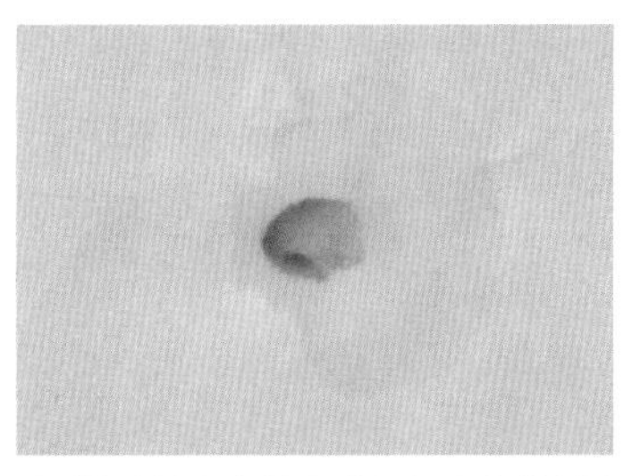

물방울이 흡수되면? 물에 녹는 수용성 얼룩(간장, 커피, 케첩 등)이다. 비누, 중성세제를 사용한다.

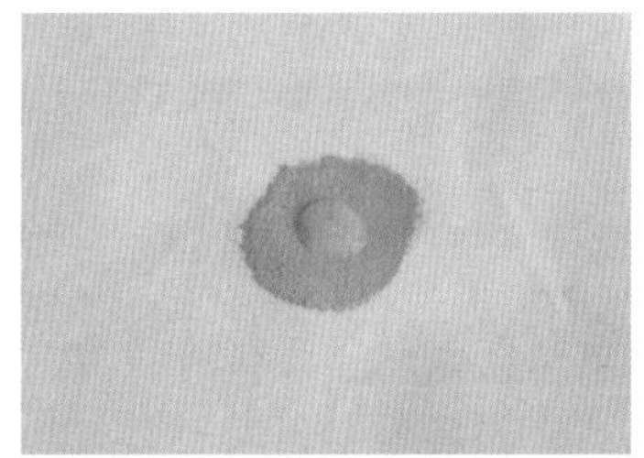

얼룩 위로 물방울이 튕기면? 유용성 얼룩(기름, 화장품, 초콜릿 등)이다. 계면활성제가 함유된 주방 세제나 클렌징 오일로 세탁해 유분을 녹인다.

캔버스화는 치약으로 관리한다.

캔버스화는 치약으로 부분 세탁을 해보자. 세탁 횟수를 줄일 수 있고 건조 시간도 짧아서 바로 신을 수 있다.

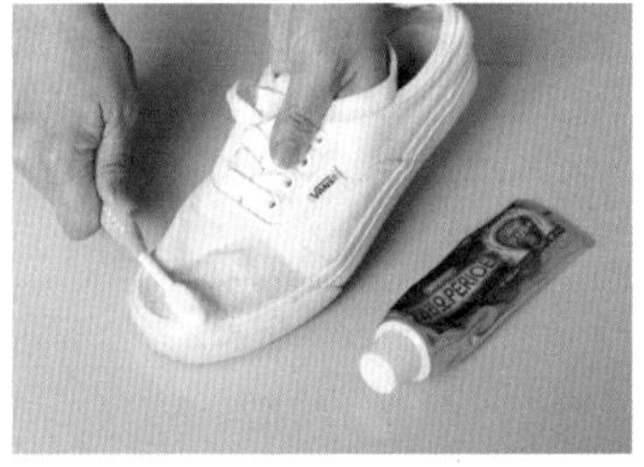

1. 얼룩에 치약을 1cm 정도 짠 뒤 물을 묻힌 칫솔로 가볍게 문지른다. 치약에는 마모제가 들어 있어 얼룩이 쉽게 제거된다. 또 칫솔은 브러시가 작아 섬세하게 부분 세탁할 수 있다.

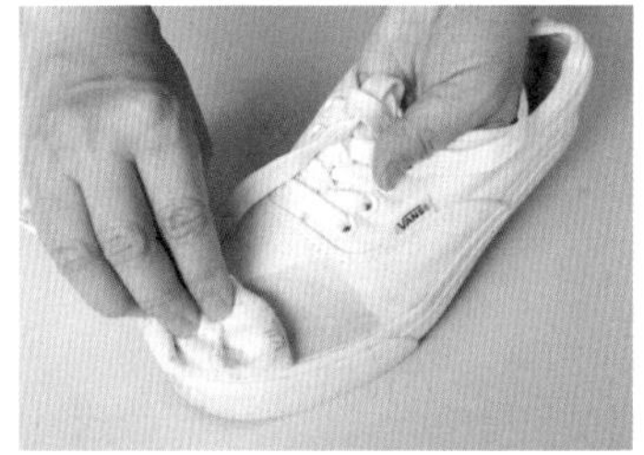

2. 헝겊으로 물기를 제거한다. 치약은 소량의 물로도 거품이 나기 때문에 물기를 쉽게 제거할 수 있다.

모자는 샴푸로 세탁한다.

모자의 때는 두피의 땀과 피지에 의해 생긴 얼룩이다. 샴푸로 빨아서 깨끗이 세탁할 수 있다.

1. 미지근한 물에 샴푸를 넣고 잘 풀어 세탁액을 만든다.

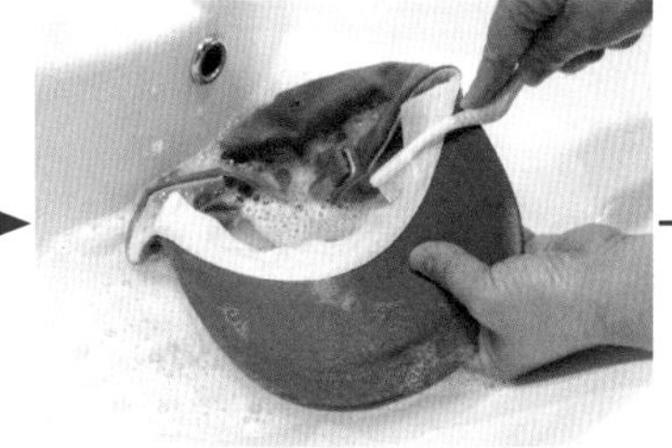

2. 샴푸액에 모자를 5분 정도 담근 뒤, 피지가 묻은 이마 부분 등을 칫솔로 부분 세탁한다.

3. 수건으로 감싸 물기를 제거하고, 캡 모양이 망가지지 않도록 소쿠리를 씌워 건조한다.

02 세탁기의 절전 절수 노하우

세탁기를 한 번 돌릴 때 소비되는 물은 185L로, 이는 페트병 100병에 상당한 분량이다. 매일 세탁기를 사용한다면 한 달에 소비되는 물만 5.4톤이며, 온수로 세탁한다면 급탕비만 2만 원이 부과된다. 세탁의 원리를 이해해 물과 전기, 세제를 모두 절약해보자.

세탁물은 가득 채우지 않는다.

빨래를 세탁기에 가득 채우면 회전하기 위해 소비전력이 높아지기 때문에 오히려 역효과다. 세탁물은 세탁 용량의 80%를 넣을 때가 최적이다.

Tip 12kg 용량의 세탁기인 경우 80%인 분량인 10kg의 세탁물을 넣는다.

세탁물은 모아서 세탁한다.

세탁기의 용량에 맞춰 모아서 세탁하면 소량의 세탁물을 매일 세탁할 때보다 물과 전기를 절약할 수 있다. 세탁량이 많다면 소량으로 여러 번 세탁하기보다 같은 색상이나 종류별로 모아서 세탁하고, 세탁 양이 적다면 휴일에 한꺼번에 세탁한다.

세탁 용량(12kg)의 **80%를 넣어** 세탁하면 **40%를 넣을 때보다**
연간 전기요금
약 2560원(11.76kWh),
연간 수도요금
약 3만2000원(33.5㎥) **절약**

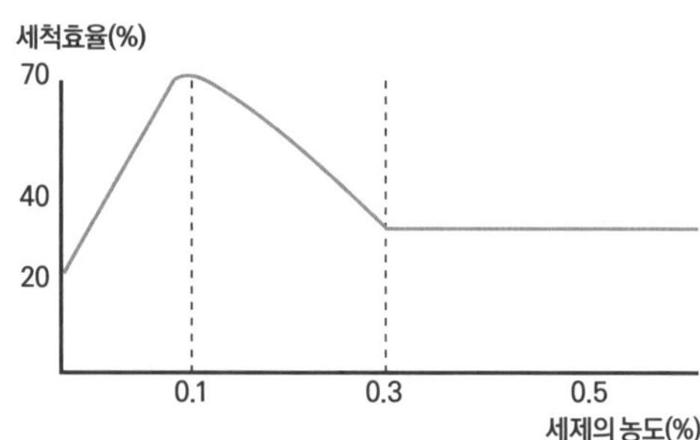

세제는 표준사용량을 넣는다.

세제를 많이 넣어도 세정력이 증가하지 않는다. 세제는 표준사용량, 즉 물 양의 0.1% 농도일 때 세탁 효율이 가장 높다.

© GettyImagesBank

무거운 옷을 먼저 넣는다.

세탁기에 옷을 넣을 때도 순서가 있다. 무거운 옷이 위에 있으면 불필요한 힘이 가해지기 때문에 세탁기의 회전속도가 느려져 전력소모가 늘어난다. 청바지, 스웨터 등의 무겁고 두꺼운 의류를 먼저 넣고 다음으로 셔츠, 수건 등의 가벼운 의류를 넣은 뒤, 섬세한 의류를 넣은 세탁망을 마지막에 넣는다.

Tip **빨래를 넣는 순서** ① 물 → ② 세제 → ③ 무거운 의류 → ④ 가벼운 의류 → ⑤ 세탁망

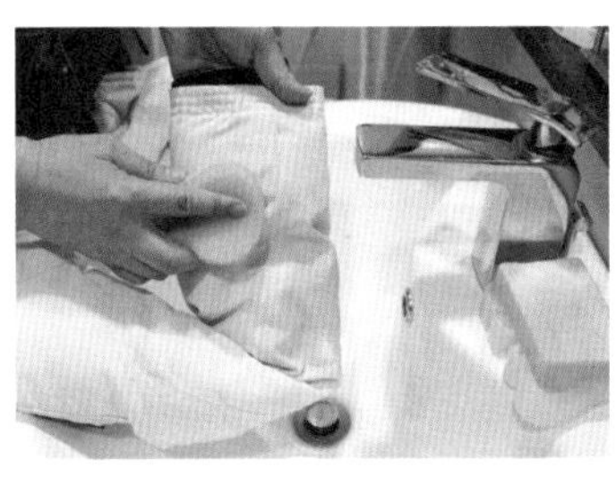

재킷은 옷깃만 세탁한다.

자주 세탁하기 어려운 재킷류는 옷깃만 세탁해도 깔끔하게 입을 수 있다. 옷깃에 비누를 바르고 부드러운 솔이나 실리콘 수세미로 문질러 세탁한 뒤 수건으로 두드려 건조시킨다.

Memo **실리콘 수세미** 촘촘하고 부드러운 실리콘 소재의 돌기로 스크래치 걱정 없는 수세미. 3000~5000원.

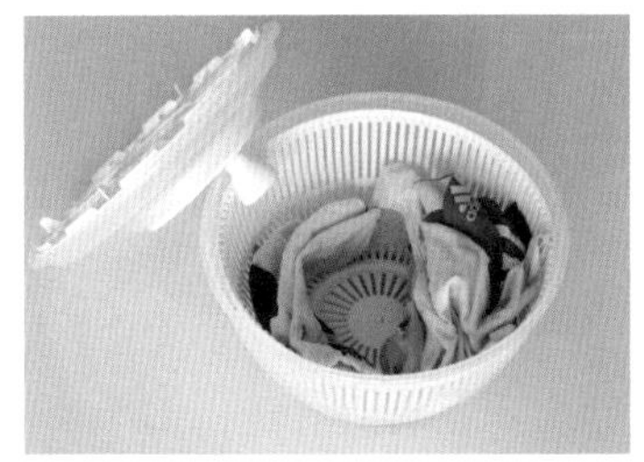

소량의 양말, 팬티는 채소탈수기로!

행주나 걸레 한두 장, 양말이나 속옷 몇 장을 탈수할 때는 '채소탈수기'를 활용해보자. 전기료도 절약할 수 있고 1분 내에 탈수를 마칠 수 있어 간편하다.

Tip 채소탈수기는 바구니를 회전해 원심력으로 물기를 제거하기 때문에, 핸들을 빨리 돌릴수록 물기가 잘 빠진다.

03 소비전력 NO.1, 다리미 절전 노하우

다리미의 소비전력은 800(저온)W~1500(고온)W로, 소비전력이 높은 가전 중 하나다. 주름을 줄이는 몇 가지 쉬운 방법만으로도 귀찮은 다림질 과정을 줄일 수 있다.

저온 설정 의류는 예열로 다린다.

저온 설정 의류는 예열로 다리면 전기요금을 절약할 수 있다. 다리미는 콘센트를 뽑은 후에도 열이 식기까지 오래 걸리기 때문에 예열로 블라우스나 바지 한두 벌 정도는 충분히 다릴 수 있다.

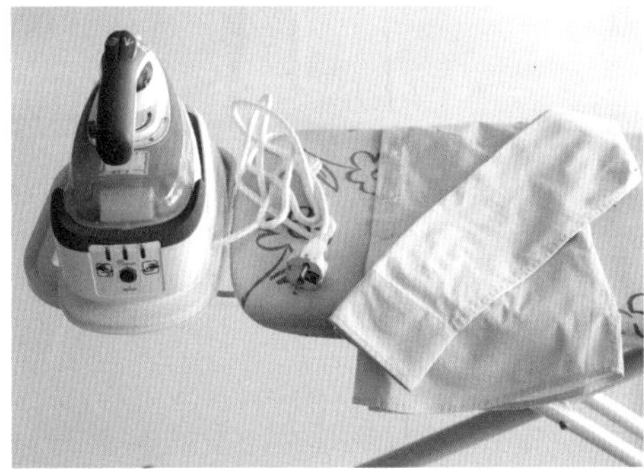

1. 고온으로 면, 마 등 천연 섬유의 옷을 다린 뒤 즉시 콘센트를 뽑는다.

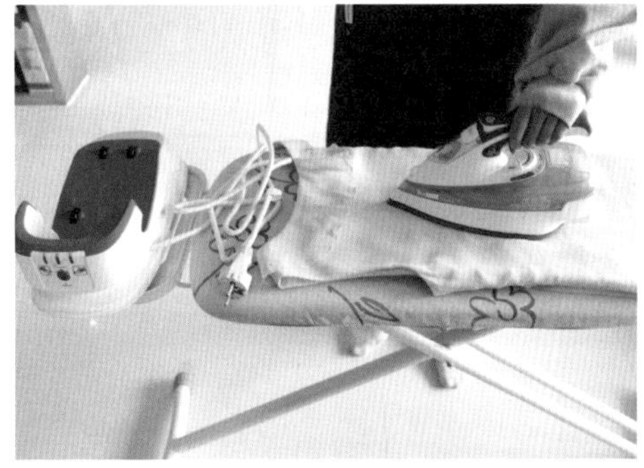

2. 예열로 레이온, 실크, 합성섬유 옷을 다린다.

주름을 예방하면 다림질도 간편하다.

주름이란 천이 접혀 원상태로 돌아가지 않은 상태로, 세탁을 할 때 옷끼리 엉킨 채로 진행된 탈수가 주원인이다. 다림질하는 번거로움을 줄이려면 주름부터 줄여야 한다.

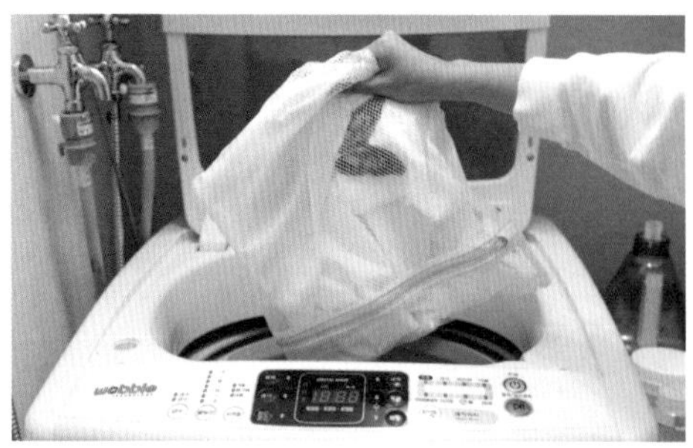

1. 세탁망을 사용한다.

엉킴을 방지하는 데 가장 도움 되는 것이 세탁망이다. 주름이 잘 생기는 옷, 브래지어나 남방, 바지 등 길이가 길어 잘 엉키는 옷은 세탁망에 넣어 세탁한다.

Tip 얼룩을 애벌빨래한 뒤 세탁망에 넣는다.

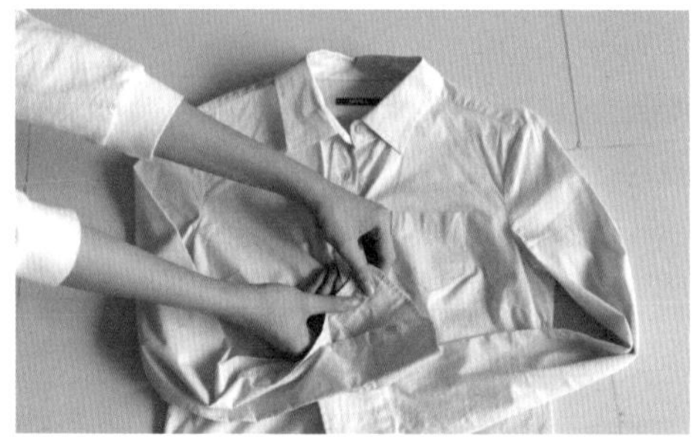

2. 와이셔츠는 소매와 몸을 연결한다.

와이셔츠는 몸 단추에 소매 단추를 끼운다. 세탁물이 엉키지 않아 주름을 예방할 수 있다.

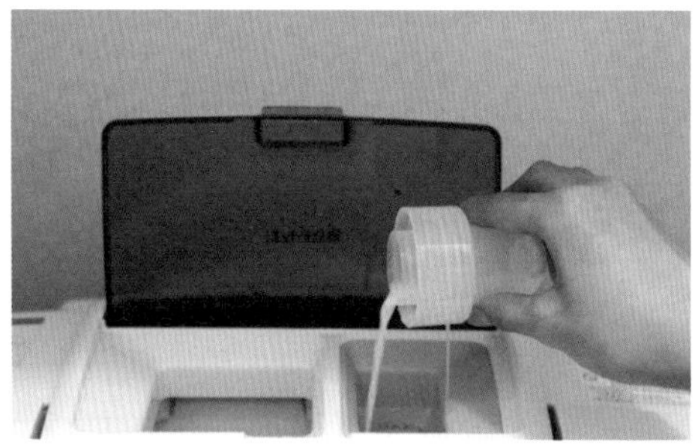

3. 섬유유연제를 사용한다.

주름 방지는 섬유유연제의 대표적인 효과 중 하나다. 섬유유연제는 섬유를 코팅해 의류의 마찰을 줄여 주름을 예방한다.

4. 탈수 과정을 거친 뒤 바로 꺼낸다.

바로 꺼내지 않으면 뒤엉킨 상태에서 그대로 주름이 된다. 바로 건조할 수 없을 때는 꺼내서 가볍게 털어두기만 해도 주름을 예방할 수 있다.

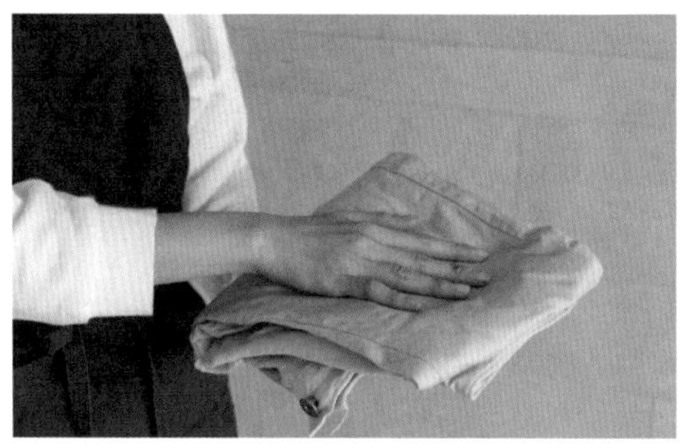

5. 접어서 두드린다.

면 남방이나 면바지 등 주름이 잘 생기는 옷은 4절 접기한 후 손으로 톡톡 두드린다. 옷을 개는 것만으로도 주름이 펴져 다림질이 필요 없다.

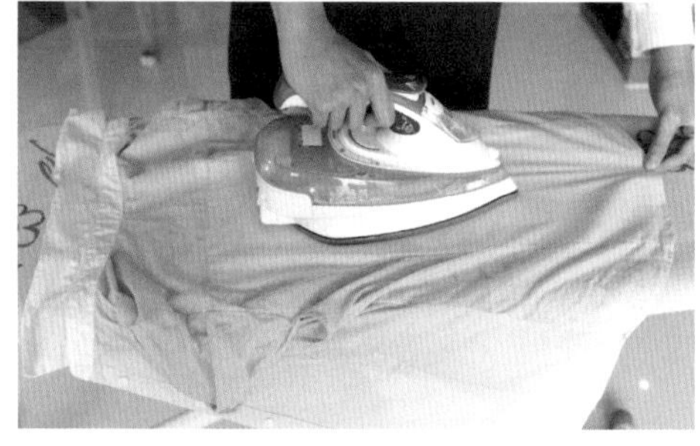

6. 덜 말랐을 때 다림질한다.

섬유는 수분이 있을 때 늘어나기 쉬워 원상태로 돌아가는 힘이 커진다. 덜 말라서 섬유가 수분을 머금고 있을 때 다리미로 열을 가하면 주름이 순식간에 펴진다.

탈수 시간은 3분 이내로 하는 것이 필수!

주름 방지의 키포인트는 탈수! 탈수 시간이 길어질수록 주름은 늘어간다. 탈수 후 1분까지는 옷의 수분 함량이 줄지만 그 이후로는 큰 차이가 없으므로, 탈수 시간은 3분 이내로 한다.

Tip 탈수 시간과 와이셔츠의 변화

탈수 시간	수분 함량	와이셔츠의 상태
탈수 전	540g	
탈수 1분 전	294g(-246g) 빨래의 수분 함량이 반으로 줄었다.	털면 주름을 없앨 수 있는 상태다.
탈수 4분	274g(-20g) 빨래의 수분이 거의 줄지 않았다.	수분은 거의 줄지 않았는데 빨래끼리 꼬이고 엉키면서 주름만 생겼다. 다림질이 필요한 상태로 시간과 전기요금의 낭비가 크다.

분무기와 손다리미로 다리미 없이 다림질한다.

홈웨어, 앞치마까지 모두 다림질하는 것은 낭비이며 귀찮은 일이다. 다림질의 기본 요소는 열 + 습기 + 압력. 분무기와 손다리미로 습기와 압력을 가하면 다리미 없이도 큰 주름 정도는 간단히 펼 수 있다.

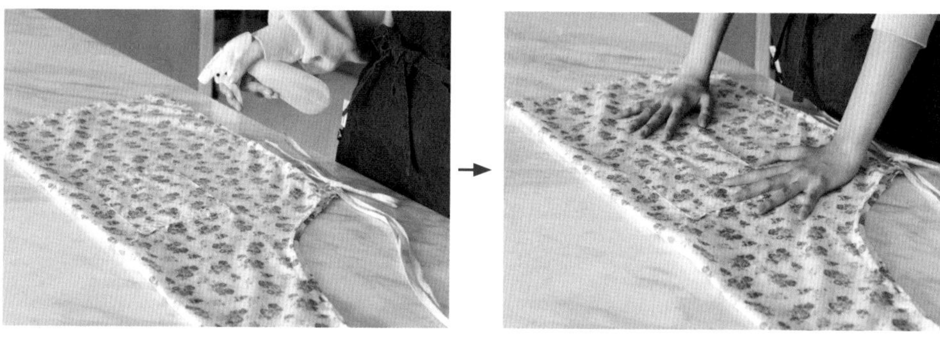

1. 분무기로 옷에 물을 뿌려 습기를 더한다. 섬유가 축축해지면서 부드러워져 주름이 펴진다.

2. 손으로 주름을 늘리면서 두드린다. 섬유에 물리적 압력이 가해져 큰 주름이 사라진다.

Zero-Cost Housekeeping **07**

절약 가사의 틈새, **생필품 절약 노하우**

매출 부진으로 고민하던 샴푸 회사가 있었습니다. 여러 번의 회의 끝에 1회 '펌핑'되는 양을 늘렸는데, 그것만으로도 매출은 크게 상승했다고 합니다. 생필품은 저렴하기 때문에 샴푸 한 방울, 화장지 한 칸으로 절약 효과를 얻기 어렵다고 생각할 수 있습니다. 하지만 매일의 절약 습관이 평생 동안 쌓이면 그 결과는 결코 적지 않은 법. 푼돈 모아 목돈을 만드는 첫걸음인 생필품 절약 노하우를 소개합니다.

01 소모품 알뜰 구매 요령

생필품을 쌓아두는 것은 낭비다.

짐을 쌓아두면 공간적 비용을 지불하게 되므로 낭비다. 세일 품목은 365일 있기 때문에 돈만 있으면 언제나 구입할 수 있다. 비싼 집세 내면서 내 집을 창고로 만들지 말자.

충동구매족은 인터넷 구매를 추천한다.

오프라인 쇼핑은 세일 품목을 보는 것만으로 충동 구매하기가 쉽다. 하지만 인터넷 구매는 우리 집 재고를 확인하고 필요한 물건을 구매하는 방식이므로 계획적인 쇼핑이 가능하다.

평균 사용기간을 파악한다.

생필품은 유통기한이 없어 쌓아두기 쉽다. 하지만 휴지 30롤의 평균 사용 기간이 6개월이라면, 그 기간은 구매하지 않아야 짐을 줄일 수 있다. 포장에 개봉 일자를 기입해두면 평균 사용 기간을 파악할 수 있어 쌓아두는 물건을 줄일 수 있다.

2017년 생필품비 결산

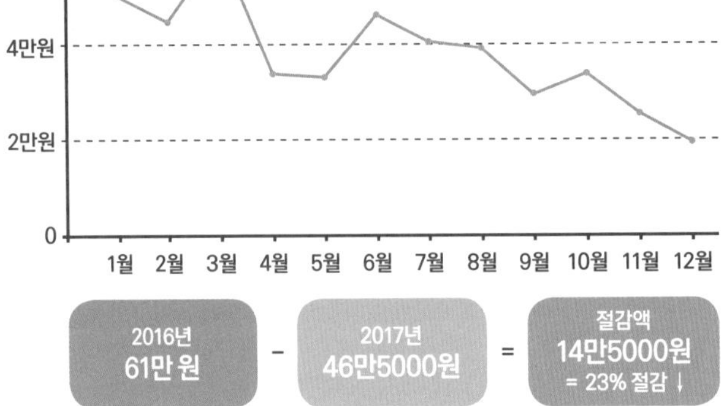

1년 단위로 절약 효과를 확인한다.

생필품은 단가가 저렴하기 때문에 절약 효과를 바로 확인하기 어렵다. 하지만 매일매일 절약하면 적지 않은 금액이 쌓여 대단한 효과를 체감할 수 있다.

02 생필품 절약 노하우

휴지심은 눌러서 끼운다.

휴지를 한 번 뜯었을 때 실제로 필요한 면적은 고작 20~30%, 낭비율은 무려 70%에 달한다. 후루룩~ 하고 풀어지는 현상 때문에 손에 잡히는 대로 사용하는 것이 원인일 수 있다. 아까운 마음이 든다면 휴지심을 눌러서 끼워보자. 회전이 어려워져 낭비를 줄일 수 있다.

1. 휴지를 끼우기 전에 한 번 눌러서 휴지심을 타원형으로 만든다.

2. 후루룩 풀리지 않고 한 칸 단위로 회전하기 때문에 과다 사용을 줄일 수 있다.

평상시 1회 사용량 4칸,
눌렀을 때 1회 사용량 2칸
휴지심을 누르면
휴지를 50% 절약 가능,
연간 1만8000원 절약!
(1년에 60롤 사용 기준)

각 티슈를 반으로 자르면 용량이 2배!

입을 닦을 때 각 티슈 한 장은 필요 없다. 티슈를 절반 크기로 잘라 넣으면 2배로 사용할 수 있다.

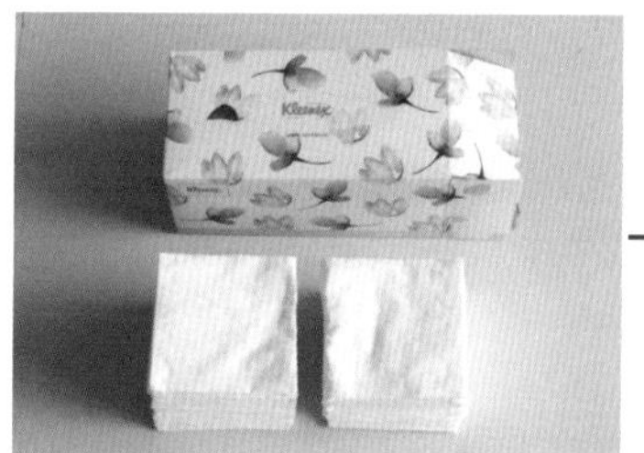

1. 티슈 박스에서 티슈를 꺼내 반을 자른다.

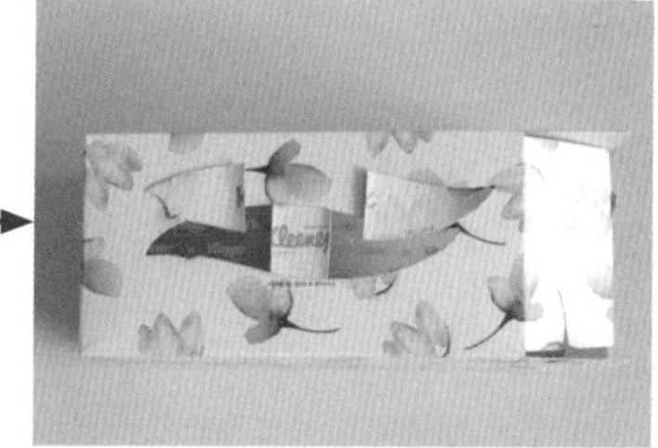

2. 각 티슈 입구는 중앙의 3cm 정도를 남기고 양옆만 자른다.

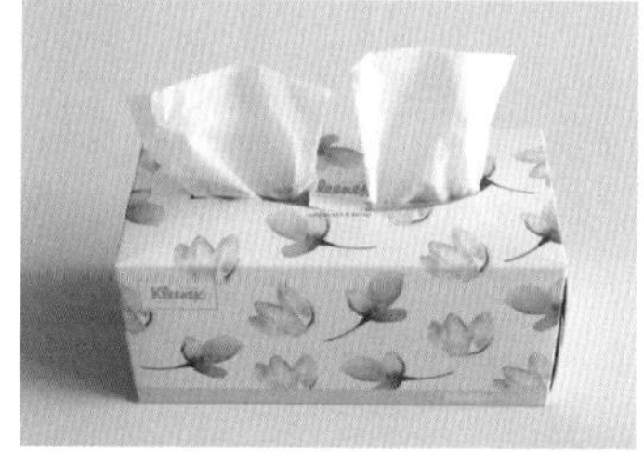

3. 대부분의 얼룩은 1/2 사이즈로도 충분히 닦을 수 있기 때문에, 실제 사용할 수 있는 용량은 2배가 된다.

각 티슈를 반으로 자르면
연간 9900원 절약!
(1년에 12박스 사용 기준)

키친타월은 1/3 사이즈로 잘라둔다.

음식물 찌꺼기를 닦을 때 키친타월 한 장을 모두 사용하는 것은 아깝다. 시간이 있을 때 1/3 사이즈로 잘라두면 절약할 수 있다.

Tip 업소용 냅킨은 1만 장에 1만 원!

업소용 냅킨은 1만 원에 1만 장 = 1장에 1원이다. 1매당 10원인 미니 각 티슈와 비교하면 10배나 싼 가격이다. 대용량이라 1~2년은 충분히 쓸 수 있으며, 두루마리 화장지보다 먼지가 적고 천연 펄프 제품이라는 것도 장점이다.

건전지는 매장의 구매 속도가 관건!

건전지의 사용 권장 기한은 3년 정도로 제품에 표기되어 있으며, 방전율은 연간 5%다. 오랫동안 방치된 제품보다 회전율이 높은 1000원 숍의 물건이 방전율이 낮다. 또한 많이 사두면 성능이 떨어지는 만큼 필요한 만큼만 구입하는 것이 좋다.

수세미를 6등분하면 수명도 6배

수세미는 식기세척용과 스테인리스를 닦는 연마용으로 구분해 사용한다. 이때 연마용 수세미는 3~6등분해 찌든 때를 벗길 때에만 사용하면 강한 연마력으로 인해 오랫동안 사용할 수 있다.

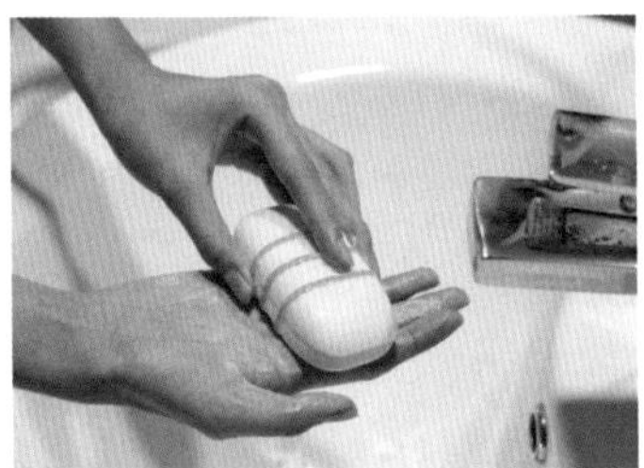

비누에 고무줄을 감아보자.

비누에 고무줄을 3개 감아두면 거품은 2배로 나지만 문지르기 어려워 사용량이 줄어든다. 바닥에 바로 닿지 않아 쉽게 무르지 않는 것도 장점이다.

샴푸는 절반 남았을 때 2배로 희석해 사용한다.

샴푸는 절반 남았을 때 물을 붓고 흔들어준다. 거품도 잘 나고 쉽게 헹굴 수 있어 온수 요금도 절약된다.

자투리 비누는 욕실 청소에 활용한다.

자투리 비누는 물을 넣은 액체 펌프 용기에 넣어보자. 자연스럽게 녹으면서 액체 비누가 되기 때문이다. 거품이 잘 생기고, 합성세제인 보디 클렌저보다 건강과 환경에도 좋다.

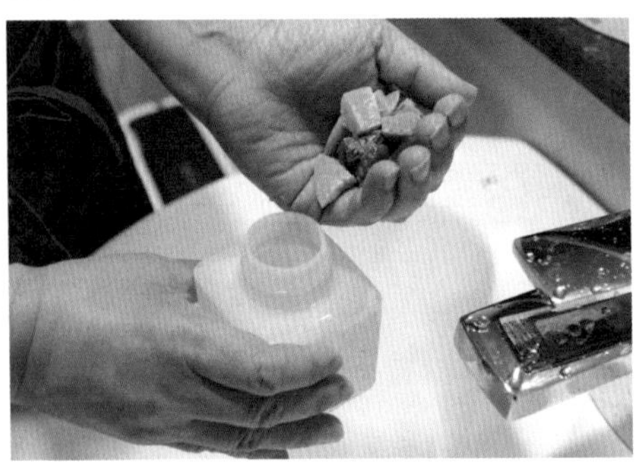

Tip 양파망에 넣어 욕실을 청소해보자.

자투리 비누를 스펀지와 함께 그물망에 넣어 주물럭거리면 거품이 보글보글 생기면서 욕실 청소 제품으로 변신한다. 스프레이 세제에 비해 유독한 냄새도 없거니와, 수세미 겸용이라서 한결 간편하다.

벌어진 칫솔은 끓는 물에 넣으면 원상 복구된다.

칫솔모의 재료인 나일론은 형상기억 특성이 있어 가열하면 원상 복구된다. 하지만 새 제품보다 탄력이 떨어지기 때문에 2주 정도 더 사용한 후에 교체하는 것이 좋다.

1. 끓는 물에 넣고 칫솔모가 아래를 향하도록 하여 U자 모양으로 움직인다. 30회 정도 반복하면 칫솔모가 펴진다.

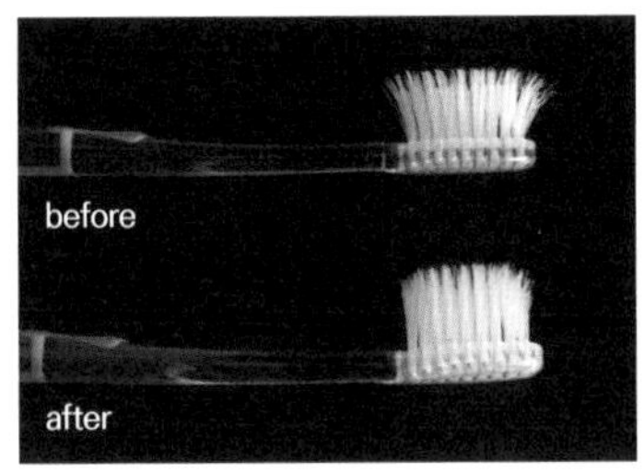

2. 얼음물에 식힌 후 건조한다.

자투리 치약은 튜브를 3단으로 자른다.

다 쓴 치약이라도 며칠분의 치약이 남아 있다. 남은 치약은 대부분 튜브의 시작과 끝부분에 몰려 있으므로, 남은 치약을 쉽게 묻힐 수 있도록 3단으로 자른다.

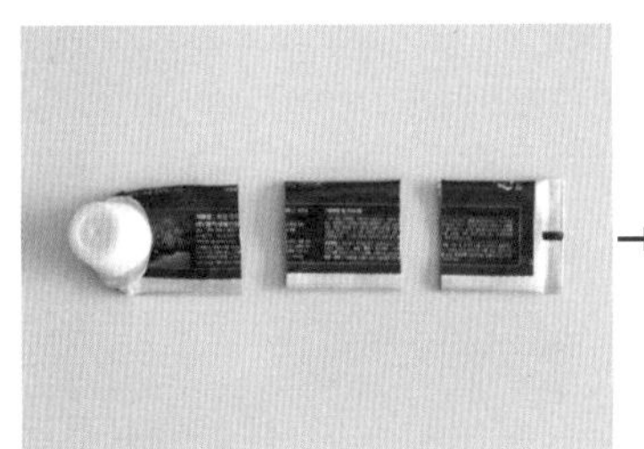

1. 튜브를 3단으로 자른다.

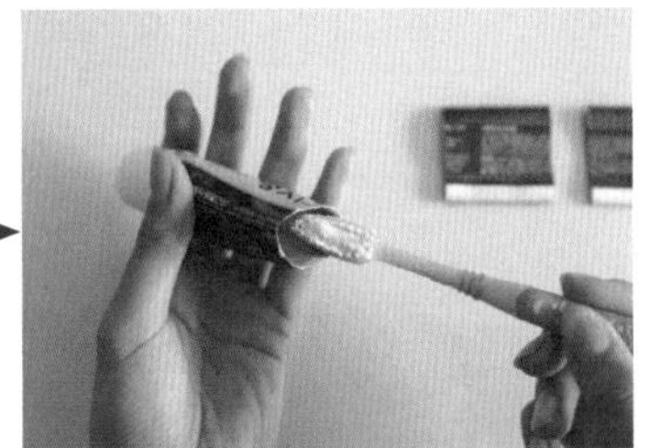

2. 튜브의 시작과 끝부분에 남아 있는 치약을 칫솔에 묻혀 사용한다.

자투리 립스틱은 렌즈 케이스에 넣어 립 팔레트를 만든다.

바닥에 남은 자투리 립스틱도 몇 주는 바를 수 있는 양이다. 렌즈 케이스에 옮겨 드라이기로 녹이면 새 제품처럼 사용할 수 있다.

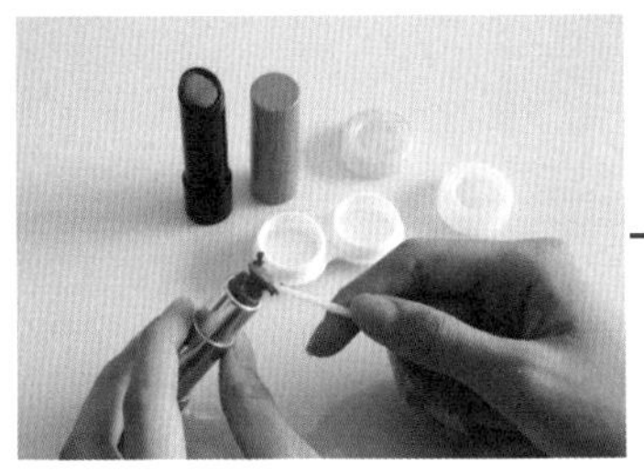

1. 렌즈 통을 에탄올로 닦은 후 자투리 립스틱을 채운다.

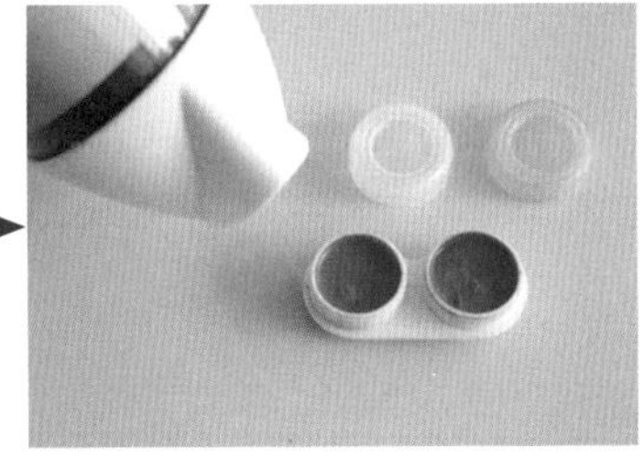

2. 립스틱 2 : 바셀린 1로 섞으면 촉촉한 립밤이 완성된다. 드라이기의 약풍으로 녹이면 굳으면서 표면이 평평해져 용기에 묻지 않는다.

CHAPTER 04

Save on Utility charges

에너지 절약의 포인트는

낭비되는 물·불·전기 줄이기!

공공요금 다이어트

어릴 적부터 부모님께 날마다 들은 잔소리는 "방 불 꺼라", "물 틀어놓지 말아라", "전기 코드는 뽑아라"였습니다. 그저 잔소리일 뿐이라고 생각했지만, 막상 한 가정의 주인으로 살기 시작하니 이제야 그 마음이 십분 이해됩니다. 내가 집에서 사용하는 에너지 즉 물과 불, 전기는 그야말로 사용한 만큼 지불해야 하는 비용이었던 것입니다. 한편으로 잘못된 습관을 바꾸고 절전, 절수를 실천하는 생활이 결국 환경에도 큰 도움이 된다는 사실을 깨달았습니다. 인색하게 아끼지 않아도 일상에서 에너지를 절약하며 모든 사람이 함께 잘 살 수 있는 방법은 무엇일까요? 잘못된 습관을 바꾸고 절전, 절수 제품을 사용하면 물과 에너지를 절약할 수 있습니다. 새어나가는 에너지를 점검해 공공요금을 절약하는 노하우를 소개합니다.

Save on
Utility charges **01**

우리 집 **에너지 절약 점수는?**

에너지 절약이라고 하면 냉골 같은 방에서 빗물을 받아 걸레를 빠는 모습 등을 연상할 수 있습니다. 하지만 진정한 에너지 절약은 에너지를 사용하지 않는 것이 아니라, '낭비되는 에너지'를 줄여서 꼭 필요한 곳에 효율적으로 사용하는 것을 의미합니다. 우리 집 에너지 절약 점수를 통해 일상에서 낭비되는 에너지를 체크해보고, 공공요금 절약의 노하우에 대해서도 살펴봅니다.

check!

에너지 절약 지수 파악하기

에너지 절약 지수 질문에 대한 Yes 답은 몇 개인가요?
Yes 답 개수에 따라 우리 집의 공공요금 절약 현실이 파악됩니다.

4개 이하	5~11개	12~17개	18개 이상
에너지 절약에 너무 관심이 없는 것은 아닌가요? 이 파트를 충분히 읽으면서 절전과 절수의 필요성이 전해지길 바랍니다.	**평균 이하입니다.** 생활 속에서 실천할 수 있는 것부터 시작해보세요. 에너지 절약은 귀찮은 일이 아니라 보람 있는 일입니다.	**에너지 절약에 관심이 많습니다.** 공공요금 20% 절감을 목표로 절약해보세요.	**완벽합니다.** 당신은 에너지 절약의 달인입니다.

다음 질문에 대해 Yes / No 칸을 체크해보세요.

	에너지 절약 지수	Yes	No
절전	1. 공공요금명세서는 3년 치를 모아서 비교한다.	☐	☐
	2. 전기요금 계산방법을 알고 있다.	☐	☐
	3. 혼자 있을 때는 선풍기로 견딘다.	☐	☐
	4. 에어컨 온도는 28도가 최적이다.	☐	☐
	5. TV를 보다가 잠을 자는 일은 없다.	☐	☐
	6. TV를 끌 때 셋탑 박스의 전원도 반드시 끈다.	☐	☐
	7. 충전기에 파란불이 들어오면 콘센트를 뽑는다.	☐	☐
	8. 비데의 온수와 온좌 기능은 사용해 본 적이 없다.	☐	☐
	9. 휴대폰은 절전모드를 사용한다.	☐	☐
	10. 전기밥솥의 보온기능은 사용하지 않는다.	☐	☐
절수	11. 변기레버는 대소를 구분한다.	☐	☐
	12. 이를 닦을 때는 물을 멈춘다.	☐	☐
	13. 아크릴 스펀지를 사용한다.	☐	☐
	14. ㎥의 단위를 알고 있다.	☐	☐
	15. 절수형 헤드를 사용한다.	☐	☐
난방비 절약	16. 겨울에는 뽁뽁이나 두꺼운 커튼으로 열손실을 막는다.	☐	☐
	17. 겨울철에는 내복, 양말, 슬리퍼를 착용한다.	☐	☐
	18. 열손실을 막아 난방을 안 해도 훈훈하다.	☐	☐
	19. 가스불의 불꽃은 냄비 바닥을 넘지 않는다.	☐	☐
	20. 수도꼭지는 항상 냉수 쪽에 있다.	☐	☐

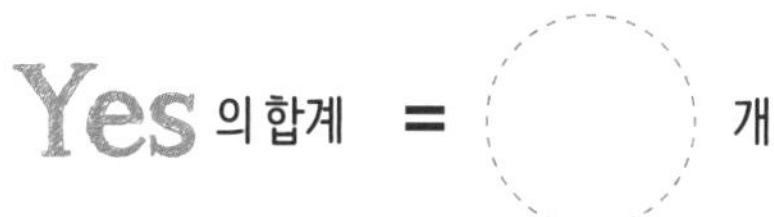

01 공공요금 절약의 포인트

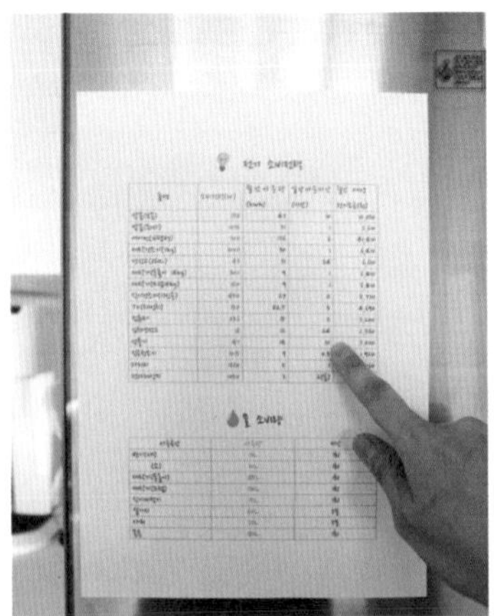

1 가족이 협력하여 절약한다.

수도, 전기, 난방비 절약은 가족의 협력이 필수이다. 가족이 함께 노력해야 성과를 이룰 수 있다. 모두가 즐기면서 할 수 있는 방법을 찾고 자연스럽게 절전 제품을 사용해보자.

2 소비전력 일람표를 붙인다.

공공요금이 어디에 얼마만큼 사용되고 있는지 아는 사람은 많지 않다. 전기와 물이 어디에 얼마만큼 사용되는지 알 수 있도록 온 가족이 볼 수 있는 곳에 소비일람표를 붙여보자. 실제 소비량을 파악해 절약의식을 높일 수 있다.

〈 전기 소비전력 일람표 〉

품명	소비전력 (W)	월간 사용량 (kWh)	일간 사용시간 (시간)	월간 예상 전기요금 (원)
밥솥(보온)	158	47	10	10,030
밥솥(취사)	1036	31	1	6,610
에어컨(16평형)	700	126	6	41,410
세탁건조기(7kg)	1000	30	1	6,410
냉장고(860L)	43	31	24	6,610
세탁기(통돌이 14kg)	300	9	1	6,410
세탁기(드럼 14kg,냉수 세탁)	150	9	1	6,410
식기건조기(13인용)	450	27	2	5,770
TV(50인치)	150	22.5	5	4,690
컴퓨터	256	15	2	3,200
김치냉장고	18	12	24	2,560
선풍기	47	14	10	3,000
진공청소기	1015	9	0.5	1,920
다리미	1260	5	1	1,060
전자레인지	1050	3	6(분)	640

*월간 예상 전기요금은 350kWh (4인 가족 월평균 전기사용량)를 기준으로 산정함.

〈 물 소비량 일람표 〉

사용공간	사용량	
변기(대)	13L	1회
변기(소)	10L	1회
세탁기(통돌이)	185L	1회
세탁기(드럼)	130L	1회
식기세척기	15L	1회
설거지	60L	5분
샤워	70L	5분
목욕	180L	1회

3 거실에 모여 생활한다.

추운 겨울과 더운 여름에는 거실에 모여 생활해보자. 에어컨과 난방 요금 비롯한 여러 전기요금을 절약할 수 있으며 가족도 단란해진다.

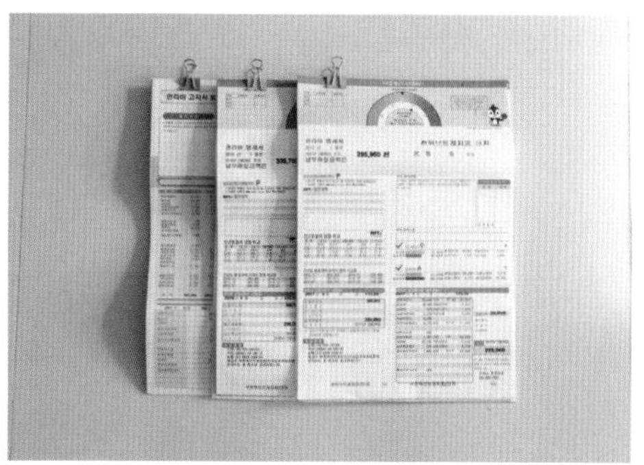

4 공과금 영수증은 모아둔다.

공과금 영수증은 2년분 이상 모아둔다. 월별 등락폭을 비교할 수 있어 전기 수도, 난방비를 절약할 수 있다.

5 할인제도를 신청한다.

모든 할인제도가 그렇듯이 알아서 깎아주는 법은 없다. 한국전력, 상수도 사업본부, 도시가스 홈페이지 등을 검색해 할인대상에 해당하는지 확인한다.

〈전기요금 할인 대상〉

지원대상	지원액
장애인, 유공자, 기초생활수급자	월 1만6000원(하계2만 원)
5인 이상 대가족	30% 할인 (월 1만5000원 한도)
3인 이상 다자녀	
출산가구(출생일로부터 1년 미만 영아)	
생명 유지장치 사용고객	
절전 할인(직전 2개년 동월 대비 20% 이상 절감)	15%(동하계), 10%(춘추)할인
1주택 수가구	누진율 경감

* 2018년 1월 기준

Save on
Utility charges **02**

절약의 핵심! 가전제품별 절전 사용 노하우

내가 숨 쉬는 사이에도 쉴 새 없이 소비되는 전기요금을 아끼고 싶다면, 가전제품의 사용법부터 검토해야 합니다. 자주 사용하는 가전부터 사용법을 검토하다 보면 일상생활의 불편 없이도 전기요금을 절약할 수 있습니다. 절전의 첫걸음이라고 할 수 있는 가전제품별 절전 노하우에 대해 살펴봅니다.

전기요금 체계의 구조를 알면 절전도 훨씬 쉬워진다!

전기요금의 구조를 알면 더 쉽게 절전할 수 있다. 가정용 전기는 '전기요금 누진제'가 적용되는데, 누진제란 사용량이 증가함에 따라 순차적으로 높은 단가가 적용되는 요금제이다. 즉 적게 쓰면 매우 싸고, 많이 쓰면 매우 비싸진다.

주택용 전력(저압)전기요금표

단계	기본요금 (원/호)		전력량 요금 (원/kWh)	
1단계	200kWh 이하 사용	910	처음 200kWh까지	93.3
2단계	201~400kWh 사용	1,600	다음 200kWh까지	187.9
3단계	400kWh 초과 사용	7,300	400kWh 초과	280.6

3단계 전기요금 누진제

현재 200kWh 단위로 3단계가 적용되며,
최저 단계(200kWh 이하)와 최고 단계(400kWh 초과) 간의

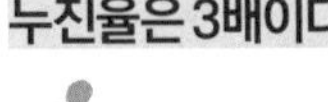
누진율은 3배이다.

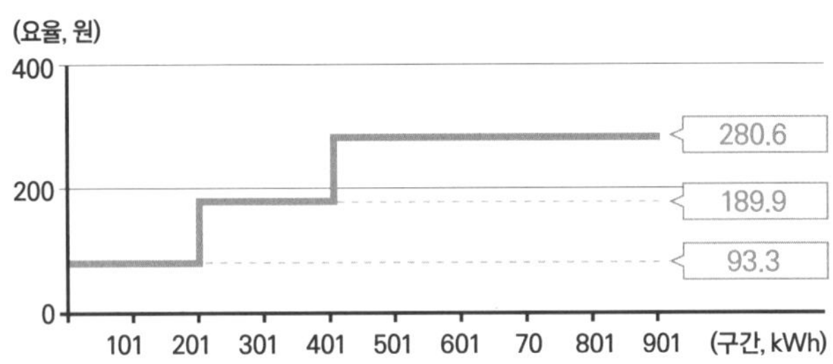

400kWh를 사용하면 → **6만5760원**
401kWh를 사용하면 → **7만2560원 (무려 6800원 상승)**

전기요금 계산방법 월간 사용량이 350kWh인 경우

기본요금
(2단계 요금)
1600원

+

전력량 요금
(1~2단계 요금의 합계)
1단계 (200kWh × 93.3원)= 1만8660원
2단계 (150kWh ×187.9원) = 2만8185원

=

1
전기요금
(기본요금 + 전력량 요금의 합계)
4만8445원

(1단계)
93.3원

(2단계)
187.9원

0kWh 200kWh 350kWh

1단계와 2단계 요금이 합산된다. 1단계 구간인 200kWh까지는 1단계 요금인 93.3원이 적용되고, 2단계 구간인 150kWh는 2단계 요금인 187.9원이 적용된다.

2
부가가치세
(① × 10%)
4844원

3
전력기반기금
(① × 3.7%)
1792원

1+2+3 =

청구요금
5만5080원

02 절전 포인트 4가지

1 소비전력이 큰 가전부터 검토한다.

가정에서는 다양한 가전을 사용하지만 전기밥솥, 냉장고, TV, 에어컨이 전체전력의 70% 이상을 소비한다. 이 네 가지 가전의 사용방법을 우선적으로 검토하면 전기요금을 크게 절약할 수 있다.

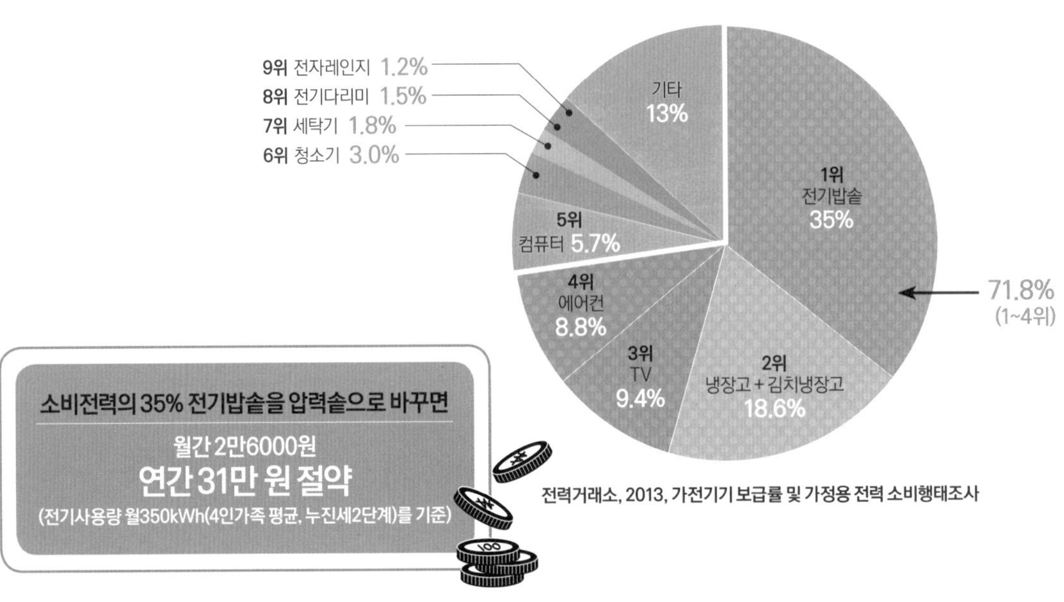

전력거래소, 2013, 가전기기 보급률 및 가정용 전력 소비행태조사

2 A하면서 B하지 않는다.

TV를 켜두고 샤워를 하고, 청소기를 돌리면서 이불을 개는 등 'A하면서 B하면' 불필요한 전기요금이 소비된다. TV를 볼 때는 TV만, 집안일을 할 때는 집안일만 하는 것이 전기요금을 절약하는 길이다.

3 귀찮다고 그대로 두지 않는다.

아무도 없는 방이라도 컴퓨터가 켜졌다면 계량기는 계속 돌아간다. 귀찮다고 그대로 두면 전기요금은 계속 낭비되므로 사용하지 않을 때는 플러그를 뽑는다.

4 대기전력을 줄인다.

전기요금의 6%는 대기전력으로 새어 나간다. 대기전력으로 낭비되는 금액은 4인 가구 평균 연간 4만 원, 우리나라 전체로는 5천억 원 이상이다. 셋톱박스, 모뎀 등은 사용여부와 관계없이 24시간 내내 많은 대기전력을 소비하며, 리모컨이 있는 제품인 TV, 선풍기, 에어컨 또한 언제든지 켜질 준비를 하기 때문에 대기전력이 높은 가전이다.

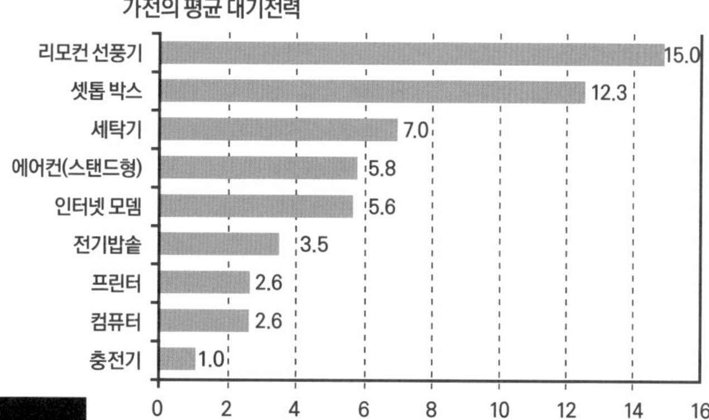

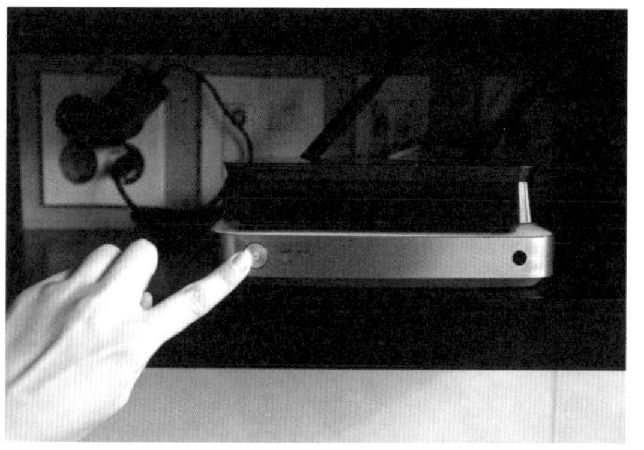
전원버튼의 모양으로 대기전력의 유무를 구분한다.

대기전력이 없는 제품 전원버튼의 세로줄이 원 안에 있다. 세탁기, 전자레인지 등 일부제품이 해당한다.

대기전력이 있는 제품 전원버튼 세로줄이 원 밖으로 나와 있다. 대부분의 제품은 대기전력이 있다.

두꺼비집을 내리면 대기전력 제로!
여행이나 출장을 갈 때는 두꺼비집의 냉장고쪽 스위치를 제외한 나머지 스위치를 내려 대기전력을 완벽하게 차단한다.

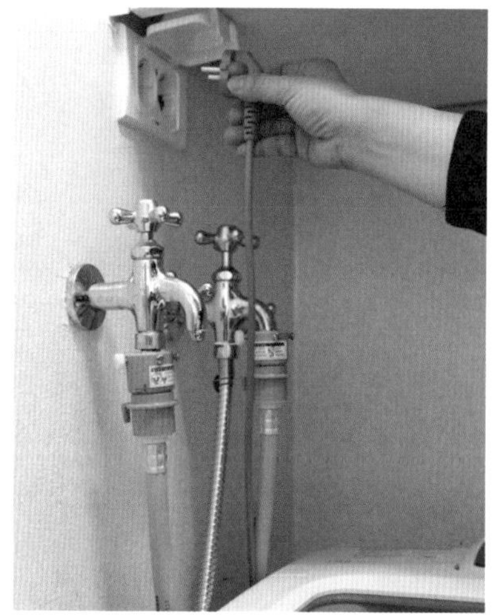
사용빈도가 낮은 가전 중심으로 플러그를 뽑는다.
불편하면 오래 지속할 수 없는 법, 플러그를 뽑으면 데이터가 리셋이 되기도 하고 리모컨도 사용할 수 없다. 세탁기, 에어컨, 프린터 등 1일 1회 미만으로 사용하는 가전을 중심으로 멀티탭을 사용하거나 플러그를 뽑아 대기전력을 줄인다.

03 가전제품별 절전 노하우

〉전기밥솥

7시간 이상 보온한다면 새로 짓는 것이 이득이다.

아침에 지은 밥을 저녁까지 보온하면 1회 취사하는 것보다 더 많은 전력을 소비한다. 밥은 냉동 〉 냉장 〉 밥솥 순으로 밥맛이 저하되므로, 7시간 이상 보온한다면 다시 짓거나 전자레인지에 데워먹는다.

12시간 보온 대신 전자레인지로 밥을 데우면

12시간 보온 150WX12=1800W 〉 취사 1036W 〉 전자레인지 5분 87W

연간 21만3600원 절약

밥은 한꺼번에 짓는 것이 절전!

쌀의 양이 늘어나도 취사 요금은 크게 달라지지 않는다. 여러 번 취사하기보다는 한 번에 지어 전기료를 절약한다.

밥을 한꺼번에 지으면

2공기씩 2번 2072W 〉 4공기를 1번 1036W

연간 7만9320원 절약

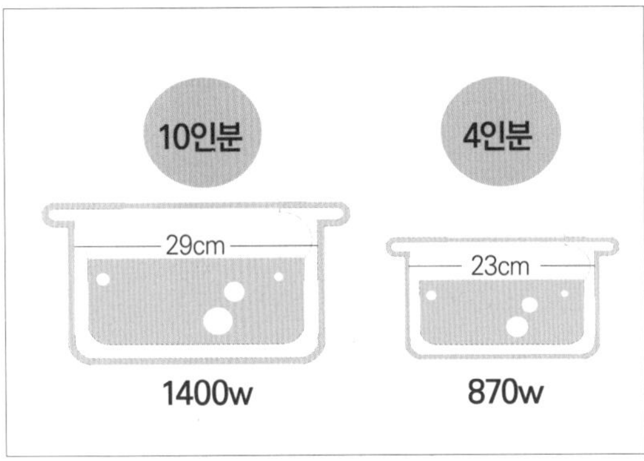

© GettyImasesBank

밥솥이 커지면 소비전력도 커진다.

밥솥이 크면 큰 밥솥을 데우기 위해 더 많은 소비전력이 소비된다. 1년에 한두 번 손님초대에 대비해 큰 밥솥을 사용하기보다 가족 수에 맞춰서 사용한다.

10인용 밥솥을 4인용으로 바꾸면

월간 5400원

연간 6만4000원 절약

(1일 사용 시간 취사 1시간, 보온10시간 기준)

〉TV

안 볼 때는 끈다.

TV를 보면서 다른 일을 하면 둘 다 집중할 수 없고 전기요금 또한 낭비되므로, 보고 싶은 프로그램이 끝나면 바로 끄는 습관을 들인다.

TV 시청시간을
1일 1시간만 줄이면
연간 1만1200원 절약

밝기를 줄이면 소비전력도 줄어든다.

'TV의 소비전력= TV크기×백라이트 설정값'으로 소비전력의 70%는 백라이트에 소비된다. 만약 어둡다면 밝기와 명암값으로 보정한다.

50인치 TV 백라이트를
최대에서 절반으로 줄이면
연간 2만6200원 절약

〉에어컨

귀가한 뒤에는 환기가 우선이다.

외출 후 에어컨을 켤 때는 창문을 열고 환기부터 한다. 콘크리트는 열을 흡수하는 성질이 있으므로 밀폐된 실내는 온도가 상승하게 된다. 환기를 하면 실내온도가 내려가 에어컨 요금을 절약할 수 있다.

외출 30분 전에 전원을 끈다.

에어컨으로 시원해진 실내 온도가 지속되는 시간은 30분! 외출이나 취침 30분 전에 의식적으로 전원을 끄면 외출, 취침시간까지 쾌적한 온도를 유지할 수 있는 동시에 전기료도 절약할 수 있다.

풍량은 약풍보다 자동으로 한다.

풍량을 약풍으로 설정하면 설정 온도에 도달하기까지 오랜 시간이 걸려 불필요한 전력을 소비한다. 하지만 풍량을 '자동'으로 설정하면 강풍으로 단번에 시원하게 한 후 약풍으로 바뀌기 때문에, 설정온도에 빠르게 도달해 불필요한 전력 소비를 막는다.

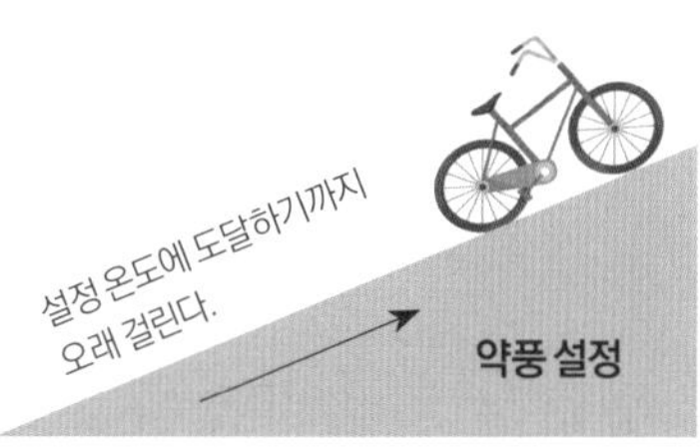

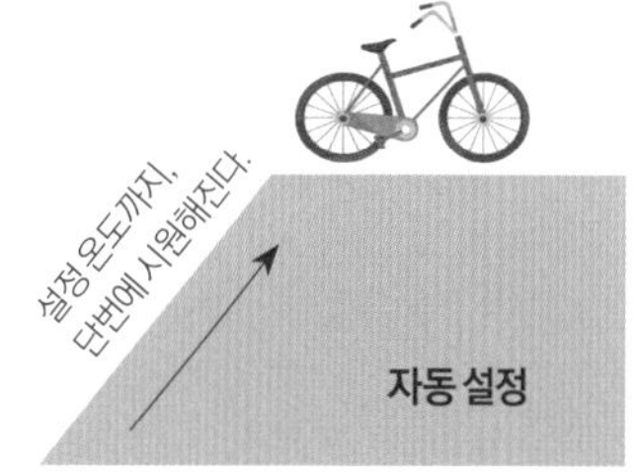

블라인드를 내리면 10% 절전 효과를 본다.

에어컨을 틀 때는 직사광선이 들어오는 창문의 커튼과 블라인드를 내린다. 뜨거운 햇볕을 차단해 소비전력을 10% 절감할 수 있다.

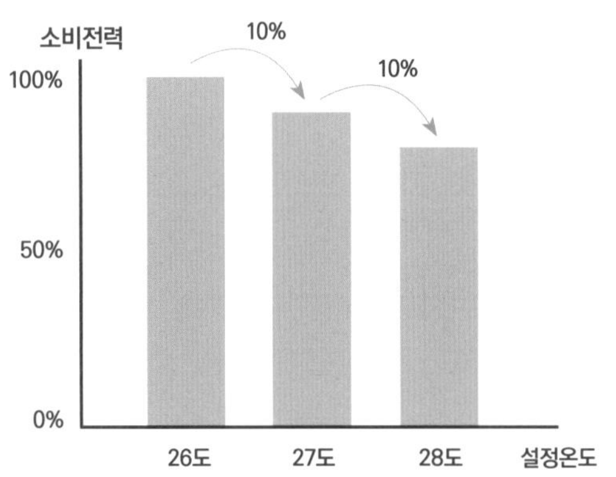

설정 온도를 1도 올리면 10% 절약된다.

단 1도를 올리는 것만으로 소비전력이 10% 낮아진다. 예컨대 실내온도를 26도에서 28도 올리면 소비전력이 20% 절감된다.

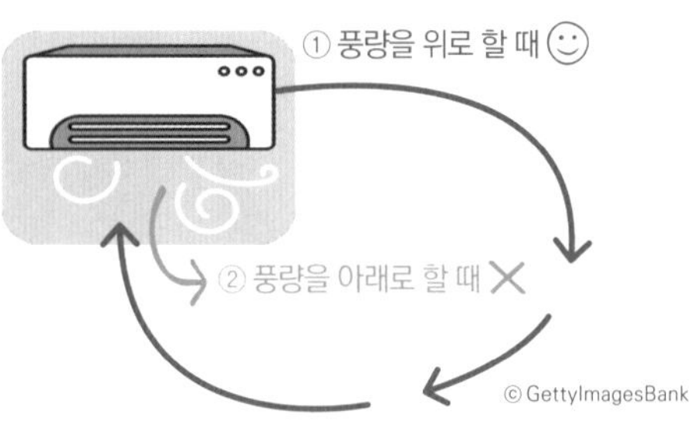

에어컨의 풍향은 위쪽으로 한다.

냉기는 무거워 아래로 내려간다. 풍향을 위로 향하면 방 전체에 냉기가 돌아 효율적으로 실내온도를 낮출 수 있다.

여름이 지나면 플러그를 뽑는다.

에어컨의 대기전력은 시간당 6W, 사용하지 않아도 하루 144W의 전력을 소비한다. 여름이 지나면 에어컨과 실외기의 플러그를 뽑아 대기전력을 차단한다.

> 여름이 지나 사용하지 않을때
> 에어컨 플러그를 뽑으면
> **6개월간 6000원 절약**

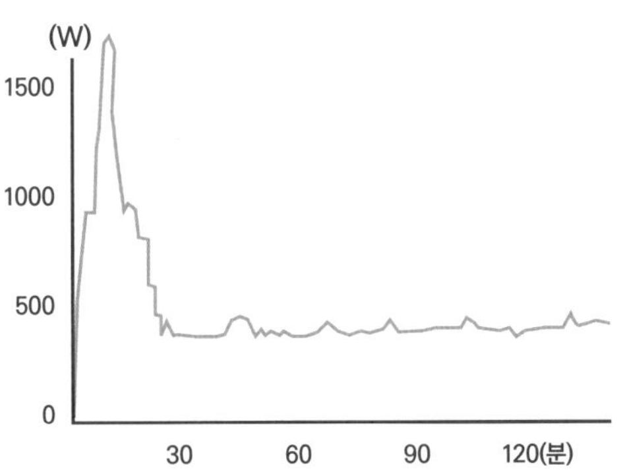

1시간 이내로 외출할 때는 끄지 않는다.

에어컨은 시동을 거는 30분 동안 가장 많은 전력을 소비한다. 16평형 에어컨의 경우 시동을 걸때는 1750W를 소비하지만, 운전을 할 때는 380W를 소비해 소비전력이 1/4로 줄어든다. 따라서 1시간 이내로 외출을 할 때는 끄지 않고 설정 온도를 높이는 것이 이득이다.

〉비데

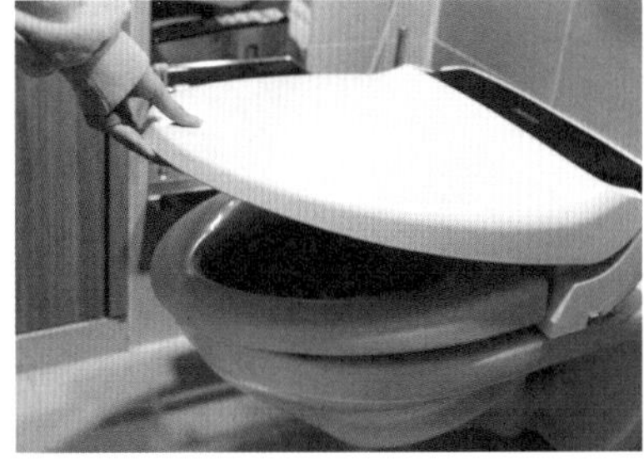

온좌 기능을 사용할 때는 뚜껑을 닫는다.

비데의 온좌 기능은 연 5만 원 이상의 전기료를 소비하므로 필요할 때만 사용한다. 또한 온좌 기능을 사용할 때 변기뚜껑을 열어두면 열이 쉽게 식으므로, 사용 후에는 반드시 변기뚜껑을 덮는다.

> **온좌 기능을 사용할 때**
> **변기 뚜껑을 닫아두면**
> **연간 8000원 절약**

〉청소기

공회전 하지 않도록 미리 치운다.

청소하기 전에 주위를 미리 치워두면 청소기를 자주 껐나 켜지 않아 전력소비를 줄일 수 있고 청소기의 사용시간도 짧아진다. 청소기 전원을 켠 상태에서 흡입구를 바닥에서 떼고 공회전하면 먼지를 빨아들일 때보다 더 많은 전력을 사용하게 된다.

> **청소기의 사용 시간을**
> **1일 3분 단축하면**
> **연간 2500원 절약**

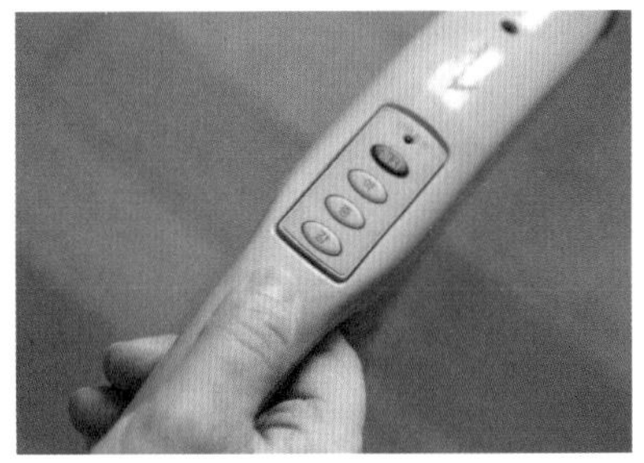

'강'으로 사용하면 전기요금이 2배!

청소기는 바닥재질에 따라 강약을 조절한다. 카펫은 '강' 모드를 사용하는 것이 좋지만, 마루나 장판은 소비전력이 50%인 '약'으로도 충분히 먼지를 흡입할 수 있다.

> **청소기 세기를**
> **'약' 모드로 사용하면**
> **연간 약11500원 절약**
> (1일 30분 기준)

〉조명

일찍 자고 일찍 일어난다.

늦게 자고 늦게 일어나면 조명을 켜는 시간이 늘어난다. 일찍 자고 일찍 일어나면 조명도 절전할 수 있고 건강에도 좋다.

> **2시간 일찍 자면**
> 거실과 방의 LED등 500W를 절전
> **연간 38,400원 절약**

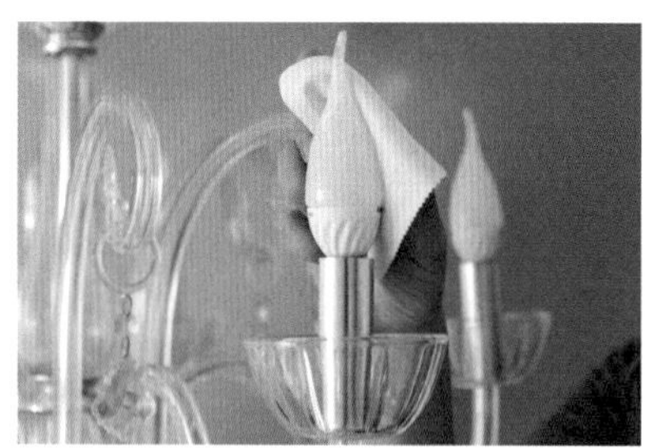

조명이 더러우면 밝기 또한 30% 감소

더러워진 조명는 방을 어둡게 하는 원인으로 밝기가 20~40%까지 떨어진다. 조명은 먼지와 기름때, 벌레의 사체가 쌓여 쉽게 더러워지므로 6개월에 한 번씩은 청소해서 밝기를 유지한다.

형광등은 자주 끄는 것이 절전

빈 방에 10분 간격으로 6번을 드나들 경우 여섯 번 껐다 켜는 것과 1시간 동안 켜두는 것, 어느 것이 더 절전이 될까? 형광등은 스위치를 켜는 3초 동안 2배의 전력을 소비한다. 따라서 7초 이상 사용한다면 사용 후에 바로 끄는 것이, 계속 켜두는 것보다 전기료를 절약할 수 있다.

〉컴퓨터

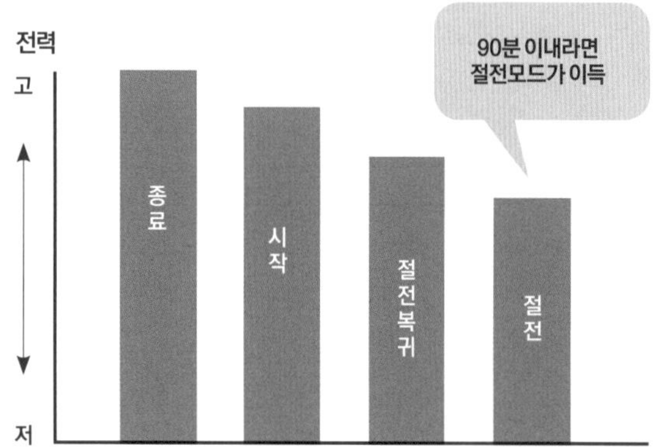

컴퓨터 작동 시 소비전력 90분 이내라면 끄지 않고 절전모드로!

컴퓨터 동작 시 가장 많은 전력을 소비하는 것은 다름 아닌 '시스템종료'이다. 90분 이내로 외출할 때는 '시스템 종료'보다 '절전'을 사용하는 편이 소비전력이 적다.

04 가전제품의 예상 전기료 계산법

전기 매트를 구입하고 싶은데 전기료 폭탄을 맞을 것 같아 망설여진다면, 누진제를 적용한 전기요금 계산법을 익혀보자. 한 번만 제대로 알아두면 어떤 가전이든 누진제를 적용한 예상전기요금을 정확하게 계산할 수 있다.

*월간 전기요금은 네이버 전기 요금 계산기에 사용량을 입력하여 계산한다.
*월전기요금은 4인 가족 평균 전기요금인 350kWh 적용

예상전기요금 계산법 | 소비전력이 270W인 경우 | (하루 8시간 30일 사용 시)

① 월간 전기사용량(kWh) = 소비전력(kW) × 하루 이용 시간(h) × 30일
= 0.27 × 8 × 30 = 64.8kWh

② 누진제를 적용한 전기요금
= (①을 더한 사용량의 월간 전기요금) - (월간 전기요금)
= ((350+64.8)kWh의 전기요금) - (350kWh의 전기요금)
= 7만7020원 - 5만5080원
} = **2만1940원**

전기요금계산기

총 사용량 요금계산	전기제품 사용량 계산

용도
- ◉ 주택용 저압
- ○ 주택용 고압

대가족 요금
- ◉ 해당없음
- ○ 3자녀이상 가구
- ○ 5인이상 가구

사용량
415 kWh

예상 전기요금 77,020 원

누진제 2단계를 적용한 270W 전기매트의 예상 전기요금은 **월 2만1940원**으로, 쇼핑몰에서 표기된 **4천810원보다 4.5배 이상 부과된다.**

하루 8시간 30일 사용시 전기요금 안내!

사이즈	전력(W)	전기요금
싱글(1~2인용)	110W	2,250원
더블(2~3인용)	130W	2,530원
대형(4~5인용)	250W	4,480원
특대형(7~8인용)	270W	4,810원

※ 위 요금은 누진세 미적용 요금이며, 누진세 적용시 달라질수 있습니다.

Save on
Utility charges **03**

에어컨 없이도 **시원한 여름철 냉방법**

에어컨만 틀면 한여름에도 땀 한 방울 흘리지 않고 시원하게 보낼 수 있지만 하루 종일 틀기에는 전기료가 만만치 않습니다. 더울 때는 더위를 즐겨야 건강을 지킬 수 있는 법. 여름철 에어컨 없이 시원하게 보낼 수 있는 알뜰한 방법을 소개합니다.

01 집 안 온도를 낮춰 시원함을 즐긴다

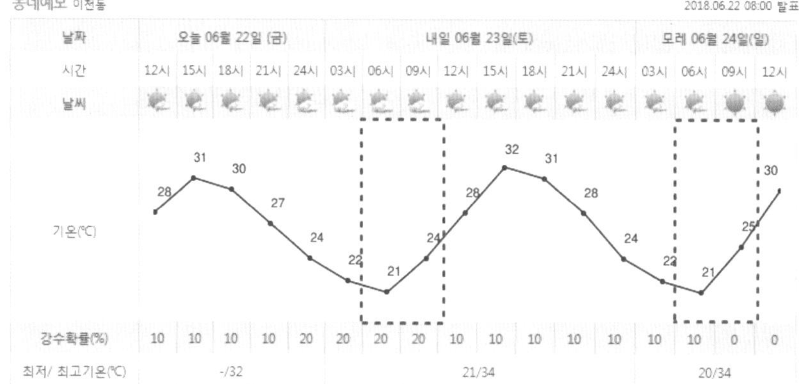

동네예보 이천동 2018.06.22 08:00 발표

날짜	오늘 06월 22일 (금)					내일 06월 23일(토)								모레 06월 24일(일)			
시간	12시	15시	18시	21시	24시	03시	06시	09시	12시	15시	18시	21시	24시	03시	06시	09시	12시
기온(℃)	28	31	30	27	24	22	21	24	28	32	31	28	24	22	21	25	30
강수확률(%)	10	10	10	10	20	20	20	20	10	10	10	10	10	10	10	0	0
최저/ 최고기온(℃)	-/32					21/34								20/34			

출처 : 케더웨더 (www.630.co.kr)

아침형 생활을 하면 더위에 지치지 않는다.

에어컨이 필요 없는 아침 9시 전후로 모든 집안일을 끝낸다. 시원한 아침에는 몸을 많이 움직이는 청소나 걸레질을 해도 땀이 흐르지 않는다. 특히 가스불 앞에서 하는 세끼 식사도 아침에 준비하면 더위에 지치지 않고 끝낼 수 있다.

세탁물로 그늘을 만들면 실내온도 3도↓

빨래는 일사량이 최대인 오후 2시 전후에 말린다. 빨래를 창가에 말리면 커튼처럼 햇빛을 차단한다. 또한 세탁물의 수분이 증발하면서 기화열의 냉각효과에 의해 실내 온도가 3도 이상 낮아진다.

에어컨의 1/10 전기료로 만드는 선풍기 냉풍

선풍기로 더위를 견디기 어려운 오후에는 얼린 페트병을 선풍기 앞에 놓아보자. 페트병 주위에 붙은 물방울이 선풍기 바람에 확산되면서 기화열현상에 의해 주위의 열을 빼앗아 에어컨 없이도 시원한 냉풍을 즐길 수 있다.

방안의 물건을 줄인다.

컴퓨터, 셋톱박스, 냉장고와 TV 등 대부분의 가전은 열을 방출하기 때문에 가전이 많으면 방의 온도가 올라간다. 필요 없는 물건과 가전을 줄이면 방의 온도가 낮아지고, 창문을 통해 들어온 바람이 장애물 없이 시원하게 통과하여 한층 온도가 낮아진다.

선풍기 두는 위치를 바꾸면 시원해진다.

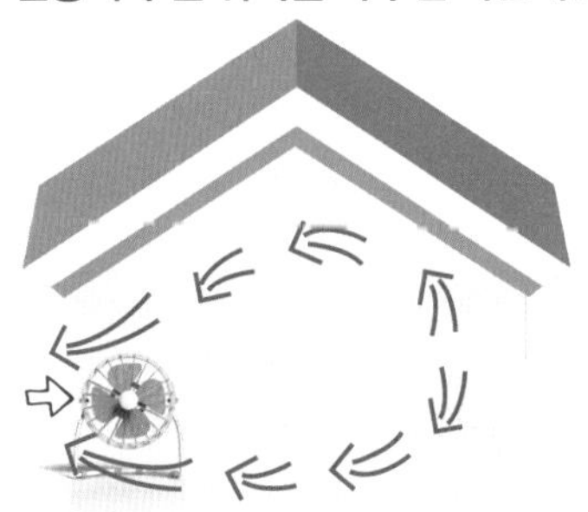

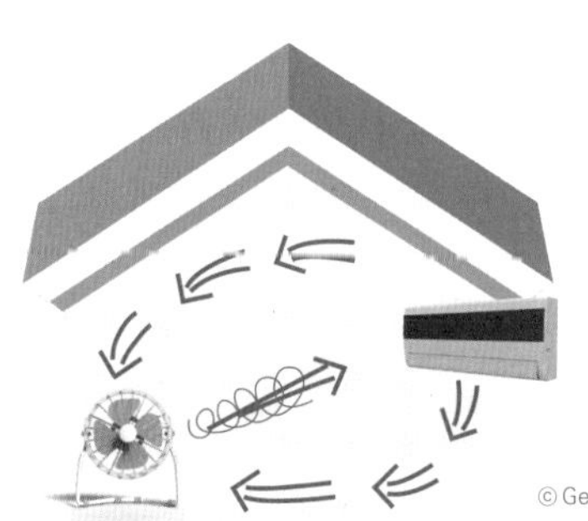

© GettyImagesBank

선풍기만 사용할 때 외부온도가 실내보다 시원한 경우에는 선풍기를 창문 앞에서 방을 향해 틀어야 외부의 시원한 바람이 실내로 들어온다. 반대로 실내가 더 시원한 경우에는 선풍기를 창밖을 향해 틀어야 외부의 더운 바람을 차단할 수 있다.

에어컨과 함께 사용할 때 선풍기를 에어컨과 마주보는 위치에 놓은 후 선풍기의 키를 낮추고 에어컨을 향하여 바람을 보낸다. 바닥에 모인 에어컨의 무거운 냉기가 선풍기 바람에 의해 확산되어 방 전체가 시원해진다.

외출할 때는 커튼을 닫는다.

직사광선은 실내온도를 올리는 주원인이다. 커튼은 여름철 창문을 통해 들어오는 열기와 직사광선을 막는 효과가 있으므로, 외출하기 전에는 커튼을 닫아 실내온도의 상승을 막는다.

Tip 얇은 레이스 커튼보다 직사광선을 막는 두꺼운 암막커튼이 직사광선을 차단하는 효과가 크다.

장마철에는 얼음 페트병으로 제습한다.

제습기가 없어도 얼음 페트병에 쟁반을 깔아두면 습기를 줄여 체감온도를 낮출 수 있다. 차가운 병에 맺힌 물방울은 방 안의 습기가 물방울로 응결된 것으로, 페트병 한 개로 100g 가량 제습할 수 있다.

Tip 쟁반에 고인 물을 그대로 두면 증발되어 습도가 다시 높아지므로 주의한다.

불 없이 요리한다.

한여름 주방은 불과의 전쟁을 한다. 끓이고 볶다 보면 땀이 줄줄 흐르고 집 안 전체가 더워진다. 외식이나 인스턴트로 한끼 때울 수도 있지만 건강과 절약을 위해서 불을 사용하지 않은 간단한 레시피로 한 끼를 준비해보자.

샐러드와 겉절이 국 대신에 냉국, 데치고 볶기보다 쌈, 샐러드와 겉절이, 냉채 등 가열하지 않은 조리법을 활용해보자. 단 여름은 식중독이 생기기 쉬운 계절이므로 식재료를 충분히 세척하는 것이 중요하다.

가스레인지 대신 전자레인지 조리가 필요할 때는 전자레인지를 활용하자. 전자레인지는 불을 쓰지 않아 주방의 온도가 올라가지 않고 조리시간이 짧으며, 반찬부터 디저트까지 다양한 요리를 만들 수 있다.

냄비 대신 압력솥 삶는 요리를 할 때는 냄비대신 압력솥을 이용하자. 압력솥은 냄비 대비 조리시간을 1/3로 단축해 불을 사용하는 시간을 줄일 수 있다.

02 체온을 낮춰 시원함을 즐긴다

아이스 팩으로 넥 쿨러 만들기

혈액이 전신을 한 바퀴 도는데 걸리는 시간은 단 1분! 굵은 혈관을 차게 하면 그곳을 통과하는 혈액의 온도를 낮추어 전신의 체온이 급격히 내려간다. 특히 목은 굵은 경동맥이 지나가는 부위이므로 아이스팩으로 넥쿨러를 만들어 목의 양쪽을 차게 하면 온몸을 효율적으로 시원하게 할 수 있다.

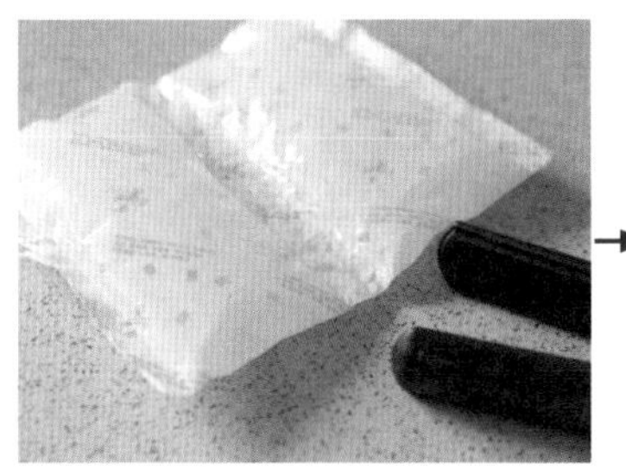

1. 다리미로 아이스 팩을 가열해 길게 나눈다.

2. 손수건 위에 아이스 팩을 대각선 방향으로 놓고 접는다.

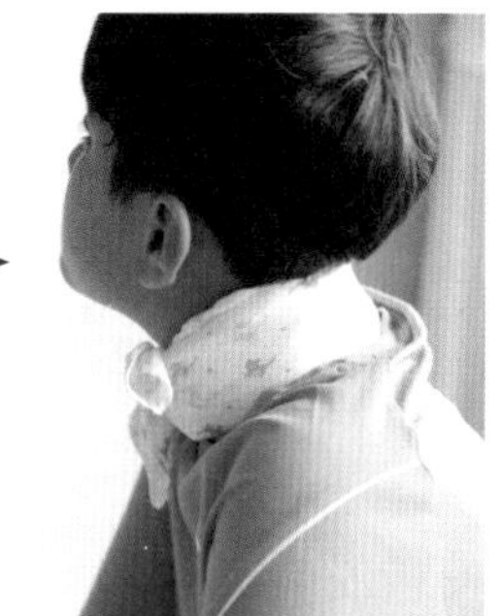

3. 아이스 팩을 목에 두른다.

숙면을 도와주는 아이스 베개

베개 솜에서 올라오는 후끈한 열기 때문에 긴 밤을 뒤척인다면 아이스 팩으로 베개의 열기를 식혀보자. 두한족열이라는 말처럼 머리가 시원하면 선풍기하나로도 숙면할 수 있다.

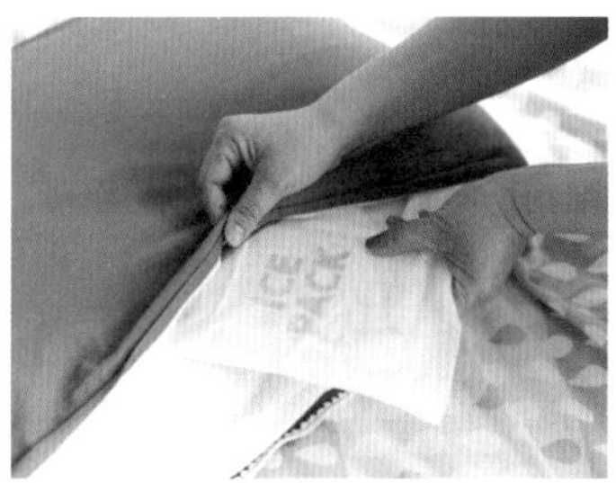

얼린 아이스 팩 아이스 팩에 맺힌 결로를 흡수할 수 있도록 수건으로 감싼 후 베개의 바닥에 넣는다. 낮은 베개를 사용해야 냉기가 머리까지 빠르게 전달된다.

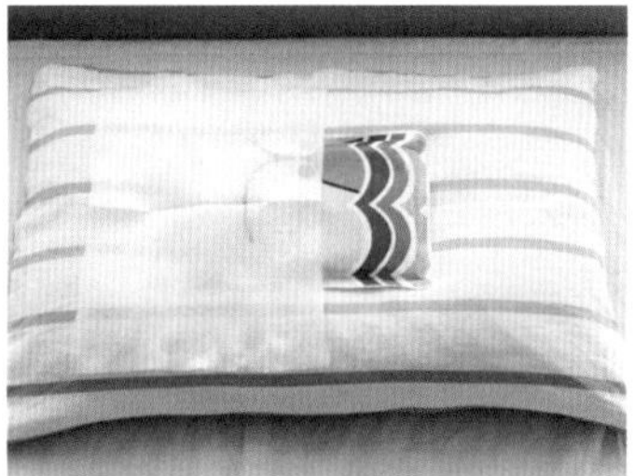

얼리지 않은 아이스팩 보냉제는 얼리지 않아도 시원한 소재이다. 베개 위에 아이스 팩을 올리고 수건을 깐 후 사용한다.

온 몸이 시원해지는 아이스 팩 방석

여름철에는 의자와 방석의 솜이 체온에 데워져 엉덩이가 뜨끈해진다. 아이스 팩을 얇게 얼려서 방석 아래에 넣으면 엉덩이부터 온몸이 시원해져 공부와 일에 집중할 수 있다.

페트병 음료를 얼려 아이스 팩으로 활용한다.

외출할 때는 냉동실에 얼린 물이나 음료를 수건에 감은 후 들고 나간다. 얼굴과 손발을 차게 할 수 있고, 녹으면 수분보충도 할 수 있다.

Tip 5천 원 내외의 보틀삭스 대신 짝 없는 발목양말을 활용해보자. 페트병에 양말을 끼우면 얼음병에 맺힌 물방울이 흡수되어 주위가 젖지 않는다.

스트로폼 박스로 얼음 족욕을 한다.

스티로폼 박스에 물을 붓고 얼린 페트병을 넣는다. 발등의 피부에는 굵은 혈관이 지나기 때문에 맨발을 담가 족욕하면 냉기가 다리부터 머리까지 전해져 온몸이 빠르게 시원해진다. 책상에 앉아 공부할 때 활용해보자.

Tip 스티로폼 박스는 보냉효과가 있어, 한 시간 간격으로 얼린 페트병을 교체해주면 하루 종일 시원함을 유지한다.

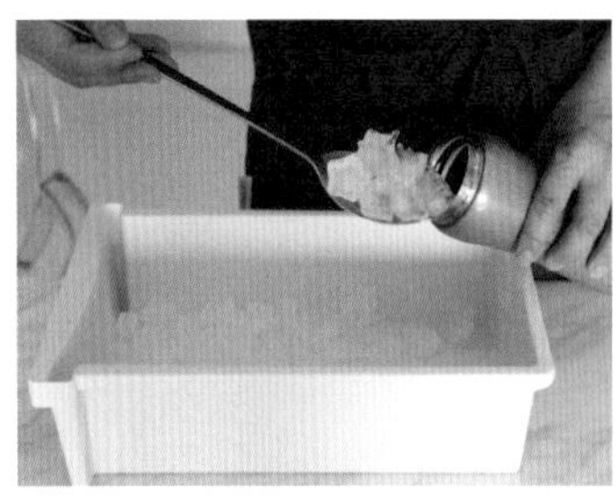

얼음물을 보냉병에 담아둔다.

얼음물의 온도를 유지시켜 오랫동안 시원한 물을 마실 수 있으며, 냉장고문을 열고 닫는 빈도가 감소해 전기요금을 절약할 수 있다.

젖은 수건을 돌린다.

수건에 찬물을 적셔 짠 후에 방 중앙에서 원을 그리며 수건을 돌린다. 젖은 수건에서 확산된 수증기의 기화열에 의해 실내온도가 내려간다. 수건을 돌리는 사람은 더울 수 있지만 주위 사람은 시원해진다.

소금베개 하나면 열대야에도 숙면할 수 있다.

소금은 열을 흡수하고 음이온을 발생시키는 효과가 있어, 소금을 베개에 넣어 배면 머리가 시원해지고 편안해져 숙면할 수 있다.

1. 소금을 프라이팬에 에 볶아 습기를 날린 소금 1kg을 파우치나 어린이사이즈의 베개보(30×20cm)에 채운다.

2. 소금베개를 비닐봉지에 넣어 냉동보관하면 장시간 낮은 온도를 유지할 수 있다.

3. 소금베개는 베개 위에 올려서 사용한다. 머리와 목덜미가 시원해져서 숙면할 수 있다.

Tip 소금은 습기를 쉽게 흡수하므로 눅눅해지면 햇볕에 충분히 건조시킨다.

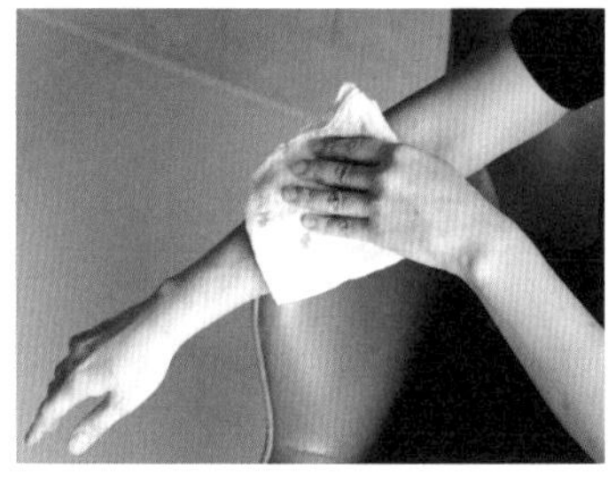

땀은 젖은 수건으로 닦는다.

땀이란 기화열에 의해 체온을 조절하는 생리작용으로, 땀을 마른수건으로 닦으면 체온조절기능을 못 하게 되어 신체는 다시 땀을 발산한다. 반면 젖은 수건으로 땀을 닦으면 기화열에 의해 체온이 내려가 시원해질 뿐 아니라 땀의 염분과 피부에 묻은 세균도 제거된다.

Tip 땀을 마른수건으로 닦는다 → 체온이 내려가지 않는다 → 다시 땀이 난다
땀을 젖은 수건으로 닦는다 → 체온이 내려간다 → 땀이 나지 않는다

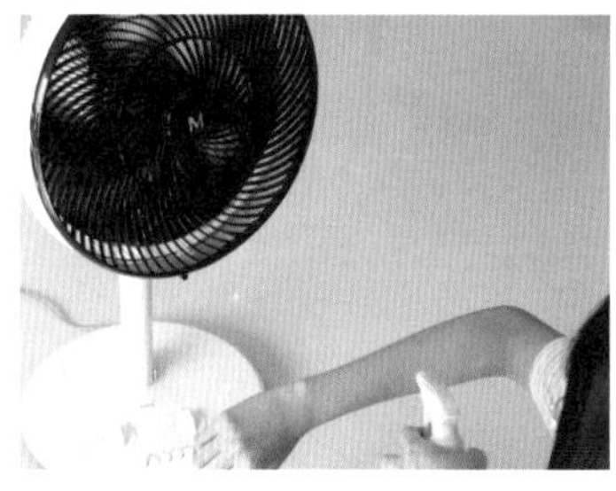

미스트를 뿌리고 선풍기바람을 쏘인다.

분무기에 물을 넣어 얼굴이나 팔다리에 뿌리고 선풍기 바람을 쏘인다. 실내온도가 내려가지 않아도 기화열에 의해 체감온도가 내려간다. 장마철보다는 땀이 빨리 마르는 습도가 낮은 날에 효과가 더 좋다.

여름 채소와 과일로 체온을 내린다.

여름 채소인 토마토, 오이, 가지, 수박, 참외의 공통점은 칼륨과 수분이 많다는 것! 칼륨과 수분은 이뇨작용을 하기 때문에 소변을 자주 보게 되어 몸의 체온을 낮추는 효과가 있다.

Save on
Utility charges **04**

면역력도 높아진다! **겨울철 난방비 절약법**

절약하면 건강해집니다. 외식을 즐기고 냉난방을 지나치게 하며 차로 움직이면 성인병에 걸리기 쉽고 면역력이 떨어집니다. 반면 내의로 난방비를 절약하고 소식하며 대중교통을 이용하면 면역력이 높아지고 건강해집니다. 에너지 비용의 30%를 차지하는 난방비를 절약하면서 건강한 겨울을 보내는 비결을 소개합니다.

'3목'을 따뜻하게 할 것

'목, 손목, 발목'의 3목을 따뜻하게 하면 온몸이 따뜻해진다. 3목의 공통점은 굵은 혈관이 지나는 부위이며 피부가 얇아 열이 쉽게 전해지기 때문에, 3목을 따뜻하게 하면 온몸이 따뜻해지고 혈액순환이 촉진된다.

① 목은 목폴라와 목도리로 감고,
② 팔목은 긴소매과 장갑으로 냉기가 들어가지 않게 하며,
③ 발목은 긴양말과 슬리퍼, 부츠로 바닥의 냉기를 차단하면 두꺼운 옷을 껴입지 않아도 온몸을 효율적으로 따뜻하게 할 수 있다.

은박돗자리로 열을 보존한다.

은박돗자리는 냉기차단 효과는 물론 보온성이 좋은 소재이다. 카펫이나 이불패드 아래에 깔면 난방열이 새어 나가는 것을 차단해 오랫동안 따뜻함을 지킬 수 있다.

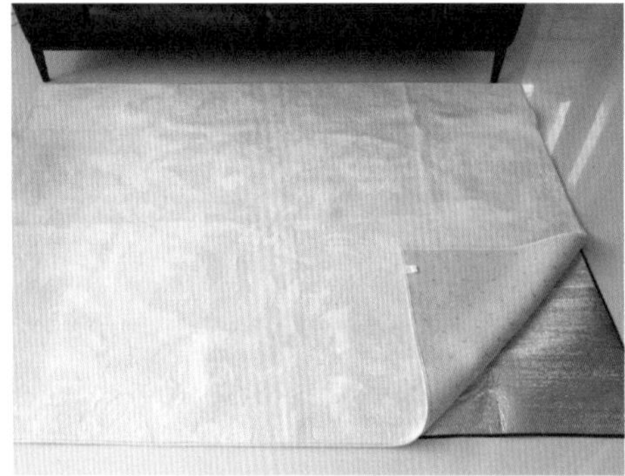

은박을 위쪽으로 하여 바닥에 깔아준다. 은박돗자리 위에 이불이나 카펫을 깔아준다.

목욕할 때 욕조 위를 덮으면 욕조덮개의 역할을 하여 물의 온도를 따뜻하게 유지할 수 있다.

귤껍질을 입욕제로 사용한다.

귤껍질을 천연입욕제로 사용하면 온몸이 따뜻해진다. 귤껍질의 리모넨 성분은 혈액순환을 촉진해 추운 겨울 몸을 따뜻하게 해주며, 피부를 매끈하게 하고 가려움증을 방지하는 보습효과가 있다. 또한 귤껍질에 포함된 구연산은 때를 제거하는 데 효과가 있어 피부뿐 아니라 욕조까지 깨끗하게 해준다.

1. 귤껍질 5~10장을 베이킹파우더로 씻는다.

Tip 피부가 건조한 경우 따끔따끔한 자극을 느낄 수 있으므로 햇빛에 3일 정도 건조시킨 후에 사용한다.

2. 세탁망에 넣어 욕조에 띄워 입욕제로 사용한다.

창문과 바닥의 냉기를 잡는다.

추위는 창문과 바닥을 통해 전해진다. 에어캡과 커튼으로 창문과 문틈을 잘 막으면 찬공기가 들어오지 않아 열손실을 30%가량 줄일 수 있다. 찬 공기는 아래쪽으로 쌓이므로 커튼은 바닥까지 충분히 닿는 것이 좋다. 또한 바닥에 카펫을 깔면 보일러의 온기가 오래 유지되어 난방비를 10~20% 절약할 수 있다.

페트병 보온주머니를 껴안고 취침한다.

취침 전에는 방을 따뜻하게 하는 것보다 이불을 따뜻하게 하는 것이 더 효율적이다. 페트병 보온주머니를 껴안고 자면 난방비를 절약할 수 있고 전기요와 달리 전자파도 발생하지 않는다.

1. 주스용 페트병에 뜨거운 물을 80% 정도 채운 후 열리지 않게 꽉 채운다. 저온화상을 입을 수 있으므로 수건으로 감싼다.

주의 주스용 페트병은 열처리를 하기 때문에 90도 정도의 뜨거운 물을 담아도 변형되지 않지만, 콜라병과 생수병은 내열온도가 낮아 찌그러지거나 터져 화상을 입을 수 있으므로 절대 사용하지 않는다.

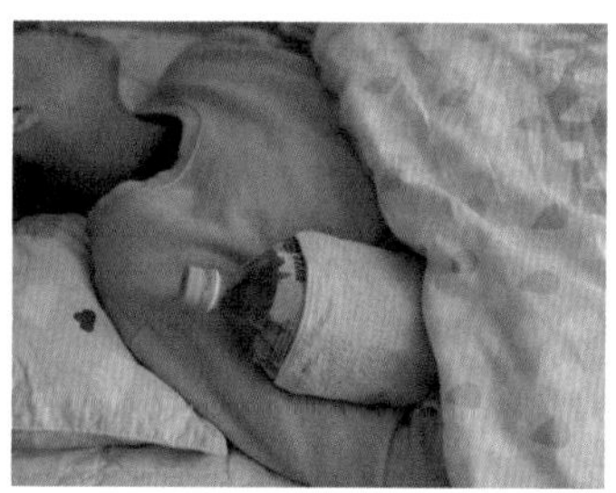

2. 취침 15분 전에 이불 속에 넣어두거나 꼭 껴안고 자면 온기가 전해져 따뜻하다. 식은 물은 청소나 세탁에 사용한다.

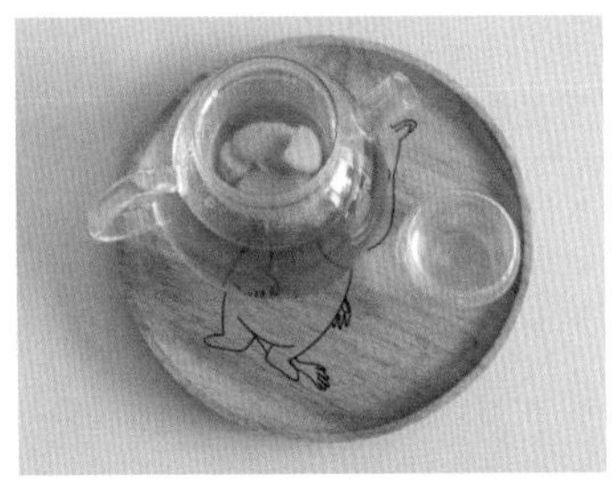

생강차로 신체 온도를 올린다.

생강차 한 잔은 3시간 동안 체온을 올리는 효과가 있다. 생강의 '진저롤'과 '시네올' 성분은 부신수질호르몬을 자극해 말초혈관을 확장시켜 몸을 따뜻하게 데워주며, 염증억제효과가 있어 감기 초기에 마셔도 좋다. 하루 섭취량은 10그램이 적당하다.

습도를 높여 체감 온도를 올린다.

습도가 높을수록 체감온도가 올라가며, 공기순환이 활발해져 난방을 켰을 때 온도가 빠르게 상승한다. 반면에 습도가 40%이하이면 코와 입이 건조하고 안구건조증이 생기며, 독감 등의 바이러스에 쉽게 감염된다. 겨울철 적정습도는 40~60%. 분무기로 커튼에 물을 뿌리거나 잎이 넓은 관엽 식물을 키워보자.

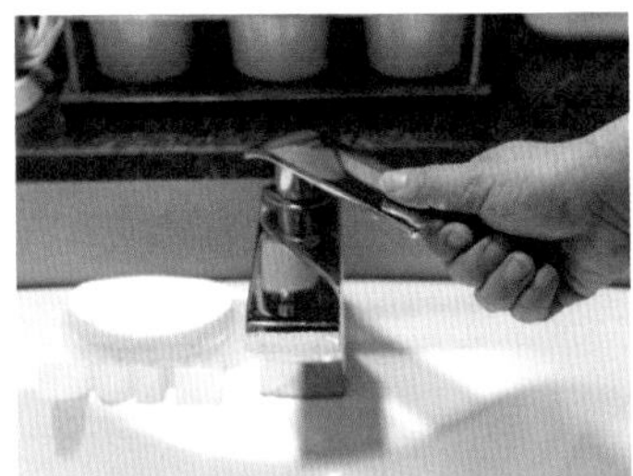

수도꼭지는 냉수로 돌려둔다.

욕실과 주방의 수도꼭지를 온수방향으로 돌려놓으면 보일러가 이를 감지해서 바로 온수가 나올수 있도록 준비하기 때문에 쓸데없는 에너지가 낭비된다. 사용한 후에는 냉수방향으로 돌려놓는 습관을 들인다.

키친타월로 수제가습기를 만든다.

집안이 건조할 때 가습기가 없다면 키친타월로 수제 가습기를 만들어보자. 전기요금도 절약할 수 있으며, 쓰고 버리면 되어 청소도 필요 없다.

1. 정사각형 모양의 키친타월 5장을 겹친다.

2. 부채 모양으로 접고 중간을 고무밴드로 묶는다.

3. 겹친 부분을 펼쳐 꽃 모양으로 만든다. 물이 담긴 컵에 넣으며 필터가 물을 빨아들여 천연 가습이 된다.

스트레스 제로, 수도요금 절약법

최근 다시 화두가 된 절약이란 단어로 인해 종종 듣게 되는 조언 중 하나가 '물 낭비'입니다. 양치질 할 때 물을 틀어두는 습관에 관한 것이죠. 물 한 컵이면 충분한 양치질이, 수도꼭지를 틀어두면 10컵 이상의 물이 소모됩니다. 한편으로 샤워기를 틀고 비누칠을 하거나 면도를 하는 등의 잘못된 습관을 바꾸고 절수제품을 사용하면, 큰 노력 없이도 50% 이상의 물을 절약할 수 있습니다. 스트레스 없이 연간 25만 원의 수도요금을 절약하는 노하우를 소개합니다.

01 물을 가장 많이 사용하는 곳은? 변기 > 주방 > 세탁

물 사용 내역은 1위 변기(25%), 2위 주방(21%), 3위 세탁(20%), 4위 샤워(16%), 5위 세면(11%) 순이다.

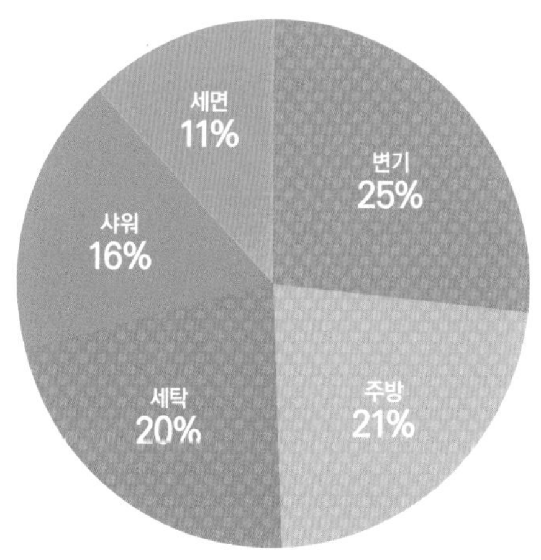

〈사용목적별 가정 용수 이용현황, 한국수자원공사, 2006〉

변기의 경우 수조와 S자 트랩에 물을 채우는 구조이기 때문에 한 번 누를 때마다 10L 이상의 물이 소비된다. 또한 설거지나 샤워를 할 때에는 물을 받아 사용하기보다 수도꼭지를 틀어두기 때문에 물소비량도 많은데, **4인 가족이 샤워를 할 때 소비하는 물은 200L로 매일 욕조를 가득 채울 수 있는 양**이다. 주방 일과 세탁에 사용하는 물은 전체의 41%로 절반에 해당하는 양이지만, 대부분 주부가 하는 일이기 때문에 주부의 습관에 따라 사용량을 크게 줄일 수 있다.

Tip 하루에 사용하는 물은 페트병 184병!

한국인의 하루 물 섭취량은 1L에 불과하지만, 하루 동안 사용하는 물의 총량은 332L로 페트병 184병 분량이다. 4인 가족 기준으로 환산하면 하루 1톤 가량의 물을 사용하는 것인데, 이는 독일이나 덴마크 물 사용량의 2배 이상이다.(환경부, 2009)

02 수도요금도 누진제다

› 세대수 1 세대 › 계량기구경 15mm › 사용량 20 ㎥ 1개월기준계산 2개월기준계산 인쇄

● 요금계산결과(1개월)

상수도(기본요금)	상수도	하수도	물이용부담금	합계
1,080 원	7,200 원	6,600 원	3,400 원	18,280 원

출처 : 아리수사이버고객센터(i121.seoul.go.kr)

수도요금 = ①상수도요금 + ②하수도요금 + ③물 이용 부담금으로 구성된다.

하수도요금은 가정에서 나오는 폐수를 처리하는 비용으로, 상수도 물은 결국 하수도를 통해 버려진다고 판단하여 하수도 사용량은 상수도 사용량과 같은 양이 청구된다.

수도요금도 전기요금과 마찬가지로 많이 쓰면 단가가 올라가는 누진제이다.

가정용 수도요금 누진제는 3단계로 최저, 최고 구간의 누진율은 상수도는 2.2배, 하수도는 3.57배에 달한다. 다행히 4인 가족의 월평균 사용량인 20톤은 누진율이 붙지 않는 1단계에 해당하지만, 30톤을 넘어서면 단가가 갑자기 높아지므로 아껴 쓰는 것이 좋다.

Memo 서울시 상수도사업본부 사용요금 요율표

● 사용요금 요율표(1개월 기준)

구분	사용구분(㎥)	㎥당 단가(원)	구분	사용구분(㎥)	㎥당 단가(원)
상수도	0 ~ 30이하	360	하수도	0 ~ 30이하	330
	30초과 ~ 50이하	550		30초과 ~ 50이하	770
	50초과	790		50초과	1,180
물요금부담금	1㎥당	170		유출지하수 1㎥당 330원	

〉화장실

물을 틀어두면 1분에 12L가 낭비된다.

수도꼭지에서 흐르는 물은 1분에 12L, 페트병 6개 분량이다. 샤워기를 10분간 틀어두면 욕조를 절반 이상 채울 수 있을 정도이다. 머리를 감거나 양치질, 설거지를 할 때 물을 틀어두는 것은 하수도로 돈을 흘려보내는 것과 같다. 양치컵이나 세숫대야를 사용하고, 비누칠이나 면도를 할 때에도 물을 잠그자.

4인 가족이 하루 3분간 물을 절약하면

하루에 48L / 1년에 17톤

연간 1만5700원 절약

절수형 샤워헤드로 교체해 급탕비를 절약한다.

급탕비는 수도요금보다 4~6배 이상 비싼 톤당 4000~6000원! 하지만 샤워헤드만 절수형으로 바꿔도 교체하는 순간부터 급탕비를 40% 이상 절약할 수 있다. 절수형 샤워헤드는 토출구가 일반 샤워기의 1/5 크기이기 때문에 수압이 센 것이 장점이다.

Tip 제품마다 절수 능력이 다르므로 절수 능력이 40% 이상인지 확인한다. 또한 샤워기 헤드가 커지면 물을 뿌리는 면적도 커져 샤워 시간이 줄어들기 때문에 헤드의 크기가 5cm 이상인 제품을 추천한다.

Memo 소프롱 샤워헤드 SH-50(미세 물줄기), 23,900원.

> **절수형 샤워헤드를 사용하면**
>
> 1달에 1.3톤 / 월간 6500원
>
> **연간 7만8000원 절약**
>
> (급탕비 5000원/㎥, 4인 가족 3.2톤 기준)

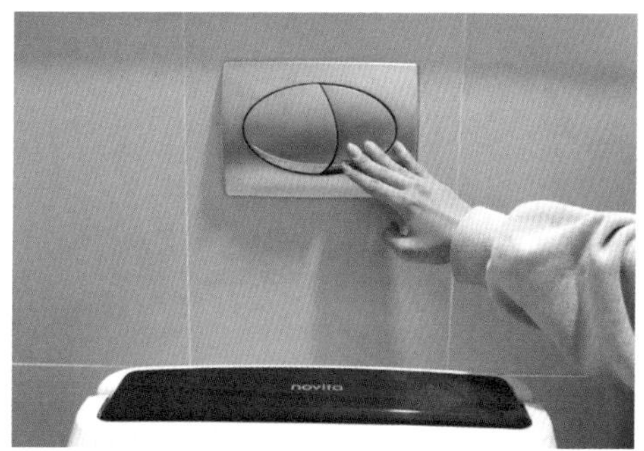

변기는 대소를 구분한다.

변기 핸들의 대와 소를 구분하면 물을 절약할 수 있다. 변기를 한번 누를 때 소비되는 물은 대(大)일 때 13L, 소(小)일 때 10L로, 소를 누르면 대를 누를 때보다 3L를 절약할 수 있다. 소로도 대변을 충분히 내릴 수 있고, 내려가지 않으면 그때 한 번 더 누르면 되므로 소를 누르는 습관을 만들어보자. 또한 화장실을 자주 가는 경우, 매번 변기를 누르기보다 물을 한 바가지씩 부어주면 많은 양의 물을 절약할 수 있다. 소음을 없애기 위해 변기를 미리 누르는 습관은 절수를 위해 고치는 것이 좋다.

Memo 대소 구분이 없는 변기의 경우 절수 핸들로 부품만 교환해도 물을 절약할 수 있다. 와토스 전면 절수 부속, 7,890원.

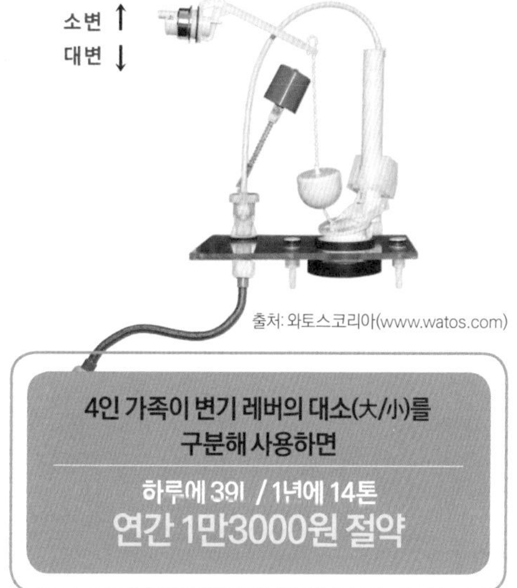

출처: 와토스코리아(www.watos.com)

> **4인 가족이 변기 레버의 대소(大/小)를 구분해 사용하면**
>
> 하루에 39l / 1년에 14톤
>
> **연간 1만3000원 절약**

세숫대야에 온수 전의 물을 모은다.

샤워기에서 따뜻한 온수가 나오기 전의 찬물은 세숫대야에 모은다. 소변을 볼 때 변기에 붓거나 화장실 청소, 걸레를 빨 때 유용하게 쓸 수 있다.

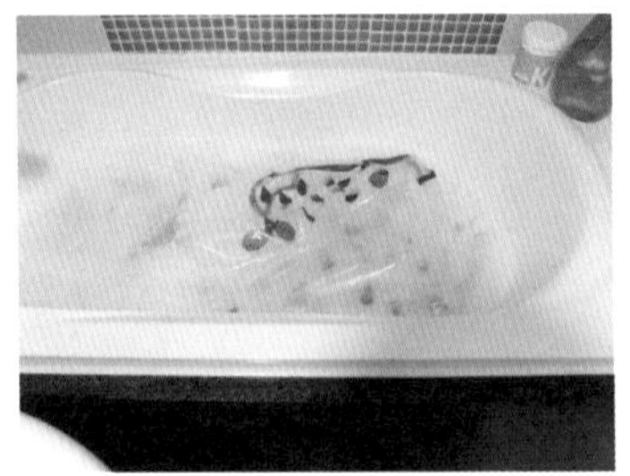

목욕한 날에는 이불 빨래 한다.

채망으로 욕조 위의 머리카락과 때를 건진 후, 욕조의 물은 세탁이나 청소에 재활용한다. 이불, 커튼, 카펫을 빨거나 베이킹 파우더, 과탄산을 넣고 곰팡이가 난 샤워 커튼을 세탁하기에도 좋다.

페트병 태양열 온수기를 활용한다.

페트병을 검은 비닐에 싸서 직사광선이 내리쬐는 베란다에 두면 태양열을 흡수해 태양열 온수기로 활용할 수 있다. 봄에는 45도, 여름에는 60도까지 상승하기 때문에 40도 내외인 급탕용 온수보다 훨씬 뜨겁게 데울 수 있다. 페트병으로 데운 물은 저녁 설거지나 머리 감는 데 활용한다.

몸→머리→얼굴 순서로 '3분 샤워'한다

씻는 순서를 바꾸면 물을 절약할 수 있다. 몸과 머리를 먼저 비누칠하고 눈이 따가운 얼굴을 가장 늦게 비누칠 하는 것이 핵심, 비누칠 하는 순서만 잘 정하면 한 번에 비누칠하고 헹굴 수 있어 머리와 몸을 따로 씻을 때보다 샤워 시간을 줄일 수 있다.

① 몸 비누칠

머리부터 발끝까지 물을 묻히고 몸에 비누칠한다.

→

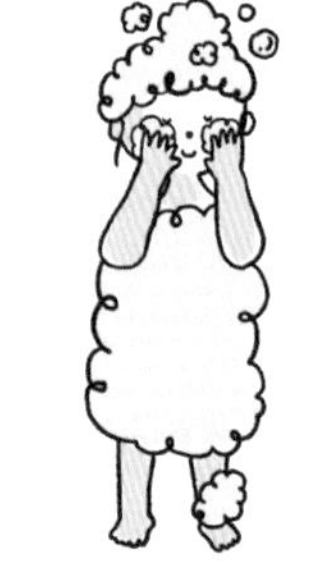

② 머리 샴푸+얼굴 비누칠

머리에 샴푸를 하고 눈이 따가운 얼굴을 가장 늦게 비누칠하는 것이 포인트!

→

③ 머리 감으면서 샤워

머리를 감으면서 몸을 헹군다. 물은 위에서 아래로 흐르기 때문에 머리부터 발끝까지 한 번에 헹굴 수 있다.

4인 가족이 샤워 시간을 3분 단축하면

한 달에 1.5톤 / 월간 7500원

연간 9만 원 절약

〉주방

설거지는 모아서 한다.

설거짓거리는 하나씩 씻기보다 모아서 하는 것이 좋다. 예를 들어 10개의 컵을 매번 설거지하면 개당 1분씩 총 10분이 걸리지만, 모아서 씻으면 5분이면 충분해 세제와 물을 절약할 수 있다.

물로 헹구기 전에 닦는다.

마요네즈 1큰술을 정수하기 위해서는 욕조 13개 분량의 물이 필요하다. 식기에 묻은 음식물 찌꺼기나 삼겹살 불판 등에 묻은 기름때는 주방용 스크레이퍼나 키친타월로 제거한 후 음식물 쓰레기통에 버린다. 설거지도 간단하고 물과 세제 사용량도 줄일 수 있다.

행주와 도마는 함께 살균한다.

행주와 도마를 함께 살균하면 물 소비량이 준다. 도마를 비스듬히 세우고 행주를 도마 위에 씌운 후 락스 희석액(물 300 : 락스 1)을 도마 위에 뿌린다. 5분 뒤 깨끗한 물로 헹군다.

적은 물로 설거지하는 방법

1. 담근다. 설거지통에 세제를 1~2회 펌핑한 후 온수를 뿌려 거품 물을 만들고 식기를 담근다. 거품 물을 만들면 세제 사용량을 줄일 수 있으며 쉽게 닦인다. 설거지통 대신 냄비와 같이 큰 설거짓감에 그릇과 수저를 담가도 좋다.

Tip 기름때가 녹는 온도는 40~50도. 거품 물을 만들 때는 온수를 사용하는 것이 좋다.

2. 세척한다. 수세미로 문지른 후 설거지통 밖에 쌓아둔다. 기름기가 적은 식기→기름기가 많은 식기 순으로 설거지한다. 기름기가 많은 식기는 구분해두었다가 맨 마지막에 세척해 다른 그릇이 오염되지 않는다.

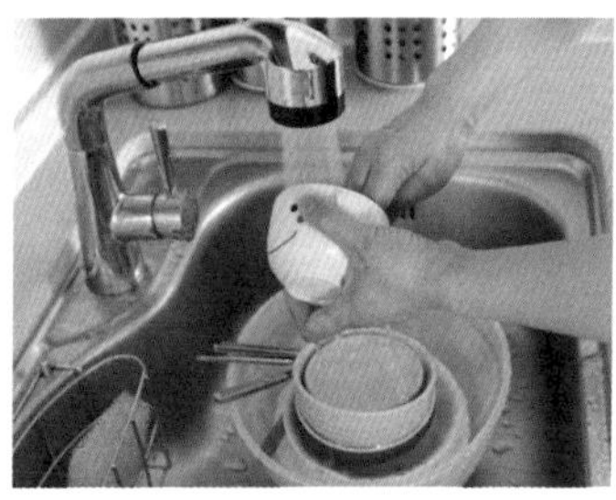

3. 헹군다. 큰 그릇에서 작은 그릇 순서로 설거지통에 쌓은 후 냉수로 위에 쌓인 그릇부터 헹군다. 설거지통에 담가두면 상당량의 세제가 물에 녹아 헹굼이 쉬워진다.

식기세척기는 물 소비량이 10분의 1

우리나라 식기세척기 보급률은 10%에 불과하지만 식기세척기는 단점보다 장점이 많은 가전이다. 식기세척기는 본체 내부의 물을 순환시켜 사용하기 때문에 물 사용량이 손설거지의 1/10에 불과하고 80도 이상의 고온으로 세척하기 때문에 기름때가 깨끗이 제거되고 살균도 된다. 1회 소비전력도 0.9kW로, 1일 1회 사용할 경우 월 5770원의 전기요금이 부과되어 수고에 비해 경제적인 가전이다(12인용, 누진세 2단계 적용).

하루 5분씩 3회 손설거지를 할 경우

한 달에 5.4톤 / 월간 1만6200원
(냉수와 온수 사용량이 1:1인 경우)

1일 1회 식기세척기를 사용할 경우

한 달에 0.39톤 / 월간 6200원
(12인용기준, 월 27kWh, 390L)

연간 12만 원 + 84시간 절약

아크릴 스펀지로 잔류 세제를 줄인다.

세제 거품을 없애려면 식기 한 개당 15초 이상 헹궈야 하는데 주부들이 그릇을 헹구는 시간은 평균 7초이다. 세제를 사용한 대부분의 식기에는 계면활성제가 잔류하는 것이 현실인 셈. 계면활성제의 역할은 기름때 제거이므로 기름기가 없는 그릇까지 세제를 쓸 필요는 없다. 가벼운 기름때는 아크릴 스펀지로 닦아보자. 아크릴 섬유는 석유화학섬유가 갖는 친유성 때문에 기름때를 쉽게 부착하지만 섬유에 기름이 흡수되지 않아 세제 없이도 가벼운 기름때를 제거할 수 있다.

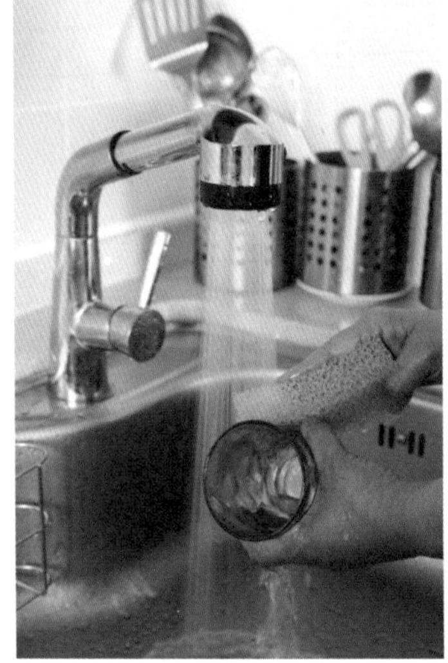

절수 헤드로 설거지물을 50% 절약

싱크대 헤드를 절수형으로 바꾸면 1/2의 물로 설거지를 할 수 있다. 고무 호스를 손으로 누르면 수압이 상승하는 것과 같은 원리이기 때문에 수압도 높아 불편함 없이 설거지할 수 있다.

Memo 바람폭풍 샤워기, 1만3900원.

싱크대 헤드를 절수형으로 교체하면

한 달에 1.68톤/월간 5040원

연간 6만480원 절약
(온수와 냉수의 사용량이 1 : 1인 경우)

Save on Utility charges **06**

의외로 간단하다! 주방 가스요금 절약법

취사용 가스는 매일 사용하기 때문에 절약 방법만 알면 의외로 쉽게 절약할 수 있습니다. 가스요금 절약의 포인트는 조리 시간을 줄이는 것! 조리 시간이 짧아지면 가스 사용량 또한 줄어들기 때문입니다. 매달 몇천 원을 절약하면 몇만 원이 되고 목돈이 됩니다. 주방의 가스요금을 절약하는 알뜰 노하우를 소개합니다.

요리에 따라 냄비를 선택한다.

냄비를 잘 선택해야 가스비를 절약할 수 있다. 라면처럼 스피드가 중요한 요리는 알루미늄, 스테인리스 등 얇은 냄비를 선택해야 물이 빨리 끓어 가스비를 절약할 수 있다. 반면에 찌개와 조림은 뚝배기나 주물처럼 두꺼운 냄비를 선택해야 보온이 유지되어 열효율이 높아진다.

압력솥으로 가스요금을 절약한다.

압력솥은 내부의 압력이 높기 때문에 냄비에 비해 3배 빨리 끓고, 120도라는 고온에서 끓기 때문에 재료가 단시간에 부드러워진다. 이처럼 압력솥을 사용하면 고온고압으로 익혀 짧은 시간에 조리하기 때문에 가스요금이 절약된다.

열효율은 중불 〉 센불 〉 약불

화력이 너무 세도 너무 작아도 열효율이 나빠진다. 볶을 때는 센불, 조릴 때는 약불이 필요하지만 불꽃이 냄비 밖으로 벗어나지 않는 중불이 가장 효율적이다.

물 2L를 끓이는 경우

약불은 21원, 중불은 15원, 센불은 19원
중불일 때 열효율이 높다

	약불	중불	센불
시간	40분	15분	10분
가스비	21원	15원	19분
차액	+6원		+4원

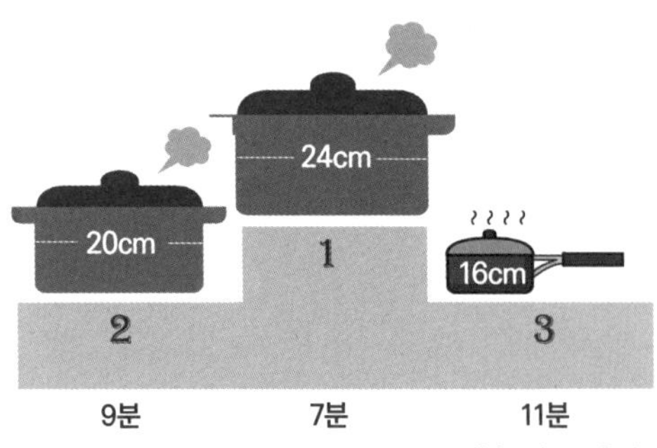

바닥이 넓은 냄비가 빨리 끓는다.

냄비 바닥이 넓을수록 열전도가 빨라 가스비가 절약된다. 물 1L를 끓일 때 16cm의 냄비는 11분이 걸리지만 24cm의 냄비는 7분이 걸려 5분 빨리 끓는다. 국수나 파스타를 삶을 때도 냄비보다 바닥이 넓은 프라이팬이 빨리 끓는다.

삶을 때는 물을 많이 넣지 않는다.

고구마, 감자, 달걀은 물론 장조림, 보쌈 등의 고기를 삶을 때에도 물을 많이 넣는 것은 NG! 재료가 잠길 정도로 물을 붓고 삶아야 맛과 영양소가 보존되고 조리 시간이 짧아져 가스비를 절약할 수 있다.

화력은 '냄비 바닥의 크기'에 맞춘다.

냄비의 불꽃이 냄비 밖으로 나오면 에너지가 낭비된다. 열효율이 좋은 중불이라도 냄비의 크기가 작아 불꽃이 냄비 밖으로 나온다면 오히려 열효율이 나빠지므로, 화력은 '냄비 바닥 크기'에 맞춘다.

조림을 할 때 뚜껑을 덮으면 가스비가 20% ↓

조림을 할 때 냄비보다 작은 뚜껑을 얹어 조리면 재료가 빨리 익어 가스비를 20% 절약할 수 있다. 냄비 뚜껑을 덮으면 방출되는 열이 줄어들기 때문이다. 또한 뚜껑의 가장자리로 수분이 증발하여 빨리 조려지고 재료가 떠오르지 않아 맛도 고루 밴다.

Tip 뚜껑이 없다면 은박지를 냄비보다 작은 크기로 접은 후 작은 구멍 여러 개를 뚫거나, 냄비보다 약간 작은 접시를 사용해도 좋다.

냄비를 얹은 후에 점화하고, 냄비를 내리기 전에 소화한다.

가스 불부터 켜고 냄비를 찾는 것은 가스비를 공중에 뿌리는 것과 같다. 가스레인지에 냄비를 올린 후에 점화해야 에너지의 낭비를 조금이라도 줄일 수 있다. 불을 끈 후에도 가스레인지 주변은 한동안 높은 온도를 유지한다. 따라서 냄비를 옮기기 전에 가스레인지를 꺼야 여열을 조금이라도 더 이용할 수 있다.

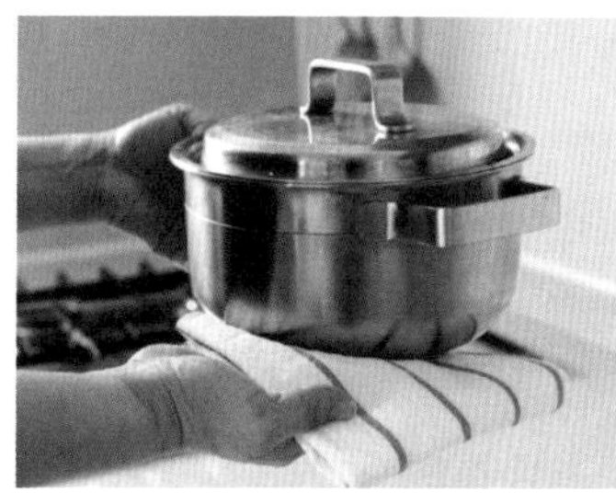

냄비 바닥의 물방울을 닦는다.

냄비는 물을 부어 사용하기 때문에 바닥에 물이 묻기 쉬우므로, 가스레인지에 올리기 전에 바닥을 잘 닦는다. 냄비 바닥에 물이 흥건한 채로 가스불에 올리면, 그 물방울을 가열하여 증발시키는 데 화력이 낭비되기 때문에 가스 소모가 3% 증가한다.

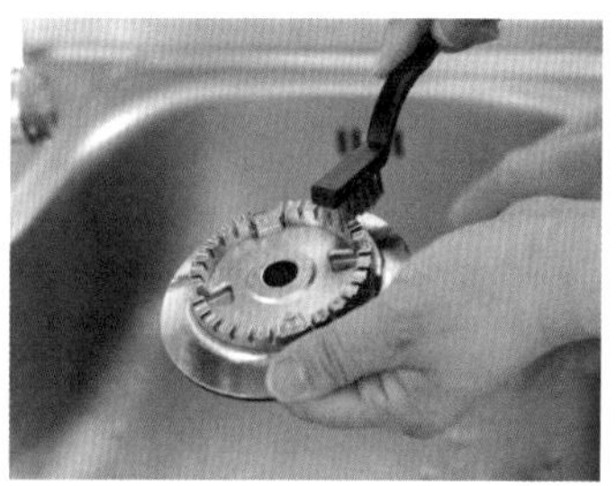

버너가 막히지 않도록 자주 청소한다.

버너가 막히면 열효율이 나빠지고 불완전 연소의 원인이 된다. 끓어 넘친 음식물 찌꺼기 때문에 버너가 막히지 않도록 솔로 화구 구석구석을 깨끗이 청소한다.

화구 하나로 연속 조리하면 열효율이 4% UP↑

하나의 화구로 연속 조리하면 가스레인지에 남은 열에너지를 재사용할 수 있어 조리 기구가 빨리 가열된다. 냄비뿐 아니라 화구와 주위의 공기를 따뜻하게 하는 데도 에너지가 사용되기 때문이다. 또한 새로운 점화 불꽃을 일으키는 데 소비되는 가스의 낭비도 줄일 수 있다.

CHAPTER

05

Be a Master of Shopping

잘못된 소비 습관부터
바로 잡는다

절약 고수 쇼핑법

'나는 소비한다. 고로 존재한다.' 우리의 삶은 끊임없이 돈을 써야 유지가 됩니다. 어릴 때부터 소비하는 행위에 익숙해 왔고 사회 또한 소비를 권장하기 때문에, 우리는 필요치 않은 물건까지 끊임없이 사들이고 있습니다. 물론 쇼핑으로 스트레스가 풀리고 만족감이 생긴다면 나쁠 건 없죠. 단지 100세 시대를 대비하려면 버는 규모 내에서 '적정 소비' 하는 것이 필수입니다. 잘못된 소비 습관 점검으로 현명한 소비자가 되기 위해서는, 어떤 점부터 고쳐야 할까요?

돈의 속성과 **소비 패턴 체크**

주위를 둘러보면 제대로 활용도 못 하는 물건이 많습니다. 옷장 안에는 수십 벌의 티셔츠가 쌓여 있고 그 중에는 반품하기 귀찮아 안 입고 넣어둔 티셔츠도 있습니다. 저 많은 물건을 사기 위해 지금까지 힘들게 일했을까요? 물건을 소비하는 것이 삶의 목표가 될 수는 없습니다. 현명한 소비자가 되기 위해, 우선 돈의 속성과 소비에 대해 생각해보겠습니다.

필요한 물건을 고르는 판단 기준 3가지

하버드대학의 잘트만 교수는 구매 행동의 95%는 무의식이 결정한다고 했다. 두부 사러 갔다가 아이스크림 사오는 무의식적 행동을 줄이기 위해서는, 물건 고르는 판단 기준을 정한 뒤 꾸준히 훈련하는 것이 필요하다.

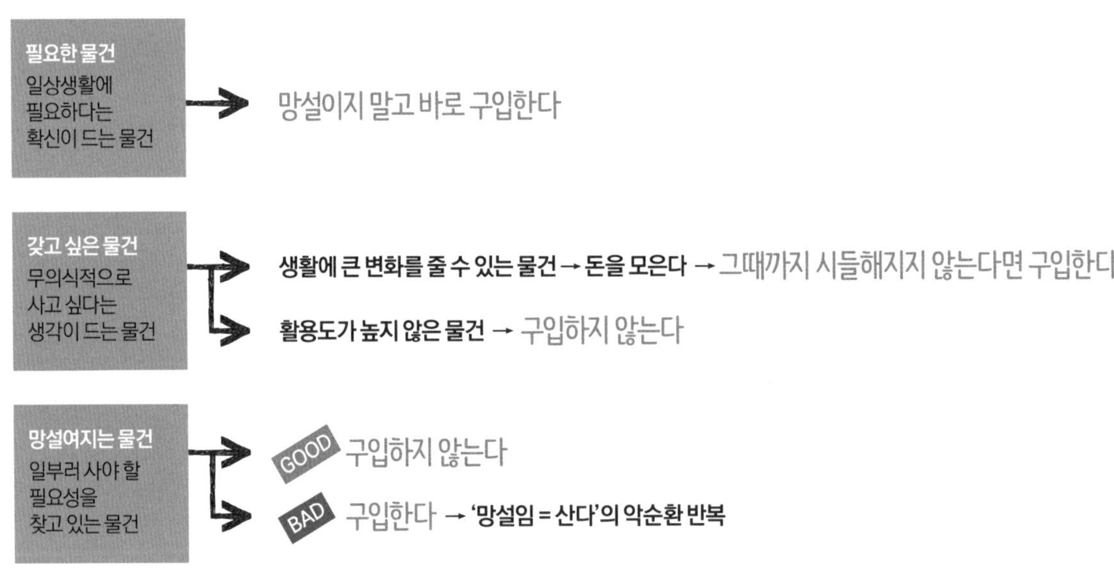

02 지출하는 돈의 목적 3가지

지출은 소비, 낭비, 투자 3가지로 구분할 수 있다. 소비나 투자라고 생각한 지출에서 낭비를 발견할 수도 있으므로 내가 쓴 돈이 소비, 낭비, 투자 중 무엇인지 항상 의식하며 지출하는 것이 바람직하다.

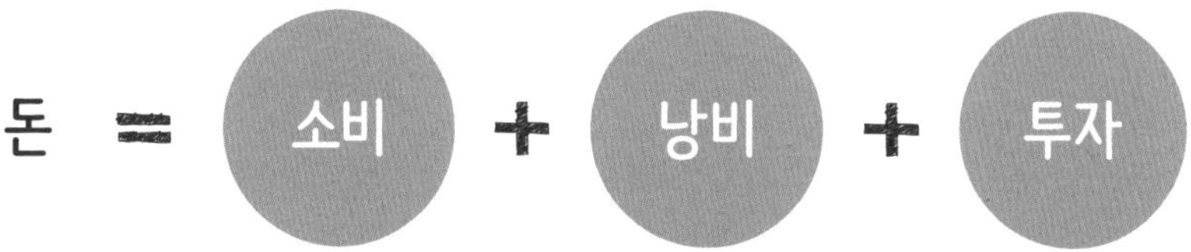

소비
일상생활에 필요한 지출

밥을 먹고, 옷을 사고, 집세를 내는 등 살기 위해 쓰는 돈이다.

비용 = 가치
1만 원을 소비하면 1만 원의 가치가 손에 들어온다.

낭비
없어도 살 수 있는 지출

담배와 술, 명품 등 없어도 살 수 있지만 스트레스 해소와 자기 만족을 위해 지출하는 돈으로, 절약과 반대되는 개념이다.

비용〉가치
낭비는 사라지는 돈이다. 단 스트레스 해소도 삶에 필요하기 때문에 낭비가 반드시 쓸데없는 지출인 것은 아니다.

Tip 소비와 낭비의 차이
밥을 먹는 것은 '소비'지만, 비싼 레스토랑은 가지 않아도 살 수 있기 때문에 '낭비'다.

투자
미래를 위한 지출

노후, 주택 구입, 자녀 교육, 자기 계발 등 미래를 위해 쓰는 돈이다. 저축, 투자, 교육이 여기에 해당한다.

비용〈가치
1만 원을 투자하면 미래에 1만 원 이상이 되돌아온다.

지갑에서 돈을 꺼낼 때마다 생각해보자.
내 지출은 소비, 낭비, 투자 중 무엇인가?

© GettyImagesBank

03 내 소비 성향을 객관적으로 진단해보자!

100만 원을 벌어도 풍족한 사람이 있고, 1000만 원을 벌어도 부족한 사람이 있다. 적게 벌어도 아껴 쓰면 저축할 수 있지만 많이 벌어도 번 만큼 쓰면 항상 쪼들리기 때문에, 돈은 '얼마를 버느냐'보다 '얼마를 쓰느냐'가 중요하다.

$$\text{과소비지수} = \frac{\text{월평균 수입} - \text{월평균 저축}}{\text{월평균 수입}}$$

수입에서 지출이 차지하는 비중으로 소비 성향을 객관적으로 진단할 수 있다.

~0.5 = 근검절약형	0.6 = 적정소비형	0.7~ 0.9 = 과소비형	1.0 = 소비중독형
100만 원 벌면 50만 원 이상을 저축한다. 최소한의 소비만 하는 근검절약형. 필요에 따라 소비를 늘려도 좋다.	100만 원 벌어 60만 원을 쓴다. 저축과 소비의 비율이 적당하다.	100만 원 벌어 70만 ~ 90만 원을 쓴다. 저축보다 소비가 많으므로 소비를 줄인다.	100만 원 벌어 100만 원을 쓴다. 소비에 중독되어 지나치게 과소비하는 위험한 상태다. 소비 성향을 재점검한다.

과소비지수별 소비의 이유

~0.5 = 근검절약형

Needs

옷이 없어서 산다.

~0.6 = 적정소비형

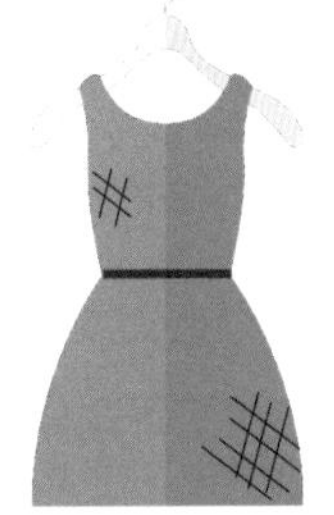

Broken

옷이 손상되어서 산다.

0.7~0.9 = 과소비형

Better

옷이 예뻐 보여서 산다.

1.0. = 소비중독형

No Reason

보이는 대로 산다.

04 많이 소비할수록 더 행복해질까?

**'이번 달에 월급 받으면 청소기를 다이슨으로 바꿔볼까?' '보너스를 모아 프라다 사피아노를 사볼까?'
힘들게 번 돈으로 더 많은 물건을 소유하는 것이 많은 사람의 목표지만, 행복은 소유로 결정되는 것이 아니다.**

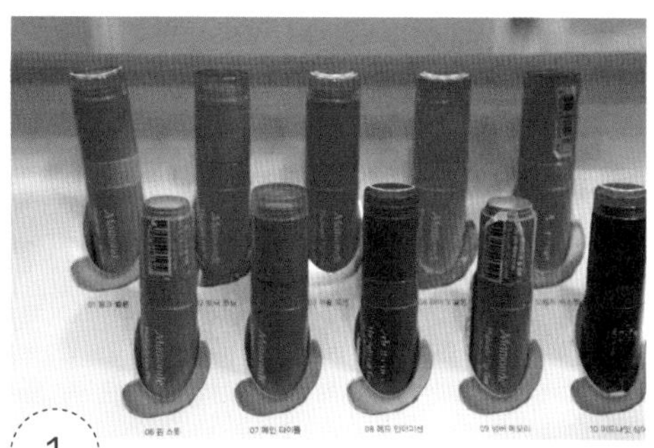

1 많이 소비할수록 만족감은 줄어든다.

한 개째, 만족한다. 요즘 유행하는 틴트를 처음 사봤다. 립스틱보다 발색도 잘되고 지워지지도 않고, 틴트를 하나 구입했을 때의 만족감은 상당하다.

두 개째, 첫 번째보다 만족감이 적다. 첫 번째 틴트가 맘에 들어, 하나 더 샀다. 바르면 살짝 달라 보이지만 하나 살 때의 만족감만큼은 못하다.

세 개째, 만족감이 거의 없다. 변화를 주고자 오렌지 틴트를 구입했다. 서랍 속에 넣어두고 이내 잊는다. 만족감이 거의 없다.

Tip 한계효용 체감의 법칙

소비를 많이 할수록 만족감(한계효용)은 점점 줄어든다.

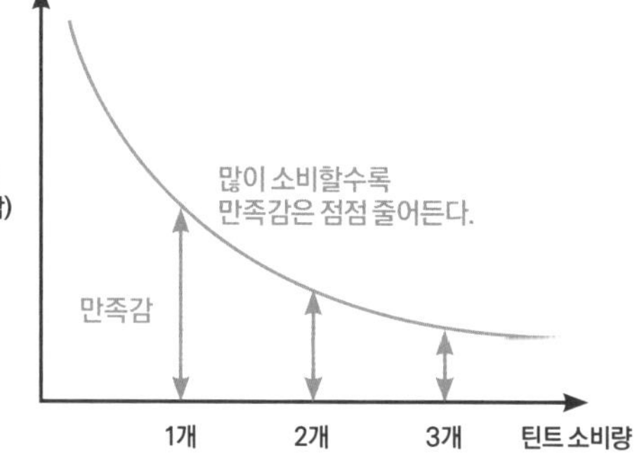

틴트의 구입 개수에 따른 만족감의 변화

2 많이 소비할수록 활용도가 떨어진다.

옷이 많으면 입지 않은 옷도 많아진다. 많이 가지면 관리 또한 쉽지 않다. 가방을 여러 개 가지면 좋을 것 같지만, 구석에 쌓아두어 오히려 활용도가 낮아진다.

3 많이 소비할수록 많이 벌어야 한다.

세상에 공짜는 없다. 많이 쓸수록 더 많이 벌기 위해 고민해야 한다. 적게 쓰면 더 벌기 위해 애쓸 필요가 없기 때문에 오히려 여유롭게 살 수 있고, 삶에 만족하게 된다.

소비자를 유혹하는 **마케팅 전술 파악하기**

마트에서 20주년 기념 '990원 행사'를 합니다. 탄산수도, 과자도 모두 990원! 착한 가격이어서 일단 구입한 뒤 왠지 돈을 번 것만 같아 마음이 뿌듯합니다. 그런데… 실속 소비자가 되어 매우 절약한 것 같지만, 실은 하루 동안 '돈 쓴' 이야기일 뿐입니다. 이렇듯 우리는 제품 판매를 위한 수많은 마케팅 전술에 노출되어 있습니다. 절약 쇼핑의 고수가 되기 위해 소비자를 유혹하는 마케팅 전술을 꼼꼼히 따져보겠습니다.

01 지갑을 열게 만드는 별별 마케팅 전술은?

기업은 오감 자극 마케팅을 통해 소비자를 유혹한다. 여기에 휘둘리지 않으려면 소비자의 지갑을 노리는 마케팅 기술부터 파악해야 한다. 가격과 입소문, 라이프스타일, 협찬과 연예인을 이용한 전략 등에서 알짜 정보를 선별해, 꼭 필요한 물건만 구입해보자.

출처 : 삼성전자 www.samsung.com

라이프스타일 마케팅

브랜드가 지향하는 삶의 방식을 통해 구매 욕구를 자극하는 마케팅이다. 공장은 24시간 돌아가고, 마케터는 어느 집에나 다 있는 냉장고를 판매해야 한다. 그래서 음식 보관이라는 냉장고의 필요성이 아닌, '새로운 라이프스타일'에 욕망을 가지도록 이런 말로 유혹한다. "요즘 누가 냉장고에 음식만 보관해요? 이 냉장고를 사면 가족의 일정을 관리할 수 있고, 남편도 레시피를 검색해 요리할 수 있으니까 지금보다 훨씬 화목해져요."

예) 가족을 이어주는 허브, 삼* 셰프컬렉션 패밀리 허브!

re-think

멋있어 보인다는 이미지에 현혹되어 지갑을 열기 전에 갖고 있는 물건은 아닌지, 필요한 물건인지, 합리적인 가격인지를 꼼꼼히 따져봐야 한다. 갖고 싶은 물건이 아닌 필요한 물건을 구입하는 것이 현명한 소비다.

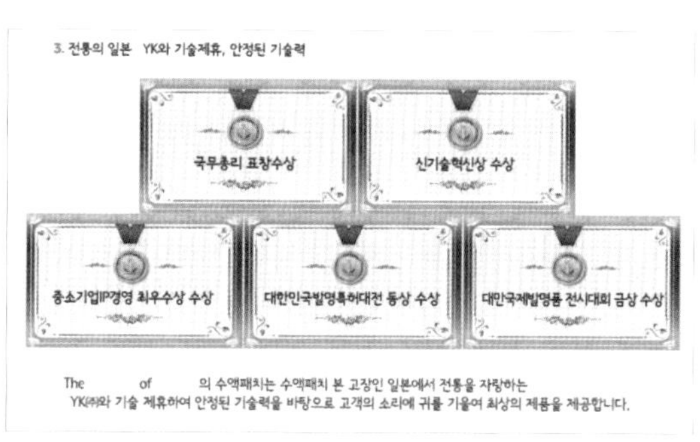

경찰복 마케팅

경찰복을 입은 사람이 행인에게 쓰레기를 주우라고 했을 때 쉽게 따르는 것은 제복이 신뢰감을 주기 때문이다. 경찰복 마케팅은 특허, 신제품, 기술제휴, 신기술, 수상과 같은 경력을 강조하는 마케팅이다.

예) 100년 전통 일본 **공업주식회사와 기술제휴

소비자는 이런 문구를 보면 검증된 제품일 것이라는 신뢰감을 갖게 되지만 이 또한 포장된 것일 수 있으므로 주의한다.

숫자 마케팅

10원은 현실에서는 무용지물이지만, 홈쇼핑과 마트에서는 힘을 발휘한다. 9990원은 1만 원에서 10원을 깎아준 것인데, 사람들은 1만 원대가 아닌 1000원대라고 인식해 경계심을 풀고 지갑을 열게 된다.

예) 990원 감자칩, 9990원 로브스터, 9만9990원 항공권 등

990원, '뭐든 1000원'의 행사를 만나면 일단 사게 된다. 그런데 '티끌 모아 태산'이라고, 평소에 그다지 필요 없었던 물건을 990이라는 숫자의 유혹에 빠져 주워 담고 있는 것은 아닌지?

무이자 마케팅

"19만9000원이 10개월 무이자 할부! 한 달에 1만9900원이라는 부담 없는 가격에 구입할 수 있습니다." 홈쇼핑은 대부분의 제품을 3~36개월까지 무이자 할부로 판매한다.

예) 판매가 27만8000원, 한 달 2만7800원(무이자 10개월, 일시불)

무이자는 할부로 지불할 이자를 미리 계산해보고 상품 가격에 반영한 결과다. 옵션에 일시불 할인이 있다면 그 금액을 이자 수수료로 보면 된다.

바이럴 마케팅

바이러스가 확산되는 것처럼, 소셜 미디어를 통해 입소문을 내어 제품을 홍보하는 마케팅이다.

예) 포스팅 유의사항 지정해준 제품의 포인트 3가지를 본문 내용에 포함시킬 것, 지정된 키워드는 본문에 2회 이상 기재하고 제목은 키워드 중 1개를 포함시켜 노출할 것.

누리꾼이 기업에서 물건을 제공받을 경우, 포스팅 게재 전에 사전 컨펌을 받으므로 장점은 확대하고 단점은 쓰지 않는다. 미사여구와 많은 사진으로 포장한 후기는 바이럴 마케팅일 확률이 높다.

PPL 마케팅

기업 협찬으로 상품을 영화나 드라마에 노출시키는 마케팅이다. 특히 드라마 속 자동차, 휴대폰, 옷 등 모든 상품은 연예인을 이용한 간접 광고다.

예) 〈도깨비〉 공* 카디건, 〈태양의 후예〉 송** 가방

PPL은 제작비 충당을 위한 것일 뿐 품질이 좋아서 노출된 것이 아니므로 주의해야 한다.

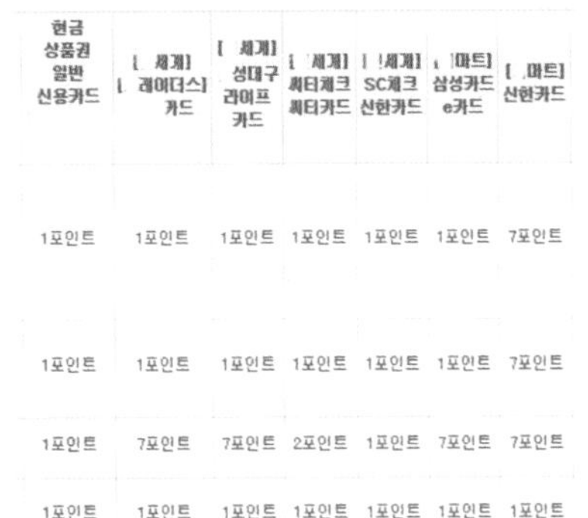

현금 상품권 일반 신용카드	[세계] [레이디스] 카드	[세계] 성대구 라이프 카드	[세계] 씨티체크 씨티카드	[!세계] SC체크 신한카드	[마트] 삼성카드 e카드	[마트] 신한카드
1포인트	1포인트	1포인트	1포인트	1포인트	1포인트	7포인트
1포인트	1포인트	1포인트	1포인트	1포인트	1포인트	7포인트
1포인트	7포인트	7포인트	2포인트	1포인트	7포인트	7포인트
1포인트	1포인트	1포인트	1포인트	1포인트	1포인트	1포인트

포인트 마케팅

구매한 금액의 일정 비율을 할인받게 해준다.

예) 포인트 적립하실래요, 쓰실래요? = 당신 돈을 저희 가게에 맡겨두고 가실래요, 쓰실래요.

포인트는 이자처럼 늘어나지 않고 시간이 지나면 오히려 소멸될 가능성이 높기 때문에, 쌓지 말고 남김없이 쓰는 것이 이익이다.

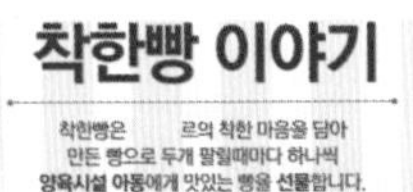

출처 : 뚜레주르 (tlj.co.kr)

코즈 마케팅

구매를 기부와 연결시키는 마케팅으로, 소비자에게 긍정적인 이미지를 주어 매출을 올린다.

예)뚜레주르의 '착한 빵' 두 개를 구입하면 한 개의 나눔 빵이 복지시설 어린이에게 전달된다.

기업은 좋은 이미지를 향상시키고 소비자는 윤리적 소비를 할 수 있으므로 기업과 사회 모두에 긍정적인 마케팅이다. 단 착한 기업의 진정성 있는 상업 활동인지 제품 판매를 위한 수단인지 현명하게 판단한 후에 구입하자.

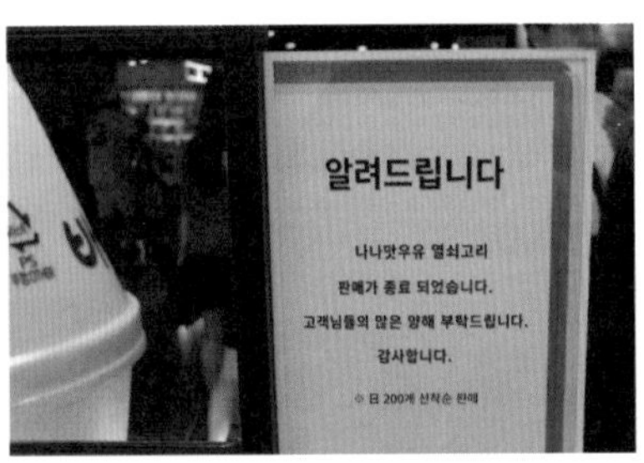

매진 마케팅

공급을 적게 해, 일부러 상품이 부족한 상태를 만드는 것이다. '초도 매진, 완판, 재입고' 등 잘 팔린다는 소리를 들으면 소비자는 충동구매를 하게 된다.

예)한정판 화장품, 3000개가 이틀 만에 팔려 '인기 고공행진'

생산 수량을 적게 하여 일부러 매진 상태를 만드는 경우도 있고, 홍보를 하고 특정 일자에만 한정 수량을 풀어 제품의 인기를 올리는 경우도 있으므로 주의한다.

연예인 마케팅

연예인이 사용하는 제품은 특별해 보이고 그 제품을 쓰면 나도 연예인처럼 특별해질 것 같다는 생각에 구매하게 된다.

예) 야구 여신 박기* 은 천연 원료로 만든 **다이어트로 몸매를 유지하고 있다.

연예인이 모델이 되면 가격만 상승할 뿐 물건의 가치는 올라가지 않는다.

02 마트 진열의 숨은 비밀

사람은 평생 64일 동안 마트에서 쇼핑을 하며, 지구 한 바퀴를 걷는 거리만큼 마트를 걷는다. 이렇게 긴 시간 마트를 돌아도 피곤하지 않은 것은 마트의 상품 진열에 이유가 있다.

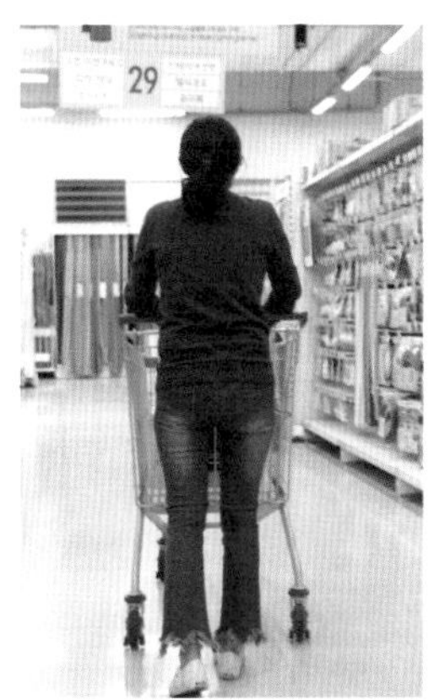

1 고객 행동을 분석해 진열한다.

마트의 상품은 고객의 심리와 행동 유형을 고려한 후 객단가를 높일 수 있도록 진열한다. 이마트에는 MSV 전담 부서를 운영하여 상품이 출시될 때마다 고객을 따라다니며 동선을 확인하고 진열 방법을 논의한다.

Tip 객단가란 고객 1인당 평균 매입액으로 대형 마트의 평균 객단가는 5만 원 안팎이다.

2 마트 입구에는 과일 매대가 있다.

과일의 알록달록한 색상이 쇼핑 의욕을 상승시키고 신선한 상품을 판매한다는 메시지를 고객에게 전달한다. 또한 계절의 변화를 느끼게 되어 무엇인가 사야 할 것 같다는 기분에 사로잡힌다.

예) 벌써 딸기가 나왔구나. 봄인데 화사한 원피스라도 사볼까? 등

3 섬 매대는 고객을 매대 안으로 끌어들인다.

섬 매대란 매대와 매대 사이에 행사 품목을 진열해 두는 용도의 매대다. 이것을 징검다리처럼 배치하면 이쪽 매대에서 저쪽 매대로 자연스럽게 고객을 불러들일 수 있다. 또한 고객은 섬에서 섬으로 옮겨 다니며 시간 가는 줄 모르고 마트를 돌게 된다.

4 골든 진열(Golden Display)에는 주력 상품을 진열한다.

고객이 진열대 앞에 섰을 때 가장 보기 쉽고 집기 쉬운 진열 범위는 100~140cm 높이다. 골든 진열은 구매 효과가 크므로 주력 상품을 진열한다. 장난감 매대는 아이들이 주 소비자기 때문에 100cm 높이에 비싸고 인기 있는 상품을 배치한다.

5 왼쪽에는 PB 상품, 오른쪽에는 비싼 상품을 진열한다.

사람의 시선은 왼쪽에서 오른쪽으로 움직인다. PB 상품의 저렴한 가격을 보고 걸어온 고객은 오른쪽의 비싼 상품으로 시선을 움직여 가격과 품질을 비교한 뒤 구매를 결정한다.

쓸데없는 쇼핑을 줄이는 **일상 소비 매뉴얼**

퇴근길에 편백나무 베개를 파는 트럭 발견! 잠이 솔솔 올 것 같고, 내일이면 다시 못 만날 것도 같아 현금 1만 원에 냉큼 샀습니다. 집에 와서 베개를 베어보니 딱딱해서 목이 아프고 잠도 오지 않습니다. 쓸데없는 물건이 하나 는 셈이죠. 길을 걷다 보면 쇼핑할 마음도 없었는데 무심코 사게 되는 물건들이 있습니다. 돈이 샌다는 것을 알면서도 멈추기는 쉽지 않은 법. 무의미한 쇼핑을 줄이는 방법에 대해 살펴봅니다.

check!

잘못된 소비 습관을 바로잡는다!

소비 유형 진단 테스트

A~E 각 항목에서 '그렇다'는 1점, '아니다'는 0점으로 계산해 점수를 합산한다.
가장 높은 점수가 나온 항목이 내 소비 유형!

***여러 소비 습관을 동시에 가지고 있는 경우도 있으므로, 점수가 높은 2개의 항목을 함께 참고하는 것도 좋다.**

	체크 리스트	점수
A	1. 순간적으로 갖고 싶으면 산다.	☐
	2. '특가'라는 문구를 보면 계획이 없는 물건도 구입한다.	☐
	3. 판매원이 어울린다고 칭찬하면 뿌리치지 못한다.	☐
	4. 어울린다고 생각하면 즉흥적으로 구입한다.	☐
B	1. 유행 상품을 입어야 자신감이 생긴다.	☐
	2. 친구들과 비슷한 옷을 입어야 마음이 편하다.	☐
	3. 드라마를 보다가 연예인들의 옷과 가방을 찾아본다.	☐
	4. 별로 필요하지 않아도 유행하는 스타일이면 구입한다.	☐

C	1. 상표가 잘 보이는 옷이 좋다. 2. 비싸도 유명 브랜드 제품이 좋다. 3. 보세보다는 짝퉁이 낫다. 4. 브랜드 옷을 입은 사람이 멋있어 보인다.	☐ ☐ ☐ ☐
D	1. 물건을 산 후에 괜히 샀다고 후회한 적이 많다. 2. 가끔 이유 없이 쇼핑을 하고 싶다. 3. 길을 가다 쇼윈도를 보고 가게에 들어간 적이 많다. 4. 돈이 넉넉하지 않아도 갖고 싶은 것이 있으면 산다.	☐ ☐ ☐ ☐
E	1. 평소에 필요한 물건 목록을 적어둔다. 2. 필요 없다고 판단하면 눈치 보지 않고 나온다. 3. 제품의 성능과 가격을 꼼꼼히 비교해본 후에 구입한다. 4. 치약, 휴지, 세제 등 일회성 소비재는 저렴한 것으로 고른다.	☐ ☐ ☐ ☐

A 충동소비형

계획 없이 즉흥적으로 물건을 사는 유형. 필요한 것은 미리 목록을 작성하고, 마트에 가면 이것저것 구경하지 말고 필요한 것만 사서 나오는 습관을 들인다. 또한 마트와 쇼핑센터를 멀리하고, 신용카드보다는 현금과 체크카드만 소지하는 것 또한 충동구매를 막는 지름길이다. 특히 홈쇼핑은 100% 충동구매다. 쇼핑 호스트의 말에 현혹되어 충동구매를 하는 사람은 절대 돈을 모을 수 없으므로 홈쇼핑은 절대 시청하지 않는다.

B 모방소비형

내 개성이나 필요보다는 유행을 좇아 물건을 사는 유형. SNS에서 유행하는 물건, 옆집에서 구입한 물건, 친구들이 쓰는 물건을 구입하지 말고 나에게 필요한 물건을 정확히 알고 구입한다. 남들이 사는 것만 보고 구입하기보다 사전에 상품 정보를 인터넷으로 검색해보고 비슷한 상품을 비교한 후 효용성 높은 상품을 고르는 습관을 들인다.

C 과시소비형

유명 브랜드와 명품 등 남들에게 과시할 수 있는 물건을 사는 유형. 사람의 관심은 자신에게 향해 있기 때문에, 내가 좋은 옷과 비싼 물건을 가졌다고 해서 관심 갖지 않는다. 남의 관심을 받고 싶으면 나를 치장할 것이 아니라 남에게 도움이 되는 일을 해보자. 또한 가계부를 통해 경제 사정을 돌아보는 것도 잊지 말자.

D 소비중독형

필요하지 않은 것까지 나도 모르게 사들이는 유형. 현금과 체크카드를 소지하고 신용카드는 지금 당장 없애는 것이 좋다. 대형 마트와 쇼핑몰은 멀리하고, 아무것도 사지 않는 날을 정해 쇼핑중독의 고리를 끊어보자.

E 합리소비형

물건을 하나 사더라도 꼭 필요한 것만 사는 유형. 지출의 우선순위를 정해 구입하고 재테크와 절약에도 관심이 많은 유형이다. 좋은 소비 습관이 흐트러지지 않도록 계속 노력하자.

충동구매를 방지하는 행동 십계명

평소에 10가지 쇼핑 원칙만 명심해두면 언제 어디서든 충동적인 구매 욕구를 잠재울 수 있다.

1 쇼핑 전에 소지품을 파악한다.

막연히 '옷을 사고 싶다'와 같은 생각으로 쇼핑하지 않는다. 옷을 사고 싶다면 옷장 속의 옷을 검토하고 필요한 디자인을 결정한다. 막연히 예뻐 보이는 디자인보다는 오래 입을 수 있는 디자인을 구입하는 것이 좋다.

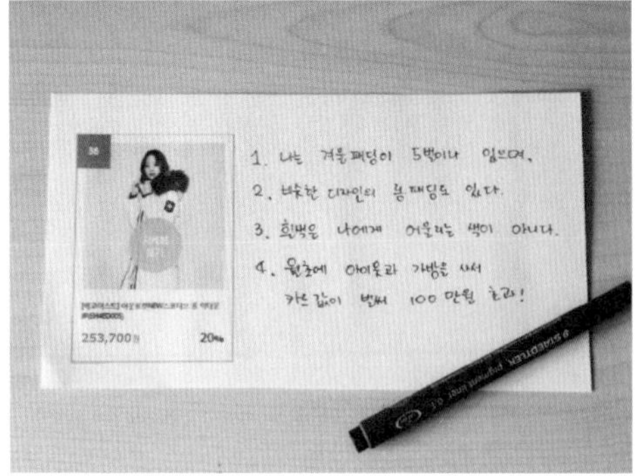

2 사지 않아도 되는 이유를 적는다.

종이에 적으면 구매욕이 잠잠해지고 생각이 정리된다. 또한 이미 많이 가졌다는 데에 감사한 마음도 생긴다.

예) 가방 종류별로 모두 가지고 있고, 새 가방을 산다고 뒤늦게 패셔니스타가 될 리는 없다.

5 구형을 소중히 생각한다.

신상이 나왔다고 구형을 버리지 않는다. 오랫동안 고장 없이 작동한 물건은 더욱 소중하게 생각해야 한다. 구입한 물건은 무엇이든지 수명을 다할 때까지 아껴 쓰도록 하자.

6 쇼핑몰을 멀리한다.

쇼핑몰에서 돈 한푼 쓰지 않고 나오는 것은 고문이며 처량한 기분까지 들 수 있다. 하지만 대형 몰이 아니어도 다른 재미 공간을 찾을 수 있다. 또한 필요한 물건을 인터넷으로 구입하면 쇼핑할 기회가 줄어 낭비를 막을 수 있다.

7 한눈에 반한 물건은 단번에 사지 않는다.

한눈에 반한 물건은 단번에 식는다. 그 순간에는 사고 싶은 마음을 참기 어렵지만 뒤돌아서서 집에 가면 기억도 못 하는 경우가 대부분이다. 그래도 사고 싶다면 상품 정보를 검색해본 뒤, 시간을 두고 구입한다.

3 가격이 비싸도 오래 쓸 수 있는 물건을 고른다.

값싼 물건을 자주 사는 사람이 비싼 물건을 신중하게 고르는 사람보다 돈을 더 많이 쓰게 된다. 값싼 물건은 쉽게 구입하는 만큼 버리기도 쉽다. 2배 비싸도 품질 좋은 물건을 구입하면 쓰는 동안 기분 좋고, 오래 쓸 수 있어 절약에 도움 된다.

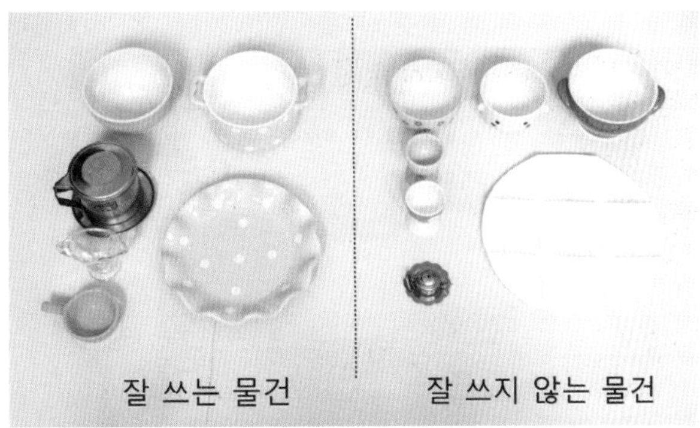

4 잘 쓰는 물건과 잘 쓰지 않는 물건을 파악한다.

사람의 스타일은 잘 바뀌지 않는다. 자신에게 물건을 맞추면 편하지만, 물건에 자신을 맞추면 어색함을 느끼기 때문에 결국 쓰지 않게 된다. 5년 동안 닳도록 쓴 물건은 무엇인지, 또 잘 쓰지 않은 물건은 무엇인지 파악한다.

8 원하는 물건이 없으면 구입하지 않는다.

마음에 드는 물건이 있을 때까지 기다린다. 대충 타협해서 구입하면 맘에 들지 않은 물건이 가득한 집에서 살게 된다. 내가 원하는 물건을 찾을 때까지 구입하지 않는다.

9 대량 구매하지 않는다.

1개에 5000원, 3개에 1만 원이라면 1개를 구매한다. '대량구매=이득'이라고 생각하기 쉽지만 썩지 않는 일용품이라도 몇 년 동안 소비할 양을 쌓아두는 것은 공간 낭비다. 신선식품이라면 더더욱 비싸더라도 필요한 만큼만 구입하는 것이 절약이다.

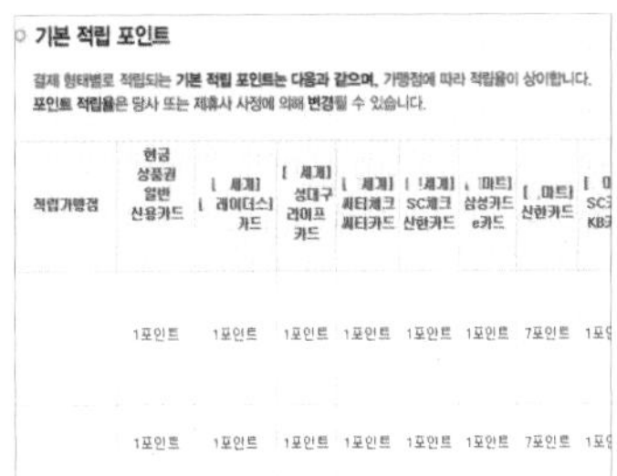
기본 적립 포인트

결제 형태별로 적립되는 **기본 적립 포인트는 다음과 같으며,** 가맹점에 따라 적립율이 상이합니다.
포인트 적립율은 당사 또는 제휴사 사정에 의해 **변경**될 수 있습니다.

적립가맹점	현금 상품권 일반 신용카드	[세계] [레이디스] 카드	[세계] 성대구 라이프 카드	[세계] 씨티체크 씨티카드	[세계] SC체크 신한카드	[마트] 삼성카드 e카드	[마트] 신한카드	[미 SC 카 KB카
	1포인트	1포인트	1포인트	1포인트	1포인트	1포인트	7포인트	1포
	1포인트	1포인트	1포인트	1포인트	1포인트	1포인트	7포인트	1포

10 포인트 적립에 속지 않는다.

포인트로 5000원 상품권 한 장 받으려면 마트에서 물건을 무려 500만 원어치나 구입해야 한다. 대부분 포인트 혜택만 생각하지 쓰는 돈은 계산하지 않는 경우가 많다.

예) 배달 음식 치킨 한 마리 때문에 쿠폰 10장을 모은다? 배달 횟수를 줄이는 게 현명하다.

02 만족도가 바로 사라지는 물건부터 줄여보자

잠시의 만족감을 얻기 위해 매일 습관적으로 사용하는 돈, 어차피 버린다 생각하고 쓰는 돈. 1년간 모여 어느 정도의 목돈이 되는지 생각해보면 함부로 낭비할 수는 없을 것이다.

1

커피, 마시면 사라진다.
연간 110만 원

기호식품이니 끊기 어려운 것이 사실이다. 단지 3000원짜리 아메리카노를 매일 한 잔씩 마시면 1년에 110만 원이 사라진다. 독특한 원두 맛 때문에 들르는 카페가 있다면, 같은 원두를 구입해 집에서 직접 내려 마셔보기를 추천한다.

2

교통비, 타면 사라진다.
연간 460만 원

덥고 춥고 피곤하다는 이유로 택시를 타면 지출은 늘어난다. 자가용은 연간 차량 유지비가 평균 460만 원, 한 달에 40만 원이 사라진다. 전철이나 버스 등 대중교통을 이용하고 실보다 득이 많을 때 차량 구입을 검토한다.

3

헬스 회원권, 게으르면 사라진다.

직장인의 70%는 헬스클럽에 등록하고 1개월 이내에 운동을 포기한다. 운동을 좋아하지 않는다면 헬스 회원권은 짧게 등록하는 것이 손해가 적다. 유튜브의 운동 채널을 이용하면 요가, 에어로빅, 댄스 등 다양한 운동을 집에서 원하는 시간에 무료로 할 수 있다.

4

과자, 먹으면 사라진다.
연간 55만 원

1만 원어치를 사도 게눈 감추듯 사라지는 것이 과자다. 가격도 만만치 않아 주식보다 간식비가 더 많이 들 때도 많다. 단짠의 자극적인 맛에 중독되기 쉬워 먹는 양이 점점 늘고, 밥맛도 떨어지기 때문에 줄이는 것이 좋다. 1500원짜리 과자를 매일 먹으면 1년에 55만 원이 사라진다.

5

화장품, 바르면 사라진다.

비누거품과 함께 사라지는 것이 화장품이다. 아무리 비싼 화장품도 세수 한 번 하면 사라지므로, 피부가 좋아지길 원한다면 차라리 레이저 시술을 받는 편이 낫다. 기초 화장품은 여러 가지를 듬뿍 바른다고 피부가 무한정 수분을 흡수하는 것이 아니고 모공만 막히므로, 한두 가지만 바른다. 특히 로션과 크림은 유·수분의 성분 차이만 있을 뿐 같은 기능이므로 피부 상태에 따라 한 가지만 바른다.

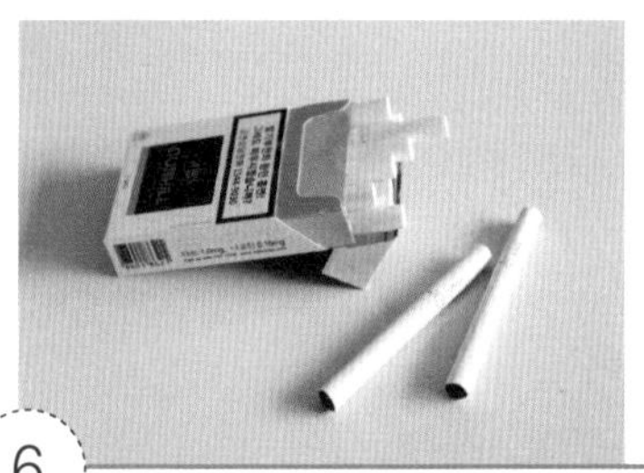

6

담배, 피우면 사라진다. 연간 80만 원

연기와 함께 사라지는 것이 담배. 이틀에 한 갑을 피운다고 해도 한 달이면 7만 원, 연간 80만 원이 사라진다. 좀처럼 끊기가 쉽지 않으므로 국민건강보험 금연 치료 프로그램을 통해 치료받는 것이 좋다. 3회 이상 치료를 받으면 12주 동안의 진료비와 금연 치료 의약품을 전액 지원받을 수 있다.

7

타은행 ATM기, 뽑으면 사라진다. 연간 8만3000원

ATM기 타행 수수료는 600~1000원. 800원씩 일주일에 두 번씩만 이용해도 연간 8만3000원이 사라진다. 은행찾기 어플을 이용하면 주변의 ATM기 위치를 쉽게 확인할 수 있다.

8

로또, 떨어지면 사라진다. 연간 5만2000원

번개 맞는 것보다 낮은 확률인 줄 알면서도 로또를 사는 것은 명백한 낭비다. 매주 로또를 한 장씩만 사도 연간 5만2000원이 사라진다.

Be a Master of Shopping **04**

1000원 가치를 살린 **푼돈 재테크술**

'탕진잼'이라고 들어보셨나요? 한 번에 1만 원 이내의 푼돈으로 저렴한 생활용품을 마음껏 사들이거나 인형을 뽑으면서 스트레스를 푸는 소비 트렌드입니다. 큰돈을 쓰기에는 부담스럽고 푼돈 모아봤자 부자가 될 수도 없어서 소소하게 탕진한다지만, 정말 '푼돈을 모아봤자 푼돈'일까요? 매일 퇴근길에 3000원씩 인형 뽑기를 한다면 5년 후 인형 뽑기에만 540만 원을 탕진한 셈입니다. 일할 수 있는 기간은 짧지만 남은 인생은 짧지 않습니다. 노후는 준비된 사람에게만 천국입니다. 새어 나가는 푼돈을 미래에 투자하는 것은 어떨까요?

01 푼돈 소비를 줄이는 법

1 절제한다

불필요한 소비를 절제한다. 옷, 커피나 담배 같은 자유 지출은 고정 지출이 아니기 때문에 마음먹기에 따라 줄일 수 있다.

2 오래 사용한다

푼돈을 아끼는 것은 자원을 아끼는 것이다. 스테인리스 스틸 프라이팬 하나를 한평생 사용하는 것이 1만 원짜리 코팅팬을 끊임없이 구입하는 것보다 환경에 도움이 된다.

3 저축한다

아낀 돈을 그냥 두면 다른 곳에 쓰게 되므로 반드시 저금통에 넣거나 통장에 저축한다. 저축한 금액이 눈에 보이면 돈 모으는 재미를 느낄 수 있어 절약에 가속도가 붙는다.

Memo **신한은행 한달愛저금통** 매일 절약한 금액을 계좌에 모으면, 적립금이 월 1회 SWING 계좌로 자동 입금된다. 저축 방식은 1일 3만 원, 잔액 30만 원 이내, 적용 금리는 연 4.0%.

02 커피 한 잔을 아끼면 10년 후에 얼마나 모일까?

'100달러를 벌기보다 1달러를 아껴라(워런 버핏)'. 1억도 몇천 원이 모여서 만들어진 돈이다. 목돈을 모으려면 푼돈을 아껴야 한다.

카페라테 효과 (Caffe Latte Effect)

4000원 정도 하는 카레라테 한 잔 값을 꾸준히 모으면 1년에 12만 원을 절약할 수 있고, 이를 30년간 지속하면 물가상승률, 이자 등을 감안해 목돈을 약 2억 원까지 마련할 수 있다.

"커피 한 잔이 유일한 낙인데, 꼭 줄여야 할까요?"

1만 원짜리 원두1kg이면 커피 130잔을 내릴 수 있다. 마음먹기에 따라 절약할 수 있는 방법은 많다. 날마다 그래 왔기 때문에 오늘도 목적 없이 돈을 쓴 것이라면, 커피는 내게 가치 있는 일상은 아니다. 내게 정말 중요한 것이 무엇인지 생각해보자. 그저 그런 보세 셔츠와 커피 한 잔에 푼돈을 쓰는 동안 20년 후의 내 자산은 약 3000만 원이 줄게 된다.

일상 속 카페라테 효과 아이템은?

아이템	1개월	1년	10년	20년
아메리카노 (3,500₩)	105,000	1,260,000	12,600,000	**25,200,000**
담배 (4,500₩)	135,000	1,620,000	16,200,000	**32,400,000**
콜라 (1,000₩)	30,000	360,000	3,600,000	**7,200,000**
보세 티셔츠 (10,000₩) 한 달 2장	20,000	240,000	2,400,000	**4,800,000**
외식 (82,500₩) 한 달에 2번 * 2016 통계청 일주일 외식비 기준	165,000	1,980,000	19,800,000	**39,600,000**
술모임 (55,000₩) 한 달에 2번 * 2012 잡코리아 기준	110,000	1,320,000	13,200,000	**26,400,000**

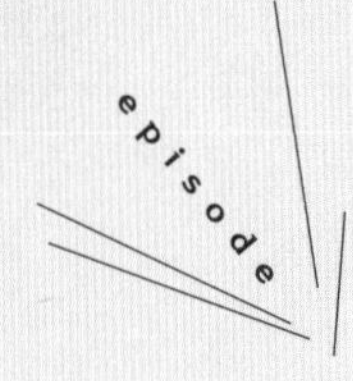

털팽이의 주말 보내기

아이들과 그럭저럭 하루를 보내며 쓴 돈을 체크해보니?

am 11 : 00

휴일에 아이들과 영화를 보러 갑니다. 버스 정류장 앞에 '왓슨'이 보이기에 남편이 주문한 헤어 젤을 구입. 집에 면도기가 있지만 다리 면도기도 하나 있으면 좋을 것 같아서 사고, 계산대 앞에 놓인 1+1 화장솜도 함께 삽니다.

pm 12 : 20

점심은 아이들이 좋아하는 떡볶이로 한 끼 해결. 고르곤졸라 피자와 떡볶이 세트는 아이들도 좋아하고 가격도 부담되지 않아 애용합니다. 영화관 팝콘이 비싸니, 편의점에서 팝콘과 음료수를 구입합니다.

pm 1 : 30

영화를 보고, 잠시 인형 뽑기를 한 뒤 마트로 향합니다. 저녁거리로 양념 불고기를 사고, 우유와 아이들 먹을 과자도 조금 구입합니다.

pm 4 : 00

짐이 많아져서 결국 택시를 타고 귀가합니다.

지출내역서 (단위 : 원)

시간	지출	사용처	내용
11:00	3,200₩	버스비	
12:00	16,400₩	왓슨	헤어 젤(남편), 화장솜 1+1, 다리 면도기(여름 대비)
12:20	19,900₩	삼*동 국물떡볶이	포졸세트(피자+떡볶이), 에이드
1:10	2,800₩	편의점	씨그램 1+1, 팝콘
1:30	26,000₩	영화관 , 인형 뽑기	성인1+ 청소년2
3:00	18,600₩	마트	양념 불고기(저녁), 우유, 과자
4:00	3,500₩	택시비	피곤하고 무거워서 택시 이용
합계	**90,400₩**		

진단

푼돈 소비 ≠ 알뜰함

아이들과 하루를 그럭저럭 보내면서 쓴 돈은 총 9만400원. 1+1 화장솜과 떡볶이, 편의점 팝콘과 같은 저렴한 물건을 구입하면서 스스로 알뜰한 사람이라고 생각했지만 결국 착각일 뿐! 생필품인 헤어 젤(4500원)과 불고기(9000원), 우유(1900원)를 제외한 나머지 비용(7만5000원)은 쓰지 않아도 되는 불필요한 소비입니다. 심리적으로 부담 없는 적은 돈이라 편안하게 쓸 뿐, 목돈 모으기에는 실패입니다.

9만400원 (총지출) - 1만5400원 (필수 생필품) = 7만5000원 (불필요한 푼돈 소비)

쇼핑 고수의 철저한 **소비 패턴과 철학**

대한민국에서 인터넷 사전 조사 없이 정가를 지불하는 고객은 이른바 '호갱님'이 되기 쉽습니다. 귀차니즘 때문에 매일 작은 구매가 쌓이다 보면 적지 않은 금액을 낭비하게 되는 셈이죠. 또한 우리는 최저가 구매가 가장 저렴하다고 생각하기 쉽지만, 구매 시기를 조절하면 최저가도 낮출 수 있습니다. 같은 금액으로 더 효율적이고 행복감이 큰 쇼핑을 하기 위해 무엇을, 언제, 어떻게 구매해야 하는지 단계별로 살펴보겠습니다.

Step 1 얼마에 살까?

성능과 만족도를 꼼꼼히 따져보고 만족도 높은 상품을 알뜰하게 구입한다.

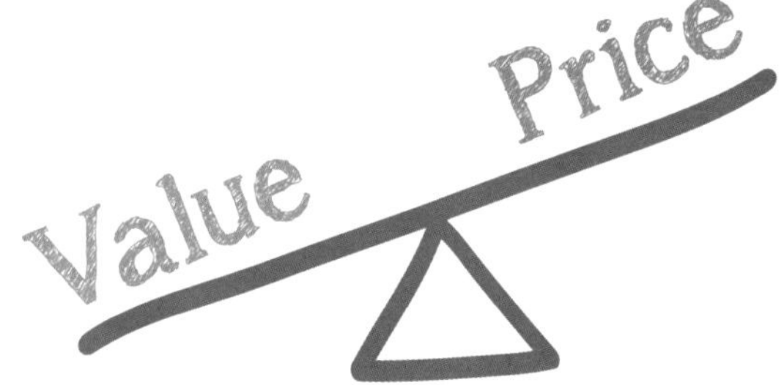

과감한 소비와 알뜰 소비가 동시에 이뤄지는 가치 소비

가치 소비란 '가치 있다고 생각하는 상품'에는 과감하게 소비하고, 나머지 상품은 가성비와 실용성을 따져 알뜰 소비를 하는 것이다. 내게 필요한 제품이라면 고가의 프리미엄 제품이라도 과감히 구매하지만, 나머지에 대해서는 지갑을 닫는 것이다.

예) 집 꾸미기에는 돈을 아끼지 않지만 옷값은 최대한 아낀다.

Step 2 언제 살까?

최저가가 가장 저렴하다고 생각하기 쉽지만, 제품마다 시즌별 가격이 변동하기 때문에 구매 시기를 조절하면 최저가도 낮출 수 있다.

대한민국은 365일 세일 중

대한민국은 365일 세일 중이다. 온라인 마켓은 클릭 몇 번만 하면 최저가 상품을 투명하게 찾을 수 있고, 오프라인 마켓은 온라인 마켓에 대응하기 위해 끊임없이 세일을 한다. 백화점은 1년에 100일 이상, 화장품 매장은 60일 이상 세일 이벤트를 진행한다.

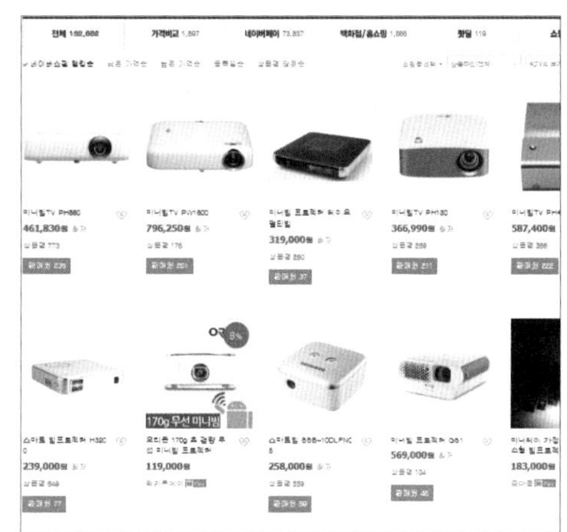

귀차니즘은 호갱되는 지름길

365일 세일하는 대한민국에서 정가를 지불하는 사람은 호갱(호구+고갱님)이 되기 쉽다. 호갱이 되지 않으려면 '귀찮은데 그냥 사자'라는 마음부터 버려야 한다. 인터넷으로 사전 조사를 해 제품의 성능을 확인, 비교 분석하며 오프라인 구매 시 마음에 드는 제품이 없다면 그냥 나오는 것이 좋다.

출처 : 네이버쇼핑(shopping.naver.com)

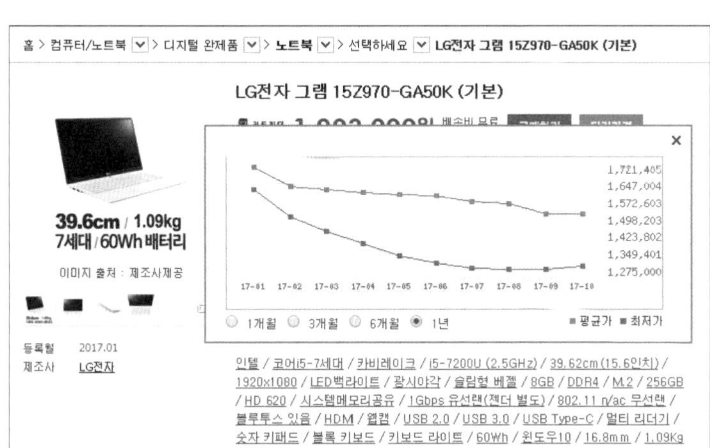

구매 시기에 따라 인터넷 최저가도 낮출 수 있다.

최저가 구매가 가장 저렴하다고 생각하기 쉽지만 최저가 또한 변한다. 실제로 전자 제품 판매자는 일 단위, 주 단위로 가격을 변경한다. '네이버 쇼핑'이나 '다나와'에서 6개월에서 1년간의 가격 동향을 살펴보면 신제품을 더 저렴하게 구입할 수 있다.

출처 : 다나와(www.danawa.com)

전자제품

독점 상품은 성수기에 가격이 상승한다.

생수 한 병의 가격은 1000원이지만 사막 한가운데에서는 1만 원도 아깝지 않다. 시장에서 독점적 지위에 있는 상품이라면, 수요가 많은 성수기에 가격이 상승한다.

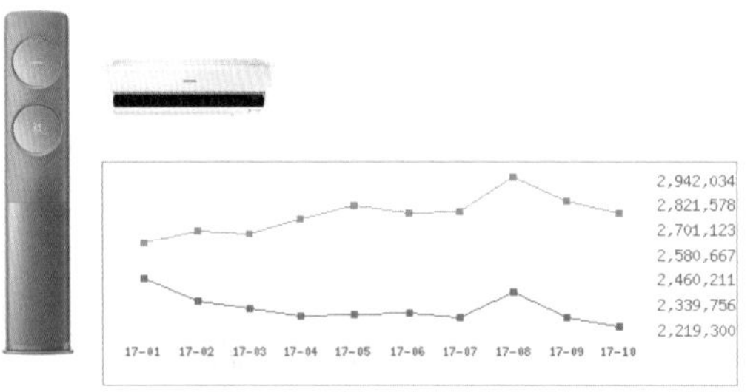

가정용 에어컨은 S전자, L전자, C전자가 독점하고 있으며 성수기에 가격이 상승하는 대표 상품이다. 그래프는 S전자 에어컨의 1년간 가격 동향이다. 성수기인 7~8월에는 평균가격과 최저가 모두 상승하는 만큼 가장 저렴하게 구입할 수 있는 시기는 봄철인 4~5월이다.

중소업체나 수입 제품의 공기청정기는 봄철에 가격이 상승하지 않는다. 하지만 시장에서 독점적인 지위에 있는 W전자 공기청정기는 황사가 심한 봄철에 40% 이상 가격이 상승했다. 인기 있는 공기청정기는 성수기인 봄철을 피해 구입하는 것이 저렴하게 구입하는 방법이다.

예) 공기청정기, 제습기, 에어컨 등

가격경쟁이 치열한 상품은 성수기에 가격이 하락한다.

시장 내에 경쟁 상품이 많다면 성수기에 치열하게 가격 경쟁을 해야 하기 때문에, 성수기에 오히려 가격이 떨어진다.

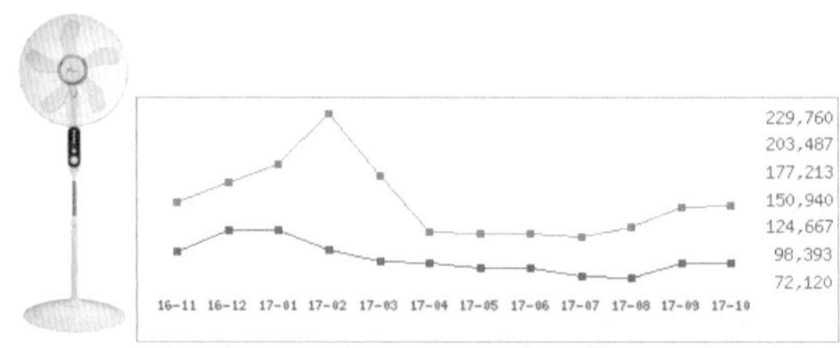

H전자의 선풍기 가격 동향이다. 중견 제품이지만 시장 내에 유사한 제품이 많기 때문에, 성수기인 5~8월까지 오히려 가격을 떨어뜨려 구매를 유도한다.

예) 가습기, 전기장판, 온수매트, 히터, 선풍기 등

신제품은 출시 3~6개월 후에 가격이 하락한다.

신제품은 출시 초기에는 경쟁자가 없기 때문에 '초기 고가 전략'으로 가격을 높게 설정하지만, 유사한 신제품이 출시되거나 얼리어답터 계층의 구매가 끝난 후에는 가격을 인하한다.

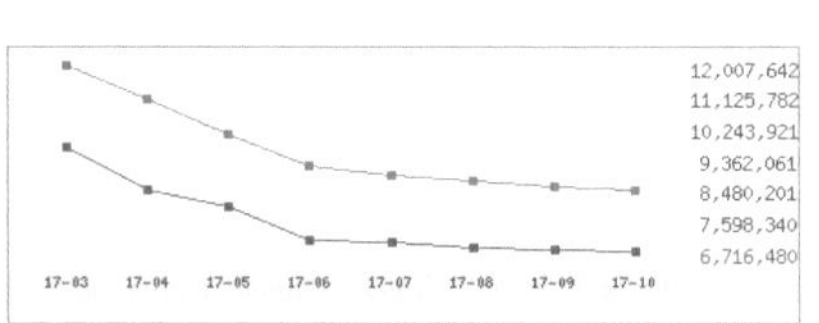

2017년 3월에 출시된 S전자 냉장고의 경우 출시 3개월 후인 6월에 가격이 40% 하락했다. 얼리어답터가 아니라면 전자제품, 의류 등의 구입은 출시 3~6개월 후로 계획하자. 신제품을 더 저렴하게 구입할 수 있다.

예) 전자제품, 의류

그래프 출처 : 다나와(www.danawa.com)

의류

옷값은 언제 싸질까?

의류 유통 시장은 1차, 2차, 3차 시장으로 구분할 수 있다. 1차 시장은 백화점, 대리점 등의 신상품이 진열되는 매장이다. 2차 시장은 1차 시장에서 남은 이월 상품을 판매하며 아웃렛, 인터넷, 홈쇼핑 등이 해당된다. 2차 시장에서도 팔리지 않은 제품은 재고 처리업체인 3차 시장으로 넘겨져 임시 매장에서 판매되며, 이마저도 안 팔리면 kg당 300~500원으로 수출된다.

신상품은 백화점 세일 마지막 주가 저렴하다.

신상품은 한 달만 지나면 할인에 들어가며, 세일 마지막 주가 되면 할인 폭은 점점 커진다. 의류는 계절보다 2~3개월 빨리 판매하기 때문에, 여름 상품은 봄 정기 세일, 가을 상품은 여름 정기 세일 마지막 주에 구매하는 편이 유리하다.

옷값의 제조 원가는?

옷을 엄청난 할인율로 세일할 수 있는 것은 제조 원가보다 지나치게 높게 책정되어 있기 때문이며, 이는 유통 구조의 문제점이라는 것이 패션 업계의 설명이다.

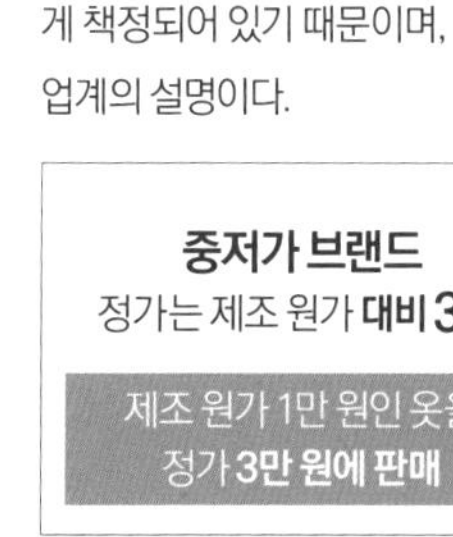

중저가 브랜드	중고가 브랜드
정가는 제조 원가 **대비 3배**	정가는 제조 원가 **대비 5~12배**
제조 원가 1만 원인 옷을 정가 **3만 원에 판매**	제조 원가 5만 원인 옷을 정가 **25~60만 원에 판매**

Step 3 무엇을 살까?

스크루지는 돈은 많지만 행복한 사람은 아니다. 돈은 얼마를 가지고 있느냐보다 그 돈을 어떻게 쓰느냐에 따라 삶의 행복함을 좌우한다.

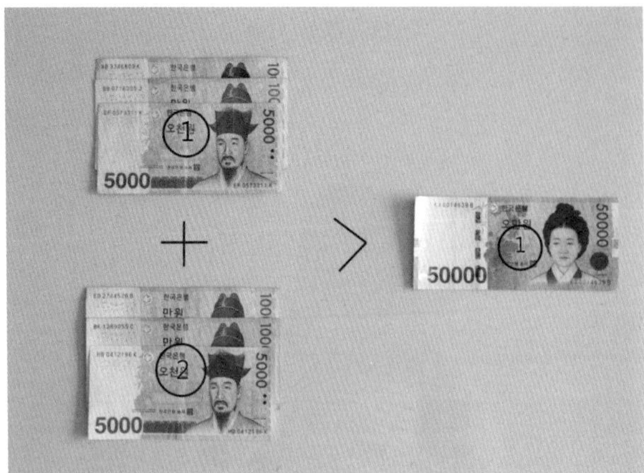

큰 구매보다 여러 번의 작은 구매가 행복하다.

3박 4일로 제주도를 한 번 갈 때보다 1박 2일로 두 번 가는 것이 행복의 총량이 크다. 마찬가지로 5만 원으로 소고기를 한 번 사 먹을 때보다, 2만5000원씩 두 번 나누어 사 먹을 때 느끼는 행복의 총량이 더욱 큰 법이다. 따라서 여러 번의 작은 구매에서 느끼는 행복 총량에 집중해볼 일이다.

가족이나 여럿이 공유할 수 있는 것을 소비한다.

돈은 무조건 많아서가 아니라 가진 것을 함께 나눌 수 있는 사람이 있어 행복한 것이다. 1만 원도 나를 위해 쓰기보다 가족 선물을 사는 날의 행복감이 더 크며, 호텔 레스토랑에서 혼자 먹는 밥보다 가족과 함께 먹는 된장찌개가 더 행복한 법이다.

물건 대신 경험을 소비한다.

물건을 사는 비용으로 자기 계발, 여행 등 경험의 소비를 늘려보자. 물건은 시간이 지나면 구형이 되어 낡지만, 경험은 오래될수록 깊어지고 더 아름다운 추억으로 남는다. '지식을 소유하라. 지식을 소유한 사람은 모든 것을 소유한 것과 다름없다(탈무드)'.

내게 가장 즐겁고 의미 있는 일은 무엇일까?

행복의 총량이 큰 곳에 집중 소비하자

일상에서 **가장 행복감을 주는 활동은 여행 〉 종교 〉 운동 〉 산책 〉 요리 〉 먹기 순이다.** 반면 우리가 대부분의 시간을 보내는 술 마시기·쇼핑· 영화·SNS· TV· 게임 등의 행위는, 잠시 즐겁기는 하지만 근본적으로 의미가 없는 일이기 때문에 행복감은 크지 않다.

실천의 첫 단계는 우선순위 매기기. **우선순위가 큰 일에 더 많은 돈을 투자**하고 그렇지 않은 일에 쓰는 돈을 줄이면 **같은 비용으로 훨씬 큰 행복감을 느낄 수 있다.**

Memo 그래프 참조 내용 : 서울대학교 행복연구센터 Choi& Choi(2014)의 '일상 속에서 느끼는 행복감' (SNS, TV, 게임'은 저자의 개인적 의견에 따라 좌표를 변경하였습니다.)

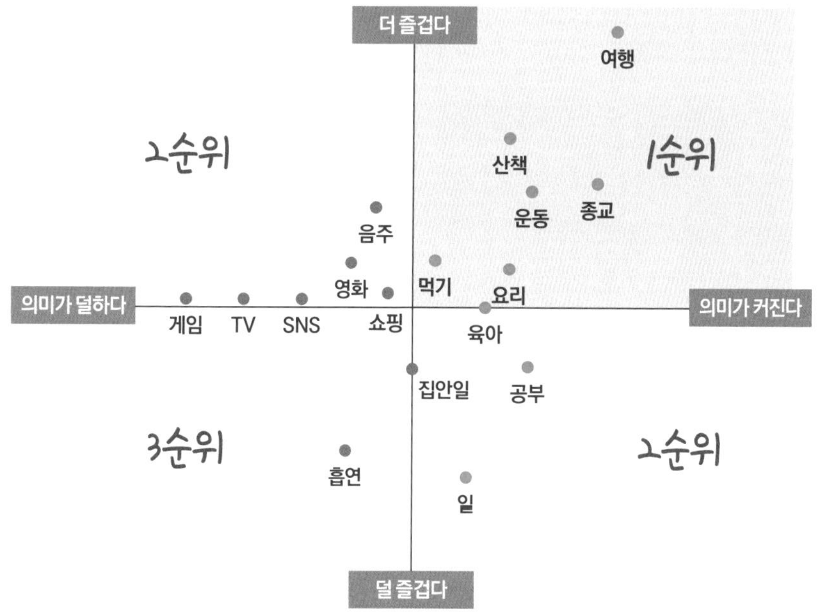

일상에서 느끼는 행복감

유해 환경에서 가족을 지키는 **에코 쇼핑법**

한국의 환경 위기 시계는 9시 9분. 인류가 멸망하는 시점인 12시를 기준으로 두자면 3시간도 남지 않은 수준이라고 합니다. 이런 심각성을 알면서도 지구 환경을 위해 돈을 선뜻 더 지불할 수 있는 여유가 생기기란 힘든 현실이죠. 단지 나와 가족을 생각한다면, 환경친화적인 제품을 우선적인 쇼핑 아이템으로 두는 것이 현대인의 가장 현명한 소비라고 생각합니다. 어떤 제품을 선택하고 구매해야 할지 살펴봅니다.

건강을 편리함과 맞바꾸지 않는다

비닐과 플라스틱, 합성세제 등은 편리함을 위해 만든 제품이다. 화학물질은 편리함과 건강을 맞바꾼 결과물이다. 약간의 불편함을 감수하면 화학물질 노출을 상당량 줄일 수 있다.

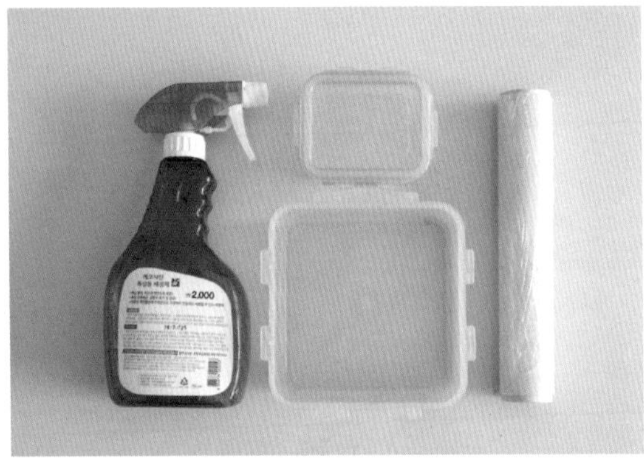

화학물질은 우리 몸에 축적되고 대물림 된다.

우리의 혈액과 소변에는 200가지 이상의 화학물질이 쌓여 있다고 한다. 2013년 세계보건기구 WHO는 '내분비교란물질은 불임, 주의력 결핍장애, 기억장애, 전립선암, 갑상선암을 유발할 수 있다'고 발표했다. 더욱 심각한 것은 화학물질이 대물림 된다는 점이다. 2014년 환경부 조사에 따르면 우리나라 어린이의 비스페놀A(환경호르몬) 농도는 성인보다 1.6배 높은 것으로 나왔는데 이는 엄마의 탯줄과 모유를 통해 화학물질이 아이에게 축적되기 때문이다.

국내 어린이·청소년·성인 비스페놀A 농도 비교

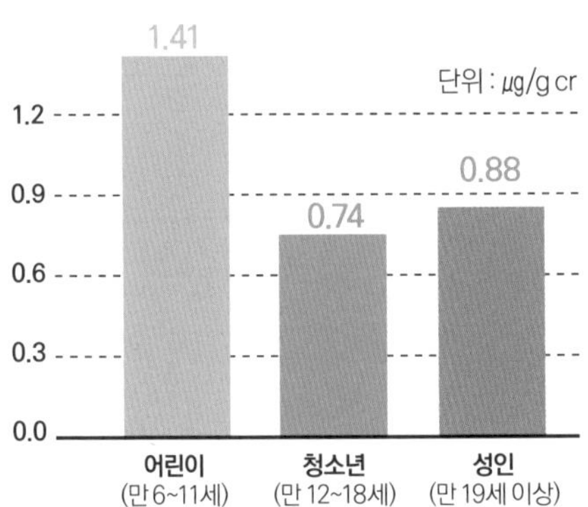

* 참고자료 / 환경부
2012년부터 2년 동안 전국 초·중·고(만 6~18세)
어린이·청소년 1820명 대상 조사 결과

엄마의 노력으로 바꿀 수 있다!

생활 화학제품을 사용하는 우리 또한 5800명의 가습기 살균제 피해자와 생리대 피해자가 될 수 있었다. 우리는 아직까지도 '무지하면 위험한 시대'에 살고 있다. 하지만 다행인 것은 물건을 선택, 구매하는 엄마의 지혜와 노력으로 많은 것을 바꿀 수 있다는 점이다.

02 먹고, 바르고, 콧속으로 들어오는 물질을 주의하자!

화학물질이 우리 몸으로 들어오는 경로는 입, 코, 피부! 화학물질의 축적을 줄이기 위해서는 먹고, 바르고, 콧속으로 들어오는 물질의 제조 성분을 확인하는 것이 핵심이다.

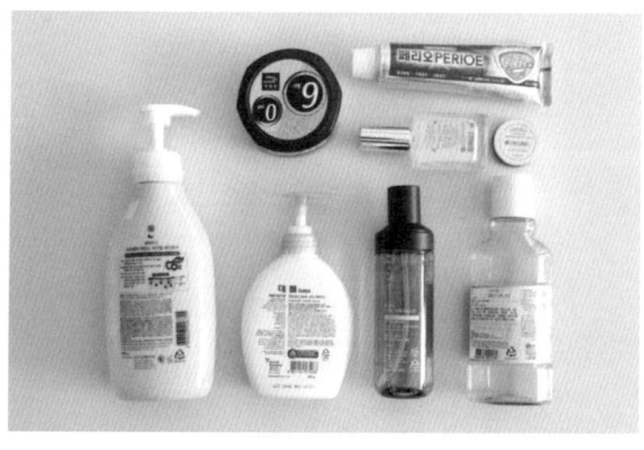

피부를 통해 흡수되는 화학물질, 경피독!

경피독은 피부를 통해 화학물질이 체내에 흡수되는 것을 말한다. 피부에는 방어막이 있어 대부분의 성분이 통과하지 못하지만, 지용성 물질은 모공으로 들어가 피지선과 모세혈관을 통해 흡수된다고 한다. 경피독은 2005년 일본의 약학박사 '다케우치 구메사'의 《경피독》이라는 책을 통해 알려졌다.

경피독은 왜 위험한가?

입으로 먹은 물질은 90% 이상이 간에서 해독되지만, 경피독은 간을 통과하지 않기 때문에 해독률이 10%다. 해독되지 못한 90%는 피하지방, 자궁, 뇌에 축척되며 약보다 주사 효과가 빠르듯이 피부로 흡수된 경피독은 음식보다 더 빠르게 축적된다고 한다.

경피독의 흡수율

피부의 두께에 따라 흡수율이 다르다. 팔 안쪽에서 흡수되는 것을 1로 했을 때 두피는 3.5배, 이마는 6배, 얼굴은 6~13배, 성기의 흡수율은 무려 42배다.

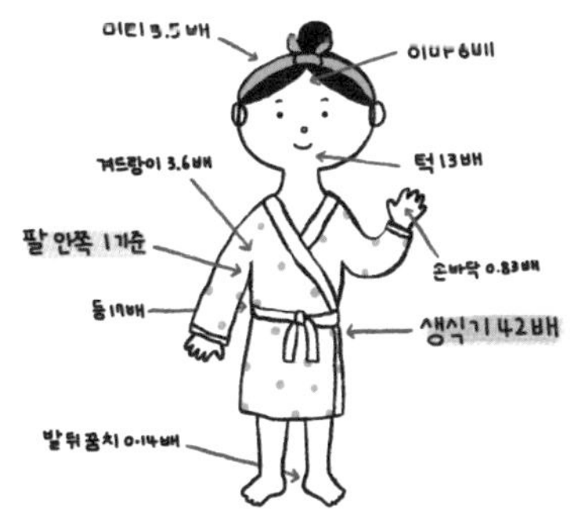

* 다케우치 구메다의 《경피독》 내용 참조.

Column

먹고, 바르고, 곳속으로 들어오는 제조 성분 확인이 핵심!

화학물질 흡수 위험이 높은 제품의 에코 쇼핑

1위 > 팬티라이너와 생리대

경피 흡수율 NO.1은 성기로 팔의 42배로 알려져 있다. 특히 질내 점막을 통해 화학물질과 다이옥신이 흡수되어 축적될 경우 여성호르몬 교란으로 자궁내막증, 불임, 생리통 등 각종 여성 질환을 일으킬 수 있다.

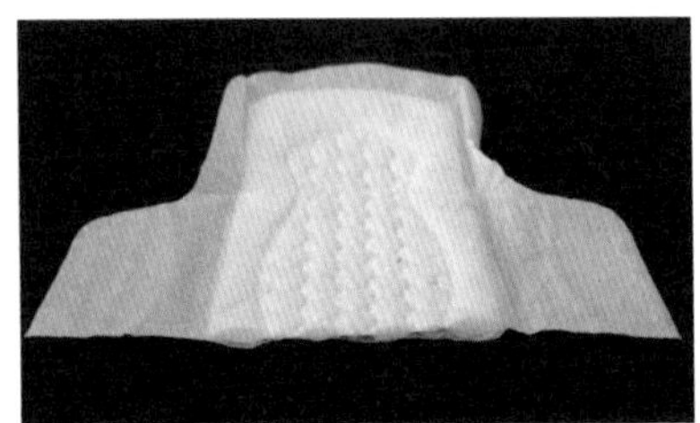

생리대 발암물질의 주원인은 접착제다. 안전한 생리대라고 광고하는 제품을 믿지 말고, 성분을 확인하고 구입하도록 하자.

천 팬티라이너부터 도전한다. 세척도 힘들지 않고, 생리 전후뿐 아니라 평상시에도 사용 빈도가 높아 적은 노력으로 화학물질의 노출을 줄일 수 있다.

일회용 생리대를 사용할 경우
한 달 7980원=1년이면 9만5760원
(하루 6개, 생리일 5일, 생리대 중형 1개 266원)
5년간 47만7880원

천 생리대를 사용할 경우
5년간 4만 원 (중형 10장 기준)

천 생리대를 5년간 사용하면 44만 원을 절약하고,
1800개의 폐생리대가 줄어든다!

2위 > 세탁 세제

합성세제에 사용되는 석유계 계면활성제는 석유화학 부산물인 노닐페놀계로 대표적인 환경호르몬 물질이다. 특히 우리가 주목해야 할 것은 의류다. 의류에 잔류하는 합성세제는 식기의 수백 배로, 세제가 잔류된 옷을 다음 날 다시 세제로 씻고, 옷에 잔류한 세제는 땀에 녹아 피부로 흡수된다. 늘어나는 알레르기도 피부로 흡수된 세제 성분이 원인이 될 수 있다.

에코 쇼핑의 포인트. 천연 계면활성제가 들어가지 않은 천연 세탁 세제와 세제 잔존율을 낮출 수 있는 액체 세제를 구입한다.

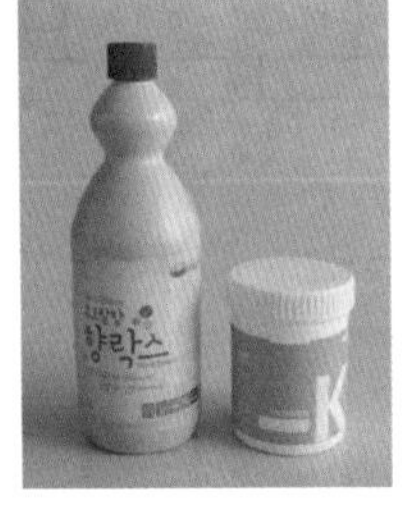

락스는 사용하지 않는다. 소금이 원료라고 하지만, 염소계 표백제의 주성분인 차아염소산나트륨은 염소화 반응 중 트리할로메탄 등의 발암물질을 생성한다. 산소 표백제인 과탄산소다는 물과 산소(과산화수소), 탄산소다로 분해되어 환경 부하가 적다.

3위 〉항균 제품과 살충제

항균 제품은 세균이나 곰팡이보다 더 큰 피해를 받을 수 있으므로 구입하지 않는다. 특히 공기청정기, 에어컨, 청소기 등에 사용되는 항균필터에는 살생물제가 들어가는데, 인체 독성이 낮다고 설명하더라도 사용하지 않는 것이 좋다. 인체를 대상으로 하는 실험은 어떤 나라에서도 불가능하기 때문이다.

살충제는 인간에게도 유해하다. 벌레가 죽는 환경에 노출된다면 인간도 무해할 수 없다. 스프레이형이나 전기매트형 살충제는 임산부와 어린이는 노출을 피하는 것이 좋다. 모기 기피제 또한 살충제 성분이 함유되어 있는지 확인하고 구입한다.

4위 〉샴푸와 린스

두피로 흡수된 화학물질이 자궁에 도달하는 시간은 40분! 샴푸를 바꾸고 생리통이 줄었다는 사람이 있을 정도다. 두피는 팔에 비해 경피 흡수율이 3.5배나 높다. 특히 흡수된 화학물질은 뇌에 축적된다.

계면활성제는 지방을 감싸 녹이는 작용을 하므로 피지막을 통과하여 피부로 스며든다. 석유계 계면활성제 대신 천연 계면활성제를 사용한 제품, 인공 향료, 색소가 포함되지 않은 제품을 구입한다.

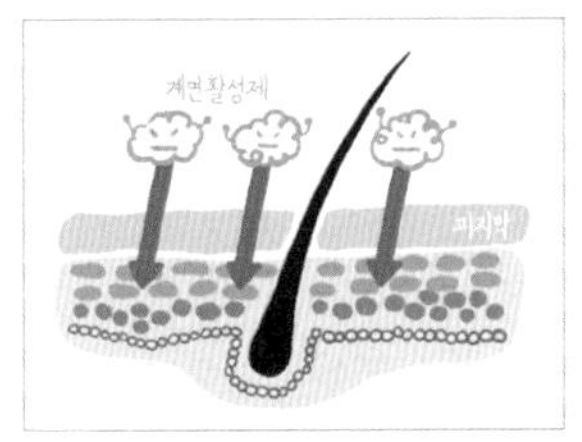

5위 〉화장품

2004년 미국 적십자사가 신생아의 제대혈을 분석한 결과 180가지의 발암물질과 200여 가지의 유해 화학물질이 검출되었는데 이들 중 대부분이 화장품 성분이었다. 내가 바르는 화장품에는 어떤 성분이 들어 있는지 확인하고 구입하는 것이 필수다.

매일 피부에 바르는 만큼 무첨가 화장품을 구매하자. 5無, 10無라는 문구를 믿지 말고 '20가지 유해 성분'이 들어 있는지 확인해보고 구입하자.

Memo **화해 어플** 화장품 성분 분석 애플리케이션. 화장품 성분과 위험도 등급, '20가지 주의 성분'이 있는지 확인할 수 있다.

tips

매니큐어에는 프탈레이트, 포름알데히드 등의 유해 화학물질이 포함되어 있고, 아세톤은 플라스틱을 녹이는 유해 물질이다. 내분비 장애를 일으키며 휘발성이 높아 집 안 곳곳에 퍼지므로 가급적이면 사용하지 않는 것이 좋다.

CHAPTER

06

From Savings Comes Having

벌고, 아끼고, 불린다!
연간 1000만 원 모으는

저축의 기술

마지막으로 마련한 저축 파트에서 가장 중요하게 살펴야 할 것은 바로 '자동 저축 구조'입니다. 흑자 가계에 돌입하는 순간부터, 노력 없이도 돈이 모이기 때문입니다. 30년 벌어 70년을 버텨야 하는 100세 시대를 나와 내 가족의 현실이라고 생각해보세요. 일 할 수 있는 기간은 짧지만 남은 인생은 결코 짧지 않습니다. 알뜰하게 저축하고 지혜롭게 대비하는 100세 시대의 재테크 전략을 몇 가지 내용으로 소개합니다.

나는 왜 돈을 못 모을까?

통장에 빨대가 꽂힌 것도 아니고, 날마다 열심히 일해도 월급날 이리저리 자동이체 하고 나면 잔고는 항상 바닥입니다. 내 월급 이외에는 모든 물가가 다 오르는 세상. 이런 현실은 아무리 열심히 일해도 나아질 것 같지 않습니다. 하지만 많이 벌지 않아도 지출을 통제할 수 있다면 돈으로부터 자유로워질 수 있습니다. 부자 되는 저축의 첫 단계! 나의 지출 경향부터 냉정하게 진단해볼까요?

check!
생활 습관으로 알아보는 저축력 테스트

월급날이 돈잔치인 사람이 있고 빚잔치인 사람도 있다. 같은 월급을 받아도 저축액이 다른 것은 생활 습관이 원인이다.

1. 지금 내 지갑 속에 얼마가 들어 있는지 모른다.	☐
2. 지갑이 영수증, 쿠폰, 멤버십 카드로 빵빵하다.	☐
3. 마음에 드는 품목이나 세일하는 품목은 놓치지 않고 충동 구매한다.	☐
4. 다른 집에 비해 쓰레기가 많이 나온다.	☐
5. 월말이면 신용카드 내역서가 얼마 나올지 몰라 불안하다.	☐
6. 가계부는 귀찮아서 쓰지 않는다.	☐
7. 있으면 있는 대로 쓰다 보니 한 달 생활비가 얼마인지 모른다.	☐
8. 지난 1년간 얼마를 저축했는지 모른다.	☐
9. 적금을 들었지만 저축 금액이 매달 들쑥날쑥하다.	☐
10. 대출 잔액과 대출 금리가 얼마인지 모른다.	☐
11. 자동차세, 재산세 등이 언제 부과되는지 몰라 낼 때마다 목돈이 부담된다.	☐
12. 가족이 100만 원 남짓의 스마트폰을 2년 주기로 교체하지만, 통신비를 검토해본 적은 없다.	☐
13. 보험은 보험설계사의 권유로 가입만 했을 뿐 검토해본 적이 없다.	☐
14. 재테크 책, 경제 뉴스와 포털 사이트의 경제 카테고리는 어렵고 재미없어서 읽지 않는다.	☐
15. 주식과 펀드는 손해보는 것이 염려되어 투자하지 않는다.	☐

체크 항목마다 1을 더한 개수의 총합이 내 저축력 타입!

3개 이하

저축 고수 타입

절약과 절제로 재테크를 실천하고 있는 당신은 '저축의 고수' 타입! 부자가 되기 위해 전속력으로 달리고 있습니다. 앞으로도 미래를 위해 체계적으로 저축하고 경제 흐름을 파악해 알뜰하게 가계를 운영해보세요.

4~7개

경제 상식파 타입

경제에 대한 기초 지식을 갖추고 있는 당신은 '경제 상식파' 타입! 저축의 달인이 될 가능성이 충분합니다. 하지만 경제 지식을 재테크에 활용하지 않으면 부자가 될 수 없습니다. 스마트한 저축 설계를 통해 모은 돈을 안정적으로 운용해보세요.

8~11개

무계획 타입

계획이 없어 성과도 없는 '무계획' 타입! 저축을 하고 싶어도 돈이 모이지 않는 것은 저축의 목적이 불분명하기 때문입니다. 장기적인 저축 계획을 세워 실천하면 당신도 3년 내에 저축의 고수가 될 수 있습니다. 우선은 계획적으로 지출하는 습관을 익히기 위해 '봉투 가계부'부터 실천해보세요.

12개 이상

막 쓰자 타입

번 돈을 다 써버리는 '막 쓰자' 타입! 젊었을 때는 어떻게든 생활할 수 있지만, '100세 시대'에 저축하지 않는다면 노후에는 빈곤한 삶을 살 수 있습니다. 우선은 날마다 쓴 돈부터 철저히 체크하면서, 현재의 소비 습관을 근본적으로 검토해보세요.

01 절대 돈을 모을 수 없는 이유 3가지

가장 큰 이유는 목표가 없다는 점이다. 그러니 저축 계획도 현실감이 사라지는데, 이럴 때 의무감으로 저축하면 지출 없는 삶은 마냥 답답할 따름이다. 저축의 목적은 목표 달성임을 잊지 말자.

1 수입보다 지출이 많다

돈을 모아야겠다고 결심해도 저축액이 늘지 않는 이유는 매달 월급 이상의 금액을 지출하기 때문이다. 돈을 모으기 위해서는 버는 것보다 쓰는 것에 더 주의해야 한다. 1만 원이 얼마나 소중한지 알게 될 때 돈을 모을 수 있다.

2 돈을 모아야 하는 '목표'가 없다

'돈을 모았으면 좋겠다'는 막연한 생각만으로는 지출의 유혹에 흔들리기 쉽다. 인내심을 가지고 저축하기 위해서는 '내 집 장만, 종잣돈 마련' 등 돈을 모아야 하는 목표부터 명확히 세워보자.

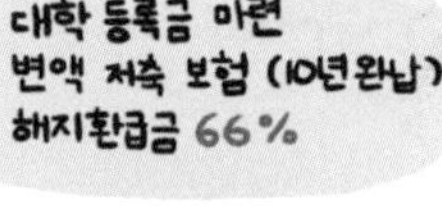

3 구체적인 저축 계획이 없다

무작정 절약에만 매달리거나 적합하지 않은 금융 상품에 투자한다면, 기대한 만큼 수익을 얻기 어렵다. 얼마의 금액을 어떻게 모을지 저축 계획부터 세워보자.

절약 생활이 즐거워지는 **꿈 실현 계획서**

오늘이 내 인생의 마지막 날이라면 가장 후회되는 일이 무엇인가요? 하루하루를 그저 그렇게 살다가 요양병원에 누워 삶을 마무리하기에는 내 인생이 아깝지 않을까요? 누구나 마음속에 간직한 꿈이 있지만 일상에 치여 사는 동안 결국 못 이루는 경우가 대부분입니다. 하지만 저축은 내 꿈을 현실로 바꿔줍니다. 습관적인 지출을 줄이고 목표액을 세워 저축하면 막연했던 꿈이 현실이 됩니다. 이것이 바로 저축의 힘입니다.

01 후회 없는 지출을 위해 나만의 기준을 세울 것

돈을 쓰는 기준은 가치관에 따라 다르다. 외모를 중시하는 사람은 외모에 투자할 때 만족감이 크고, 종교를 가진 사람은 보이지 않는 내세를 위해 기부하는 것을 값지게 생각한다. 따라서 자신의 가치관을 직시하고 욕망이 반영된 선택을 할 때 후회 없는 지출을 할 수 있다.

Q. 내가 중요하게 생각하는 가치관은 무엇인가?
A. 1. 성공 2. 가족 3. 욜로(YOLO) 라이프 4. 종교적인 신념

Q. 의식주 중에서 내게 가장 중요한 부분은 무엇인가?
A. 1. 입는 것 2. 먹는 것 3. 집 소유

Q. 물건과 경험 중 더 큰 만족감을 주는 것은 무엇인가?
A. 1. 명품 백 (물건) 2. 여행 (경험)

후회 없는 지출을 하기 위해서는 내 가치관을 직시하고 욕망이 반영된 선택을 하도록 하자!

02 꿈을 위해 저축하면 절약이 즐거워진다

돈을 모으는 목적이 명확하면 그 자체로 절약 동기가 된다. 꿈에 다가갈수록 힘들기보다는 기쁨이 커진다.

꿈 = '언젠가 이루고 싶다'

꿈이란 막연히 언젠가 이루고 싶다는 희망으로, 쉽게 이루어지지 않기 때문에 꿈이다.

예) 나의 꿈은 '유럽 여행' → 언젠가 유럽 여행을 가고 싶다. → 언젠가는 오지 않는 법, 꿈은 쉽게 이루어지지 않는다.

꿈 + 계획 + 저축 = 현실화

저축은 꿈을 실현해준다. 계획의 핵심은 언제! 꿈을 실현하는 시기를 정하고 꾸준히 저축하면 막연했던 꿈이 현실이 된다.

예) '3년 후'에 유럽 여행을 가고 싶다. → 여행비 800만 원÷3년=월 22만 원 저축 →'유럽 여행'의 꿈이 이루어진다.

꿈을 현실화하는 '꿈 실현 계획서'

꿈을 글로 적으면 적극적인 인생을 살게 되고, 목표 금액을 저축하다 보면 꿈은 이루어진다. 내 꿈이 이루어질 것이라는 믿음을 가지고 꿈 실현 계획서를 적어보자.

꿈 실현 계획서

Step 1 꿈을 구체적으로 적는다

[3] 년 후에 [유럽 여행] 을 할 것이다.

1. 누가	나 + 남편
2. 언제	3년 후
3. 어디에서	유럽 5개국
4. 필요한 금액	800만 원

Step 2 매월 적립 금액을 계산한다

목표 금액 800만원	÷	3년 X 12개월	=	매월 적립 금액 22만 원

Step3 저축한다

1. 외식비 절약 ⟶ 10만 원
2. 하원 도우미 아르바이트 (월~수 1시간) ⟶12만 원
3.

내 인생의 머니 플랜, **재테크 전략**

여름철 열심히 저축한 개미는 풍족한 겨울을 보냈지만, 놀기만 한 베짱이는 추운 겨울 구걸하는 신세가 되었습니다. 미래를 걱정하고 대비하는 것은 100세 인생을 위해 꼭 필요합니다. 주택과 교육, 노후를 대비할 수 있는 내 인생의 재무설계를 시작해볼까요?

01 연령별 재테크 목표가 다르다!

사회 초년생과 은퇴를 준비 중인 50대는 처한 상황이 다르기 때문에 재테크의 목표 또한 다르다. 성공적인 재테크를 위해 연령대별 재테크 목표부터 알아보자.

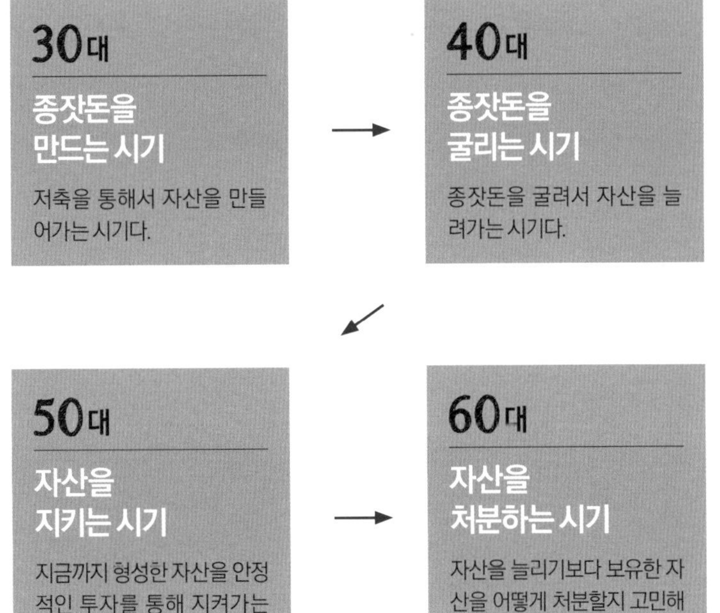

How to

30대 TO DO !

결혼과 출산이 빠를수록 재산도 빨리 모은다.

결혼이 늦어지면 육아와 교육도 늦어져 노후 준비에 부담이 된다.

결혼 후 10년간의 경제 관념이 평생을 좌우한다.

남과 비교해 과소비하지 않고 나만의 저축 습관을 지키며 알뜰하게 살림한다.

강제 저축 시스템을 만든다.

신혼 초에는 자동으로 돈이 모이는 가계 구조를 만드는 것이 최우선! 저축 계좌와 지출 계좌를 구분한다. 저축 계좌에서는 월급날 적금이 자동이체 되도록 하고, 지출 계좌에는 체크카드를 연계한 후 생활비만 입금한다.

선저축 후 지출한다.

남는 돈을 저축하는 대신 월수입의 30% 이상을 선저축한다.

경제 흐름을 파악한다.

자산을 지키기 위해서는 경제를 아는 것이 필수! 경제 관련 책과 신문을 보고 주식과 환율 등 경제 흐름을 파악한다.

소액 투자를 시작한다.

퇴직금을 날리지 않으려면 30대부터 투자를 연습한다. 경험을 쌓는다는 마음으로 소액 분산 투자한다.

추천 포트폴리오

장기 투자 효과를 볼 수 있는 주식, 펀드에 투자한다.

부동산 30% (무리한 내 집 마련은 No!)
금융 70%
(주식이나 펀드 50% + 예적금 20%)

40대 TO DO !

정년 이후 20년간 생활비를 산출한다.

국민연금을 확인하고, 정년까지 모을 수 있는 노후 자금을 계산한다. 생활비 월 200만 원을 20년 동안 쓰려면 원금만 4억8000만 원이 필요하다. 국민연금을 제외하고 부부가 2억5000만~3억 원은 준비해두는 것이 좋다.

본격적으로 자산 운영을 시작한다.

30대에 얻은 실패 경험을 기반으로 자산을 늘려야 하는 시기! 단기·중기·장기로 나눠서 투자하고, 분산 매수, 분산 매도 한다.

교육에 과소비하지 않는다.

공부도 재능, 억지로 학원을 보낸다고 성적이 오르지 않는다. 교육비 지출이 과도하면 노후 준비에 걸림돌이 되므로 교육에 과소비하지 않는다.

부모의 요양 시설을 알아본다.

일반적으로 와병 상태가 되는 것은 80세 이후이므로 미리 걱정할 필요는 없지만, 방문 요양 서비스와 노인 요양 시설에 관심을 갖는다.

추천 포트폴리오

부동산 자산을 늘려가고, 원금을 잃지 않으면서 수익이 발생하는 상품에 투자한다.

부동산 40% (내 집 마련이 목표)
금융 60%
(주식이나 펀드 50% + 예적금 10%)

50대 TO DO!

불필요한 소비를 줄인다.

60대 이후의 소박한 살림을 위해 불필요한 소비와 집의 평수를 줄인다.

대출을 모두 상환한다.

50대 중반까지는 대출금을 전액 갚아야 한다. 특히 수익을 창출하지 못하는 주거용 부동산의 빚은 노후를 위해 빨리 갚는 것이 좋다.

자녀의 결혼자금을 준비한다.

자녀 결혼비용은 아무리 많이 써도 밑 빠진 독에 물 붓기! 체면치레 때문에 마지막 노후자금을 탈탈 털지 말고, 미리 계획한 자금의 규모 내에서 준비한다.

추천 포트폴리오

지금까지 형성한 자산을 잃지 않도록 안전 자산을 늘려간다.

부동산 50% (내 집은 있어야 하며 안전 자산이 필요하다)

금융 50%
(주식이나 펀드 30% + 예적금 20%)

60대 TO DO!

자산을 처분한다.

자산을 늘리기보다 어떻게 처분할지 고민해야 한다. 안정된 수익이 발생하는 자산을 보유하다가 자녀에게 물려주는 방법을 찾는 것이 이상적이다.

소박한 노후를 즐긴다.

큰 차, 큰 집, 유지비가 많이 드는 물건은 처분하고 소박한 노후를 즐긴다.

노후자금이 부족하다면?

준비된 노후자금이 부족하다면 재취업을 통해 소득을 창출한다. 자녀들에게 매달 손을 벌려야 한다면 집을 담보로 주택연금을 받는 것도 고려해본다.

수령 시기를 조절한다.

퇴직금, 연금, 저축, 보험의 수령 시기를 잘 조정해 죽을 때까지 부족함 없이 쓸 수 있도록 한다.

추천 포트폴리오

매달 안정된 수익이 지속적으로 발생하는 자산을 주요 자산으로 보유한다.

부동산 40% (집 평수를 줄이고 남은 자산은 연금으로 돌린다.)

금융 60% (현금 20%+연금 40%)

흑자 가계부를 완성하는 '자동 저축 구조' 만들기

적자 가계부의 저축 구조 : 쓰고 남은 돈을 저축한다

쓰고 남은 돈으로 저축하려고 하면 한 푼도 저축하기 힘들다.
여기에 신용카드까지 사용한다면 가계부 적자는 당연한 결과다.

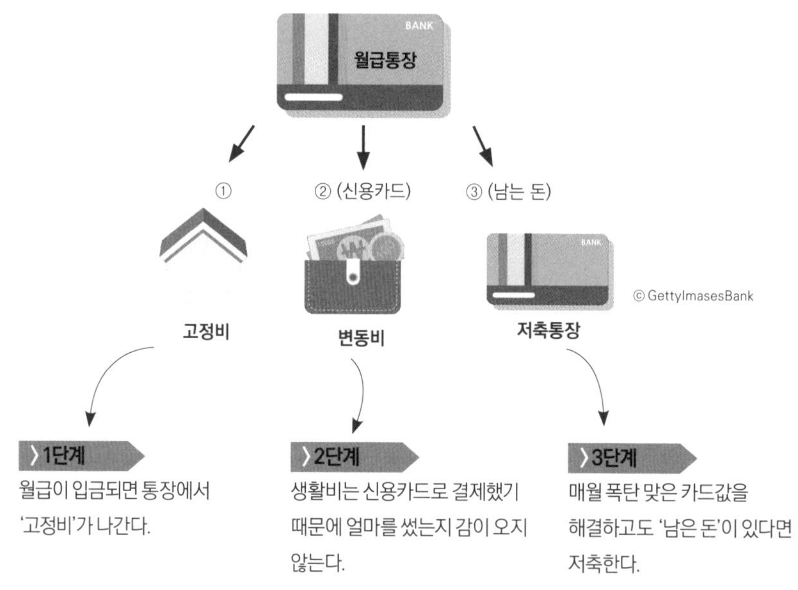

신혼 초, 저희 집 가계부는 적자였습니다. 매달 카드값을 내고 나면 현금이 없어 또 카드를 긁었습니다. 악순환이 반복되면서 저축할 돈은 당연히 한 푼도 없었고, 아들 새뱃돈까지 털어 쓴 적도 있습니다. 몇 달 고생 끝에 카드를 없애고, 통장을 용도별로 개설한 후 돈의 흐름을 선저축 후지출의 '자동 저축 구조'로 바꾸었습니다. 단지 그것만 했을 뿐인데, 그 후 10년 동안 저희 집 가계는 흑자를 유지하고 있습니다. 절약 의지와 상관없이 매월 자동으로 돈이 모이는 '자동 저축 구조'를 소개합니다.

02 흑자 가계부의 '자동 저축 구조' : 노력하지 않아도 돈이 모인다

돈의 흐름을 바꾸면 노력하지 않아도 자동으로 돈이 모인다. 자신의 의지와 상관없이 매월 자동으로 저축이 되기 때문에 저축 의지가 약한 사람도 돈을 모을 수 있다.

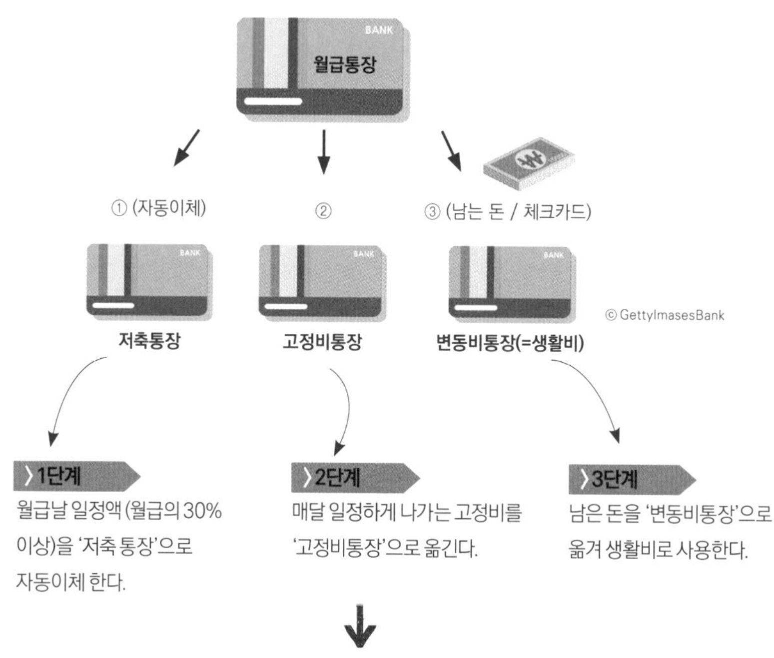

수입이 지출보다 많은 30% 흑자 상태로 설계되었기 때문에
변동비가 예산을 초과하지 않는다면, 무조건 흑자다!

03 통장은 4개로 분리한다 : 돈에 이름표를 달 것

자동 저축 구조를 만들기 위해서는 '통장 쪼개기'가 필수! 계좌를 나눠 돈이 모이고 흐르는 구조를 만드는 것이다. 각 통장마다 용도별로 이름표를 달고, 정해진 용도 외에는 절대 건드리지 않는 것이 포인트다.

〉월급통장

□ 매달 월급이 들어오는 계좌로, 월급날 저축과 고정비 이체가 끝나면 변동비 통장으로 사용해도 좋다.

거래일시	적요	보낸분/받는분	출금액	입금액	잔액	송금메모
2018.02.01.	전자금융	한국기*	0	3,300,000	3,300,000	월급
2018.02.01	인터넷출금이체	조윤경	1,350,000	0	1,950,000	고정비
2018.02.01	인터넷출금이체	조윤경	500,000	0	1,450,000	저축(적금)
2018.02.01	인터넷출금이체	조윤경	500,000	0	950,000	저축(주식)
2018.02.03	체크카드	홈플러스스…	42,200	0	907,800	변동비
2018.02.08	체크카드	YES24	67,500	0	840,300	
2018.02.08	체크카드	GS25부천··	6,120	0	834,180	

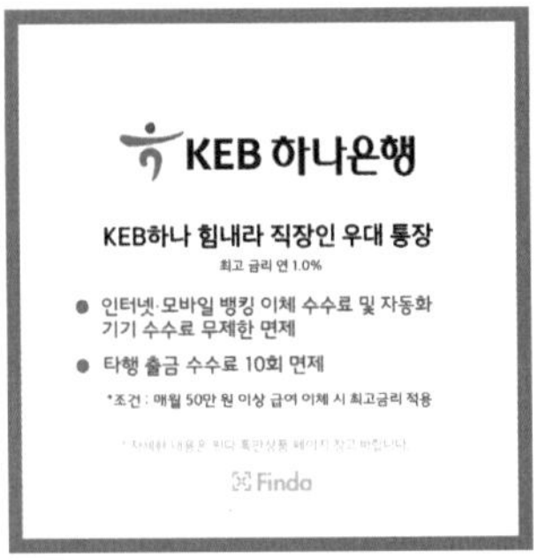
KEB 하나은행
KEB하나 힘내라 직장인 우대 통장
최고 금리 연 1.0%
인터넷·모바일 뱅킹 이체 수수료 및 자동화기기 수수료 무제한 면제
타행 출금 수수료 10회 면제
*조건 : 매월 50만 원 이상 급여 이체 시 최고금리 적용
Finda

□ 주거래 은행을 정해 '월급통장'을 개설하면 뱅킹 수수료와 ATM 수수료 혜택을 받을 수 있다.

〉고정비통장

□ 매달 일정하게 나가는 고정비(주거비, 관리비, 통신비, 학원비, 보험료 등)을 관리하는 통장이다. 공과금, 보험료 등 고정비는 자동이체를 신청한다.

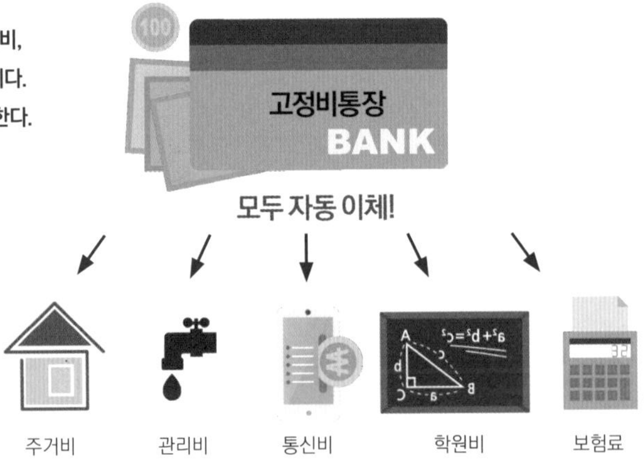
고정비통장
BANK
모두 자동 이체!
주거비
관리비
통신비
학원비
보험료

© GettyImagesBank

〉저축통장

□ 적금, 청약저축 등 종잣돈을 모으는 통장으로 월급날 일정액을 자동이체 한다.

납입회차	월분	일자	금액	잔액	입금자
7	2018.07	2018.07.01	500,000	3,500,000	조윤경
6	2018.06	2018.06.01	500,000	3,000,000	조윤경
5	2018.05	2018.05.01	500,000	2,500,000	조윤경
4	2018.04	2018.04.01	500,000	2,000,000	조윤경
3	2018.03	2018.03.01	500,000	1,500,000	조윤경
2	2018.02	2018.02.01	500,000	1,000,000	조윤경
1	2018.01	2018.01.01	500,000	500,000	조윤경

□ 한 통장으로 모아도 좋지만 '모으는 목표'별로 세분화해 쪼개는 것도 좋다.

− 적립식 예금계좌

계좌번호	상품명		잔액		
25**02-04-0077**	직장인우대적금 (교육비) 신규일 2016.01.01	만기일 2019.01.01	6,300,000원	조회	입금
25**02-04-0075**	직장인우대적금 (주택) 신규일 2016.01.01	만기일 2019.01.01	7,200,000원	조회	입금
25**02-04-0075**	직장인우대적금 (노후) 만기일 2016.01.01	만기일 2019.01.01	7,200,000원	조회	입금

□ 저축통장은 시중 은행보다 금리가 높은 저축은행을 이용하는 것도 좋다. 예금자 보호를 받을 수 있도록 5000만 원 이하로 예금한다.

저축은행	단리 6개월	단리 12개월	단리 24개월	단리 36개월	등록일
[웰컴] Welcome 디딤돌적금		6.40			2018-04-17
[웰컴] Welcome 드림 정기적금		5.00			2018-04-17
[웰컴] Welcome 첫거래우대 e 정기적금		3.10	3.30		2018-04-17
[웰컴] Welcome 첫거래우대 m 정기적금		3.10	3.30		2018-04-17
[조흥] 정기적금	2.70	3.10	3.20	3.20	2018-04-17
[솔브레인] 쏠쏠한정기적금		3.00	3.10	3.20	2018-04-17
[웰컴] Welcome 아이사랑 정기적금		3.00	3.00	3.00	2018-04-17
[키움YES] SB톡톡 키워드림 정기적금	2.20	3.00	3.00	3.10	2018-04-17

출처:저축은행중앙회

Tip 우량 저축은행 찾는 법

1. '88클럽'인지 확인한다. 우량 저축은행의 판단 기준으로 '자기자본비율 8% 이상, 고정이하여신비율 8% 이하'인 저축은행. '저축은행중앙회' 홈페이지의 '경영공시'에서 확인 가능하다.

2. 자산 규모가 높고 지점 수가 많은 은행이 안정적이다.

구분	제7기말 (금기)(A)
고정이하여신비율 **8%이하**	4.26
위험가중자산에 대한 자기자본비율 (BIS기준 자기자본비율) **8%이상** *법규상 요구되는 비율은 (7)% 이상임	10.96

□ 월급의 3배 정도는 '비상금통장'을 만들어둔다.

예상치 못한 지출에 대비할 수 있어 적금을 깨지 않아도 된다. MMF, CMA 통장을 이용하면 입출금도 자유롭고 하루만 맡겨도 이자를 받을 수 있다.

© GettyImagesBank

〉변동비통장

□ 변동비(식비, 의류·미용비, 교통비, 병원의료비, 생활용품비 등)를 관리하는 통장으로, 체크카드를 연계해 잔액 안에서만 사용한다.

□ 은행별 체크카드 혜택을 꼼꼼히 따져보고 자신의 라이프스타일에 맞는 혜택을 제공하는 체크카드가 있는 은행 계좌를 개설한다.

Memo **뱅크샐러드** 맞춤형 금융 상품 추천 사이트. 내 소비 패턴을 입력하면 국내 3360여 개의 카드 중 가장 큰 혜택을 받을 수 있는 체크카드를 추천해준다.

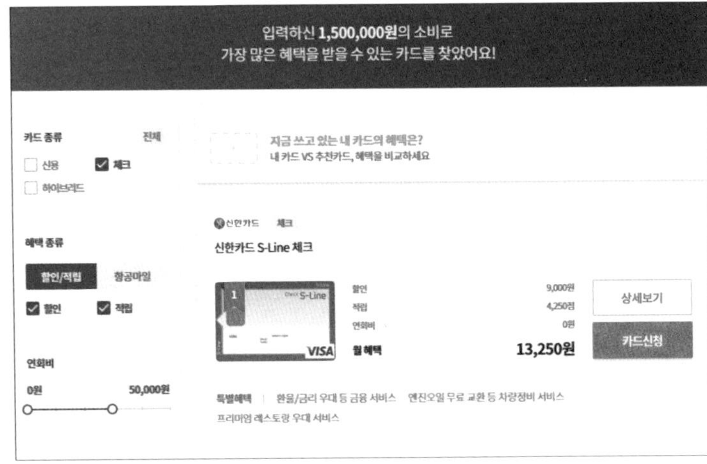

출처 : 뱅크샐러드(http://banksalad.com)

수입을 알뜰하게 배분하는 요령, **머니 밸런스**

"한 달 보험료가 80만 원인데, 이게 많이 나가는 건지 전혀 감이 안 잡혀요. 다들 4인 가족 기준으로 얼마 정도 내시나요?" 돈 관리는 균형의 문제입니다. 불필요한 항목을 줄이고 생활비를 균형 있게 배분하면 안 입고 안 써도 자연스럽게 절약 생활을 할 수 있습니다. 한 달 수입을 지혜롭게 배분하는 요령, 머니 밸런스를 소개합니다.

01 지출의 황금 비율 3 : 4 : 3의 법칙

가족 수와 수입에 따라 차이가 있지만, 일반적으로 수입은 저축 30% : 고정비 40% : 변동비 30%의 비율로 배분하는 것이 가장 이상적이다.

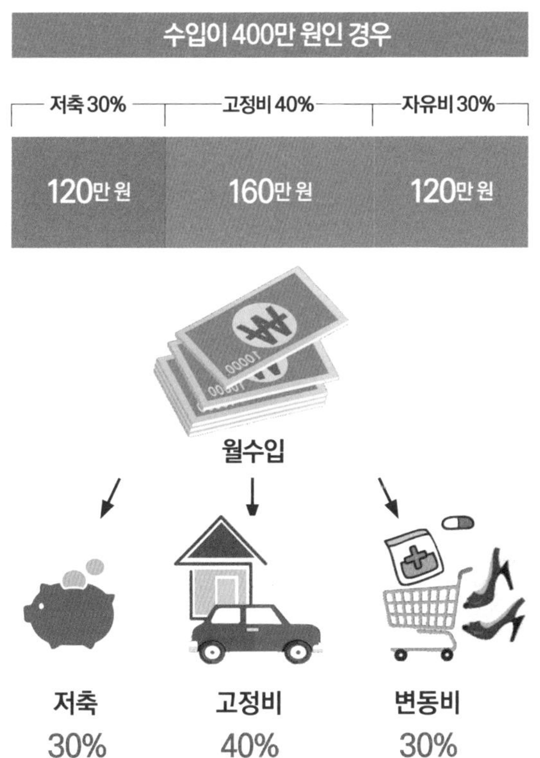

© GettyImagesBank

1 저축은 매달 일정하게 수입의 30%로

월급날 바로 수입의 30%를 저축한다. 반드시 지킬 것은 상황에 휩쓸리지 않고 매달 일정한 금액을 저축하는 것! '코트를 사야 하니까 이번 달은 저축을 줄여야지'라고 생각하는 사람은 '오늘까지만 먹고 내일부터 다이어트해야지'라고 생각하는 사람과 같다. 오늘의 다이어트를 미루는 사람은 절대 살을 뺄 수 없는 것처럼, 이번 달의 저축을 미루는 사람은 절대 부자가 될 수 없다.

2 고정비는 수입의 40% 이하로

매달 고정적으로 나가는 비용으로 아파트 대출금이나 월세 등의 주거비, 관리비, 통신비, 보험료 등이 해당된다. 소비 행동을 하지 않아도 고정적으로 지불하는 비용이기 때문에 수입의 40%를 초과하지 않도록 섬겸하는 것이 중요하다.

3 나머지 비용 30%를 변동비로

수입에서 저축과 고정비를 제외한 30%는 변동비로 사용한다. 변동비는 식비, 외식비, 생활용품비, 의류·미용비, 병원의료비 등으로 이들은 절약을 통해 줄일 수 있다. 기분 전환이나 스트레스 해소 때문에 과소비하지 않도록 주의한다.

02 라이프스타일별 이상적인 머니 밸런스

한 달 생활비를 어디에 얼마나 써야 할지 모르는 경우가 많다. 머니 밸런스는 지출 항목별 이상적인 비율로 라이프스타일, 즉 가족 구성원이나 수입 등에 따라 달라지며 가족 수가 같아도 성장기의 자녀가 있으면 식비와 교육비가 늘어난다. 또한 소득이 높으면 식비와 주거비 비율이 낮아진다. 아래 표를 이용해 우리 집 머니 밸런스를 직접 작성해보자.

지출항목		부부 2인	부부+초등학생 이하의 자녀	부부+중학생 이상의 자녀	우리 집 머니 밸런스
저축		30% (60만 원)	25% (100만 원)	20% (80만 원)	% (만 원)
고정비	주거비 (주택 대출 상환, 월세 등)	10% (20만 원)	8% (32만 원)	6% (24만 원)	% (만 원)
	관리비 (경비비, 전기·가스·수도 요금)	5% (10만 원)	5% (20만 원)	5% (20만 원)	% (만 원)
	통신비 (전화, 인터넷요금)	5% (10만 원)	5% (20만 원)	6% (24만 원)	% (만 원)
	보험료 (보장성보험)	8% (16만 원)	8% (32만 원)	8% (32만 원)	% (만 원)
	교육비	0% (0원)	10% (40만 원)	15% (60만 원)	% (만 원)
	용돈	10% (20만 원)	8% (32만 원)	8% (32만 원)	% (만 원)
변동비	식비	15% (30만 원)	15% (60만 원)	15% (60만 원)	% (만 원)
	취미·오락비	4% (8만 원)	3% (12만 원)	3% (12만 원)	% (만 원)
	생활용품비	3% (6만 원)	3% (12만 원)	4% (16만 원)	% (만 원)
	의류·미용비	3% (6만 원)	3% (12만 원)	3% (12만 원)	% (만 원)
	병원의료비	2% (4만 원)	2% (8만 원)	2% (8만 원)	% (만 원)
	교통비	5% (10만 원)	5% (20만 원)	5% (20만 원)	% (만 원)
지출 합계		100% (200만 원기준)	100% (400만 원기준)	100% (400만 원기준)	% (만 원)

▶ 부부 2인

인생에서 가장 금전적으로 여유 있는 시기로 가장 저축하기 좋은 때다. 이 시기에 종잣돈을 마련해두면 먼 훗날 인생이 훨씬 편해지므로, 30% 이상을 목표로 저축하는 것이 좋다.

▶ 부부 + 초등학생 이하 자녀

자녀가 태어난 뒤 초등학교를 다닐 때까지의 시기로 자녀를 위한 지출이 늘어난다. 고정비가 40%를 넘지 않도록 점검하고, 부부의 용돈이나 취미·오락비, 의류·미용비 등을 조금씩 줄여 절약하도록 하자. 저축은 최소 25%를 유지하는 것이 좋다.

▶ 부부 + 중학생 이상의 자녀

가장 지출이 많은 시기다. 자녀가 성장하면서 본격적으로 학원비 부담이 커지고, 식비와 통신비도 증가한다. 교육비에 많은 돈을 지출한다고 해서 성적이 상승하는 것은 아니므로 교육비는 15%를 넘지 않도록 조정한다. 지출이 많은 시기지만, 은퇴 후를 대비해 저축은 20% 유지를 목표로 한다.

지출을 효율적으로 줄이는 요령

구멍이 숭숭 뚫린 양동이에는 물을 채울 수 없다. 마찬가지로 불필요한 지출이 많으면 통장에 돈이 쌓이지 않는다. '항상 써왔으니까, 다른 사람들도 다 하니까'라는 생각으로 지불해왔던 습관적인 지출을 점검하고 불필요한 소비를 줄여야 돈을 모을 수 있다.

1... **고정비를 줄인다.** 생명보험료나 휴대폰 요금은 매달 정해진 금액이 나가므로 한번 줄이면 계속적으로 지출을 억제할 수 있다.

2... **비율이 큰 항목부터 줄인다.** 전기세는 1만 원 줄이기도 어렵지만 지출 비율이 큰 외식비는 조금만 삭감해도 큰 금액을 줄일 수 있다.

3... **'없어도 살 수 있는 지출'부터 줄인다.** 병원비를 줄이기보다 취미·오락비나 의복비부터 줄인다.

귀차니스트도 필요하다! **나만의 가계부 활용법**

가계부는 돈의 성적표입니다. 가계부에 지출을 적다 보면 무심코 쓴 돈을 반성하게 되고 차츰 낭비도 줄어들게 됩니다. 하지만 날마다 쓰는 것이 귀찮기 때문에 꾸준히 쓰는 사람은 많지 않습니다. 간편할 뿐 아니라 절약 효과까지 얻을 수 있는 하루 5분, 가계부 쓰기 노하우를 소개합니다.

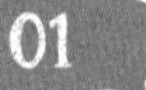

왜 가계부를 써야 할까?

주부들이 가계부를 쓰는 비율은 불과 30%. 절약에 도움 되는 것을 알면서도 쓰지 않는 가장 큰 이유는 '귀찮기' 때문이다.

가계부의 목적은?

'가계부의 공란을 채우는 것'이 아니라 '가계 수지를 파악해 돈을 저축하는 것'

① 가계 수지(수입과 지출)만 파악할 수 있다면 매일 쓸 필요는 없다.
② 몇백 원 차이로 적자가 흑자로 바뀌지 않으므로 잔액을 완벽히 맞출 필요는 없다.

정리의 핵심은 3가지

① 수입
② 지출
③ 정산 결과(=흑자 or 적자)

세세한 지출 기입이 귀찮다면, 가계부 핵심 항목인 3가지 숫자만 파악해도 충분하다.

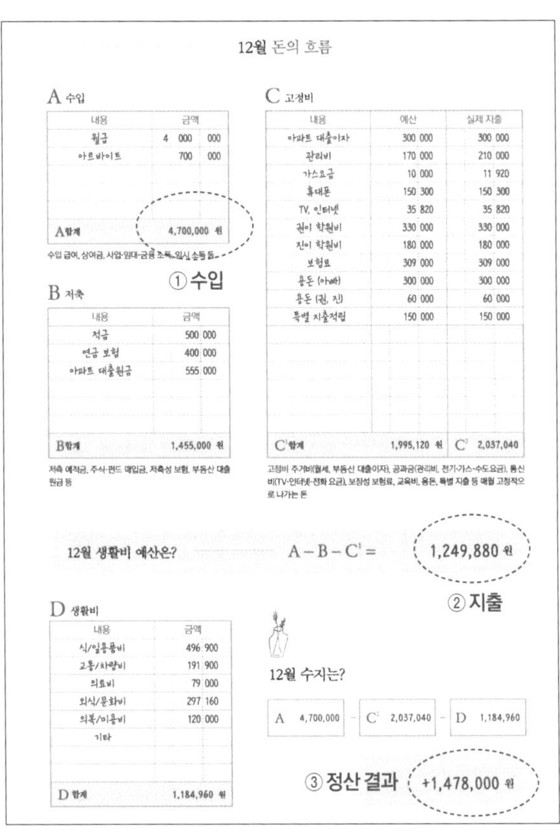

12월 돈의 흐름

A 수입

내용	금액
월급	4 000 000
아르바이트	700 000
A합계	4,700,000 원

수입 급여, 상여금, 사업·임대·금융 소득, 임시 소득 등

① 수입

B 저축

내용	금액
적금	500 000
연금 보험	400 000
아파트 대출원금	555 000
B합계	1,455,000 원

저축 예적금, 주식·펀드 매입금, 저축성 보험, 부동산 대출 원금 등

C 고정비

내용	예산	실제 지출
아파트 대출이자	300 000	300 000
관리비	170 000	210 000
가스요금	10 000	11 920
휴대폰	150 300	150 300
TV, 인터넷	35 820	35 820
권이 학원비	330 000	330 000
진이 학원비	180 000	180 000
보험료	309 000	309 000
용돈 (아빠)	300 000	300 000
용돈 (권, 진)	60 000	60 000
특별 지출적립	150 000	150 000
C¹합계	1,995,120 원	C² 2,037,040

고정비 주거비(월세, 부동산 대출이자), 공과금(관리비, 전기·가스·수도요금), 통신비(TV·인터넷·전화 요금), 보장성 보험료, 교육비, 용돈, 특별 지출 등 매월 고정적으로 나가는 돈

12월 생활비 예산은? A – B – C¹ = 1,249,880 원

② 지출

D 생활비

내용	금액
식/일용품비	496 900
교통/차량비	191 900
의료비	79 000
외식/문화비	297 160
의복/미용비	120 000
기타	
D 합계	1,184,960 원

12월 수지는?

A 4,700,000 – C² 2,037,040 – D 1,184,960

③ 정산 결과 +1,478,000 원

털팽이의 《모이는 가계부》에 소개한 월별 '돈의 흐름' 페이지 예시.

02 나만의 가계부 정리법을 선택해보자

1 쓰지 않고 붙인다, 영수증 가계부

가계부를 매일 쓰는 것이 번거로운 사람에게 딱 맞는 가계부! 시간 있을 때 영수증을 붙이고, 월말에 한꺼번에 계산한다.

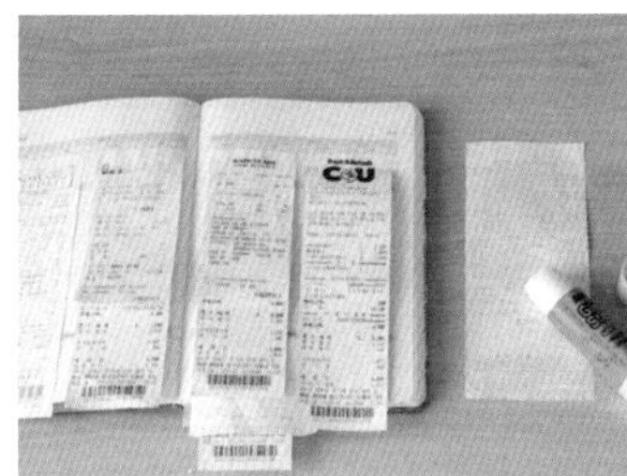

1. 평소에 모아둔 영수증을 해당 날짜의 지출란에 위에서부터 차례차례 붙인다.

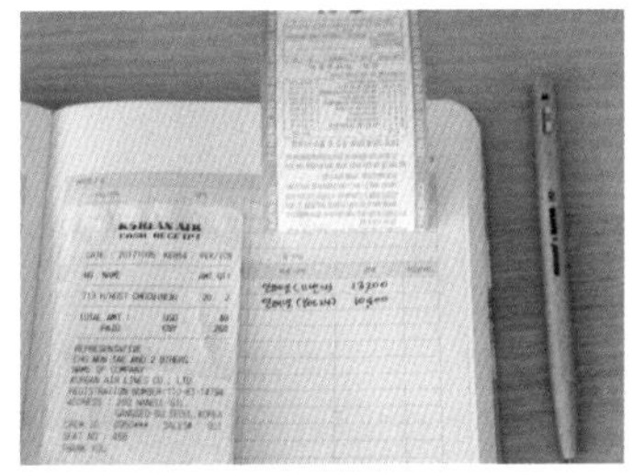

2. 영수증이 크면 접어서 붙이고, 영수증이 없으면 지출란에 직접 쓴다.

3. 월말에 한꺼번에 계산하고 정산한다.

2 문자로 자동입력, 가계부 어플

대부분의 가계부 어플은 카드 문자가 수신되면 바로 입력되어 자동으로 가계부가 기록된다. 추천 어플은 '똑똑가계부'.

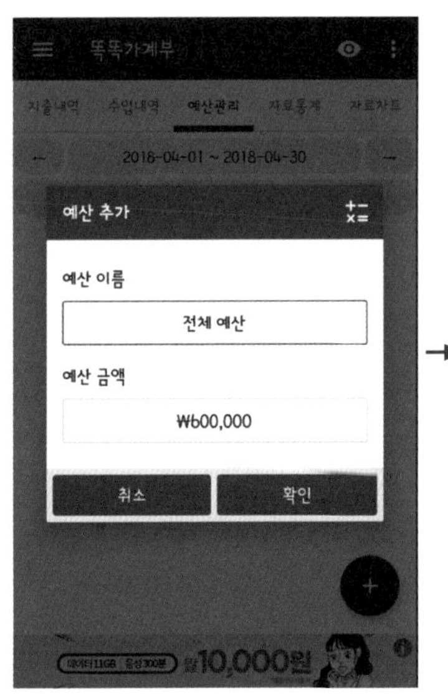

1. 플레이스토어에서 가계부 어플을 다운로드한다. 알뜰한 소비 생활을 위해 예산을 설정한다.

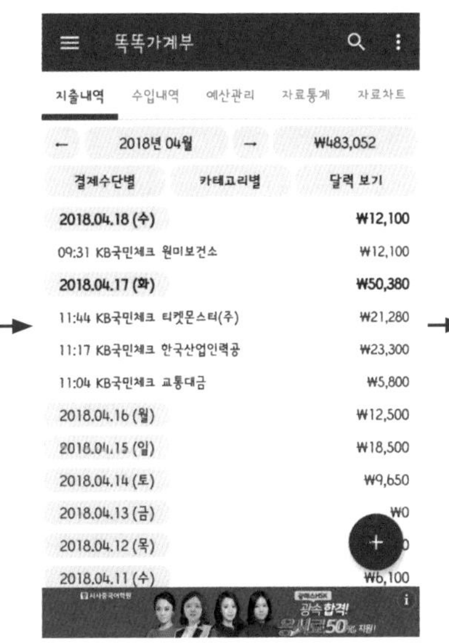

2. 은행과 카드 문자가 수신되면 가계부에 자동 등록된다. 현금 사용액은 + 버튼을 누르고 입력한다.

3. 설정하지 않아도 자동 정산된다.

3 내 스타일로 직접 만든다, 엑셀 가계부

1년치 가계 수지를 한 화면에서 확인할 수 있는 초간단 엑셀 가계부다. 엑셀을 활용하면 계산이 쉬운 것도 장점! 가계부 양식은 앞선 '자동 저축 구조' 칼럼에 맞춰 만들었다.

	A	B	C	D	E	F	G	H	I	J	K
1	가계부 2018										
2		1월	2월	3월	4월	5월	6월	7월	8월	9월	10
3	수입	[illegible]	3,900,000								
4	저축	[illegible]	780,490								
5	고정비	1,981,350	1,978,010	-	-	-	-	-	-	-	
6	변동비	[illegible]	1,141,500	-	-	-	-	-	-	-	
7	합계	[illegible]	780,490	-	-	-	-	-	-	-	
8											
9	고정비										
10	주거비	-	-								
11	관리비	315,860	312,520								
12	통신비	[illegible]	194,000								
13	보험료	[illegible]	491,490								
14	교육비	980,000	980,000								
15	합 계	1,981,350	1,978,010	-	-	-	-	-	-	-	
16											
17	변동비										
18	식 비	379,000	352,000								
19	외식비	189,000	192,000								
20	용 돈	400,000	400,000								
21	취미오락비	[illegible]	23,000								
22	생활용품비	[illegible]	98,000								
23	의류미용비	34,000	56,000								
24	병원의료비	45,000	20,500								
25	합 계	1,229,300	1,141,500	-	-	-	-	-	-	-	

1. 월초에 수입과 저축, 고정비를 기입한다.

2. 변동비는 평소에 영수증을 비목별로 분류해 모아둔 후, 월말에 영수증의 합계를 입력한다.

3. 정산하고 가계 수지를 확인한다.

03 30일 사이클을 고려한, 가장 효과적인 작성법

1

한 달 주기를 정한다. '월급날부터 다음 월급 전날'까지가 좋다.

④ 변동비예산
① 월수입 4,000,000
− ② 저축액 1,000,000
− ③ 고정비 2,325,600
674,400
1주일 168,600
1일 21,800

2

일주일 예산과 하루 예산을 정한다. 월 예산이 60만 원이라면 '일주일 지출은 15만 원, 하루 지출은 2만 원 이내'라는 규칙을 세우면 불필요한 지출을 줄일 수 있다.

3/10 토 60,000
3/12 월 20,900
3/13 화 5,500
3/14 수 8,700
3/15 목 33,600
3/16 금 20,500
149,200
잔 410,200

3

일주일 주기는 '주말~금요일'이 좋다. 주말에 쇼핑이나 외식 등으로 지출이 많았다면 주중에 아껴 쓰면 되기 때문에 예산에 맞춰 살림을 할 수 있다.

4

체크카드를 사용한다. 체크카드는 계좌에 남아 있는 금액 내에서만 결제가 되기 때문에 과소비를 줄일 수 있다.

체크카드는 한 장만 남긴다. 계좌가 여러 개면 얼마나 인출되었는지 알기 어렵다.

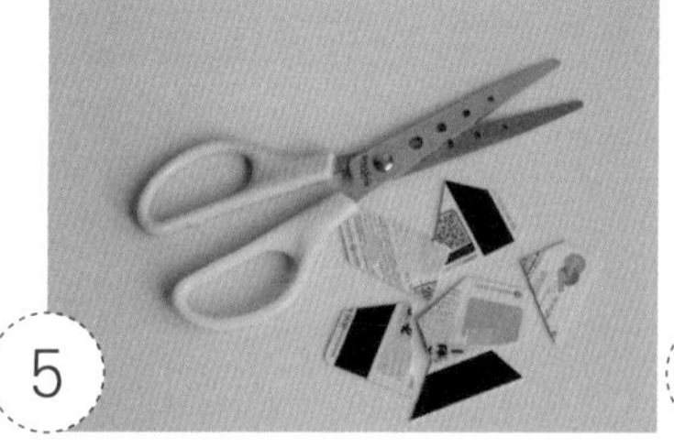
5

신용카드는 없앤다. 신용카드는 한 달 후에 갚아야 할 빚이며, 할부 수수료는 신용도에 따라 5~22%로 은행대출이자보다 훨씬 높다.

사용한 날에 기장한다. 청구한 날에 기장하면 돈을 쓴 느낌이 적어 낭비하게 된다.

결제일을 13~14일로 설정하면? 지난달 1일~말일까지 사용한 금액이 청구되어 가계부 정산이 편하다.

6

1년 한 번 부과되는 금액은 1년치를 적립한다. 1년을 주기로 부과되는 세금(재산세, 자동차세, 종합소득세 등)은 1년치 영수증으로 합계를 낸 후, 매달 일정액(1년치 세금 ÷12)을 이자가 붙는 MMF 통장에 적립해두었다가 납부한다. 경조사비(생신, 환갑, 칠순, 돌 등)도 함께 관리하면 목돈 지출에 대비할 수 있다.

7

영수증은 한 달 주기로 모은다. 가계부 정산 후에 버린다. 영수증의 부피를 보면 내가 얼마나 많은 돈을 썼는지 반성할 수 있다.

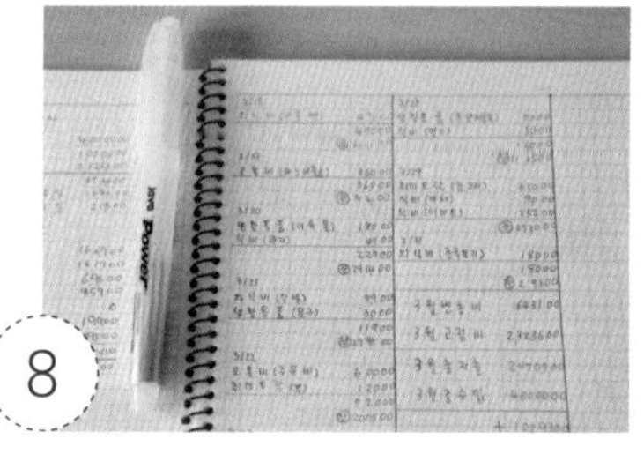
8

낭비한 지출에는 형광펜을 칠한다. 월말에 형광펜의 개수를 확인해 낭비를 줄여간다.

04 1일 1줄, 3분! 털팽이의 '모이는 가계부' 쓰는 법

앞서 소개한 것처럼 가계부 정리법은 참 다양하지만, 이번 책에서는 몇 년의 시행착오를 거쳐 만든 털팽이식 《모이는 가계부》를 구체적으로 소개한다. 귀차니스트도 꾸준히 쓸 수 있을 만큼 간단한 형태로 쓰기만 하면 저절로 돈이 모이는 구조를 지녔으며, 월초, 월말에 작성하는 '돈의 흐름 가계부'와 매일 쓰는 '생활비 가계노트'로 구성되어 있다. 어째서 흑자 가계부인지, 차근차근 살펴보고 따라 해보자.

Step 1

매월 초 '돈의 흐름'을 만든다!
월급을 받으면 우선 '자동 저축 구조'에 맞춰 돈의 흐름을 만드는 것이 첫 단계. 월급에서 저축과 고정비부터 이체하고 남은 돈을 생활비 예산으로 편성한다.
준비물 : 월급통장(=생활비통장, 체크카드 연계), 고정비통장

→

Step 2

매일 '생활비 가계부'를 적는다.
매일의 지출 내역을 '생활비 가계부'에 적는다. 한 달 생활비가 예산을 오버하지 않도록 관리한다.

→

Step 3

월말에는 수지를 확인한다.
한달의 마지막 날, 고정비와 생활비를 집계한 후 수지(흑자 or 적자)를 확인하고 다음 달을 계획한다.

Step 1 

❶ A. 수입을 적는다.
실수령 월급(급여총액에서 세금과 4대 보험료를 제외한 금액)과 기타 소득을 적는다.
· 수입 : 급여, 상여금, 사업·임대·금융 소득, 임시 소득 등

❷ B. 저축을 적는다.
저축액을 기입한 후 월급통장 → 저축통장으로 이체한다.
월급날 수입의 20~30%를 미리 '선저축'하는 것이 가계부 흑자의 비법!
· 저축 : 예적금, 주식·펀드 매입금, 저축성 보험, 부동산 대출원금 등

Tip 부동산 대출원금을 지출로 처리하면 절약해 많이 갚을수록 지출이 늘어나는 불합리한 상황이 초래된다. 대출원금은 저축으로 처리하는 것을 추천한다. 단 대출이자는 단순한 비용성 지출로 사라지는 돈인 만큼 '지출'로 처리한다.

❸ C'. 고정비 예산을 적는다.
매월 고정적으로 나가는 금액을 '고정비 예산'란에 기입한 후, 월급통장→고정비통장으로 이체한다. 지난달의 고정비합계를 적어도 좋다.
· 고정비 : 주거비(월세, 부동산 대출이자), 공과금(관리비, 전기·가스·수도요금), 통신비(TV·인터넷·전화요금), 보장성 보험료, 교육비, 용돈, 특별 지출 등

❹ 이번 달 '생활비 예산'을 확인한다.
A.수입-B.저축-C.고정비=자유롭게 사용할 수 있는 돈= 이번 달의 생활비다. 이 금액으로 한 달을 생활한다. 월급통장에서 저축과 고정비를 이체한 후, 체크카드를 연계해 생활비통장으로 사용하는 것이 생활비 예산을 쉽게 관리하는 포인트!

Tip '천단위 눈금선' 사용법
노트의 금액란에는 계산의 편의를 위해 '천단위 구분 눈금선'이 표시되어 있습니다.
사용법 1. 한 칸에 세 자리씩 기입한다.

9	999	999

돈의 흐름 가계부

999	999

생활비 가계부

사용법 2. 생활비 가계부에 100만 원이 넘는 금액을 기입할 경우, 앞 칸에는 네 자리, 뒷 칸에는 세 자리를 기입해야 쉽게 계산할 수 있다.

5(금)	8,888	888
6(토)	100	000
소계	8,988	888

5(금)	888	8,888
6(토)	100	000
소계		?

12월 돈의 흐름

A 수입

내용	금액
월급	4 000 000
아르바이트	700 000
A합계	4,700,000 원

수입 급여, 상여금, 사업·임대·금융 소득, 임시 소득 등

B 저축

내용	금액
적금	500 000
연금 보험	400 000
아파트 대출원금	555 000
B합계	1,455,000 원

저축 예적금, 주식·펀드 매입금, 저축성 보험, 부동산 대출 원금 등

C 고정비

내용	예산	실제 지출
아파트 대출이자	300 000	300 000
관리비	170 000	210 000
가스요금	10 000	11 920
휴대폰	150 300	150 300
TV, 인터넷	35 820	35 820
권이 학원비	330 000	330 000
진이 학원비	180 000	180 000
보험료	309 000	309 000
용돈 (아빠)	300 000	300 000
용돈 (권, 진)	60 000	60 000
특별 지출적립	150 000	150 000
C^1합계	1,995,120 원	C^2 2,037,040

고정비 주거비(월세, 부동산 대출이자), 공과금(관리비, 전기·가스·수도요금), 통신비(TV·인터넷·전화 요금), 보장성 보험료, 교육비, 용돈, 특별 지출 등 매월 고정적으로 나가는 돈

12월 생활비 예산은? $A - B - C^1 =$ 1,249,880 원

D 생활비

내용	금액
식/일용품비	496 900
교통/차량비	191 900
의료비	79 000
외식/문화비	297 160
의복/미용비	120 000
기타	
D 합계	1,184,960 원

12월 수지는?

A 4,700,000 − C^2 2,037,040 − D 1,184,960

= +1,478,000 원

7

월말 **Step 3**

❶ C^2. 고정비 실제 지출액을 적는다.
금액 변동이 있는 공과금 등의 자동이체 금액을 확인해서 실제 지출란에 적는다.

❷ D. 생활비를 적는다.
'생활비 가계부'의 월말 합계를 D. 생활비에 적는다.

❸ 수지(흑자 or 적자)를 확인한다.
A.수입에서 C^2. 고정비와 D.생활비를 빼면 이달 수지가 파악된다. 흑자라면 칭찬하고 적자라면 원인을 검토한다.

Tip B의 20~30% 선저축은 처음부터 지키기 어려울 수도 있다. 단지 선저축이 필수이므로, 무리해서 시작하기보다 고정비 줄이기 등을 통해 저축의 비율을 조금씩 늘려가는 것을 추천한다.

Step 2

❶ 비목을 점검한다. 월초
지출빈도가 높은 5가지 비목 외의 나머지 비목은 자유롭게 결정할 수 있도록 비워두었다. '지출이 많은 항목'이나 '숨은 낭비를 찾고 싶은 항목'이 있다면 비목을 추가한다.

❷ 1일 지출을 비목별로 구분해 한 줄로 적는다. 
카드 알림 문자나 영수증을 참고해 하루의 지출을 적는다.

❸ 신용카드 사용액을 적는다. 
절약 살림을 위해서는 현금, 체크카드를 추천하지만, 신용 카드를 사용한다면 '신용카드'란에 적는다. 단순히 신용카드 사용액을 체크하는 목적이므로, 지출 합계를 낸 후 카드 사용액을 한 번 더 기입한다. 1주일마다 '신용카드 사용액' 을 생활비 계좌→카드 인출 계좌로 이체하는 것이 카드 명세서를 보고 기절하지 않는 노하우!

2018년 **12월**

	꼭 필요한 지출			줄여야 할 지출		
	식/일용품비	교통/차량비	의료비	외식/문화비	의복/미용비	❶ 기타 비목
예산						
1 (토) ❷	23 000			17 000		
소계	23 000			17 000		
2 (일)						
3 (월)					34 000	
4 (화)						
5 (수)	57 000	8 750				
6 (목)			5 100	7 000		
7 (금)	23 000	65 000				
8 (토)			54 000			
❺ 소계	80 000	73 750	59 100	7 000	34 000	
9 (일)				25 000		
10 (월)	59 000	4 500				
11 (화)						
소계	94 000	51 500	9 500	93 900	58 000	
25 (화)				84 160		
26 (수)					19 000	
27 (목)						
28 (금)	35 000					
29 (토)		58 000				
소계	199 900	58 000		112 160	19 000	
30 (일)		4 150		24 100		
31 (월)			10 400			
소계		4 150	10 400	24 100		
❻ 합계	496 900	191 900	79 000	297 160	120 000	

❹ 생활비 잔고를 확인한다. 주1회
맨 위 칸에 이달의 '생활비 예산'을 적고 1주일마다 생활비 잔고를 적는다. 달력을 보면 1개월은 4주3일, 1개월 생활비 예산이 100만 원이라면 100만 원÷ 5주=20만 원으로 주단위로 관리하는 것이 월말에 생활비가 부족하지 않게 분배하는 요령!

❺ 1주일마다 소계 주1회
1주일마다 소계를 내어 지출을 점검한다.

❻ 월말에는 합계 월말
소계를 더해 월말에는 합계를 낸다.

하루 한 줄 가계부를 직접 써보세요.
책 뒤쪽 (p.273~)에 가계부 샘플 페이지를 마련해두었습니다.

		메모	지출 합계	❸ 신용카드	❹ 잔고 생활비 예산
					1,249 880
		치킨 (요기요)	40 000		
			40 000		1,249 880
		진이 스웨터 구입	34 000	34 000	
			7 000	7 000	
		이마트 장보기	65 750		
			5 100		
		주유비	88 000	65 000	
		독감 접종	54 000		
			253 850	106 000	956 030
		CGV에서 영화관람	25 000		
		이마트 장보기	63 500		
			306 900	115 000	492 630
		빕스에서 외식	84 160		
		화장품 구입	19 000		
		이마트 장보기	35 000		
		주유비	58 000		
			389 060		103 570
		교보문고 (문제집 구입)	28 250		
			10 400		
			38 650		64 920
			1,184 960	221 000	+64 920

제대로 쓴 만큼 효과 보는 **교육비 재테크술**

기러기 부부가 금슬 좋기 어렵고 유학 간 자녀가 효도하기 힘들다는 말이 있습니다. 많은 가정이 자녀를 위해 행복을 포기하지만 자녀의 성공은 투자한 돈의 액수에 비례하지 않는 법입니다. 돈 쓴 만큼 효과 보는, 현실적인 교육비 지출 노하우와 저축법을 소개합니다.

01 국영수, 교과별 사교육비 절약법

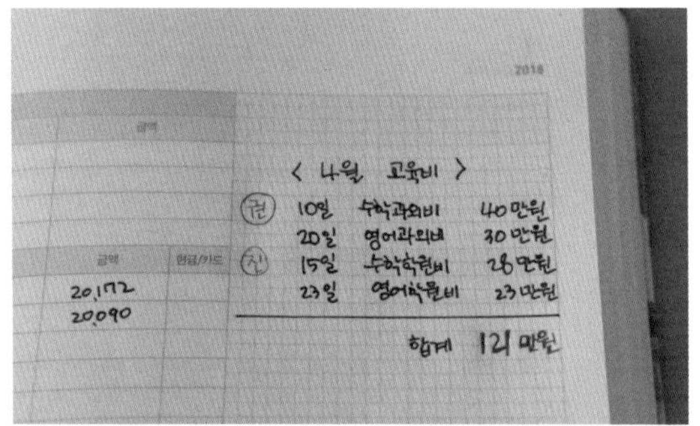

한 달에 24만 원? 현실과 따로 노는 사교육비 통계

통계에 따르면 학생 1인당 사교육비는 월 24만 원(2018년)! 하지만 자녀 1명당 사교육비로 50만~100만 원까지 지출하는 것이 현실이며, 엄마들은 아이의 학원비를 벌기 위해 맞벌이하는 경우도 많다. 사교육비가 가장 많이 드는 때는 고등학교 시기로 좋은 대학 입학을 위해 부모는 빚을 지면서까지 사교육비에 투자한다.

상위권은 인강을 활용한다.

학습 의욕이 높은 상위권이라면 인강을 적극적으로 활용해보자. 최고 강사진의 재미있는 강의를 언제 어디서나 저렴한 가격에 들을 수 있다. 학습량이 많은 최상위권 아이라면 종합반을 이용하는 것도 좋다. 선생님의 관리도 받을 수 있고 다양한 수준의 강의를 무제한으로 선택해서 들을 수 있어 비용 대비 최고의 효과를 누릴 수 있다.

Memo 초등학생이라면 엠주니어, 중학생은 엠베스트·강남인강, 고등학생은 EBS·메가스터디·이투스를 추천한다. 엠베스트의 경우 종합반을 결제하면 형제자매가 함께 수강할 수 있으며, 초등학생용 엠주니어도 동시에 수강할 수 있다. 강남인강은 연 5만 원의 수강료로 1년 동안 2만여 강의를 무한 수강할 수 있다.

우리 아이도 사교육이 필요한 걸까?

사교육의 필요 여부를 판단하는 기준은 '학습 의욕'이다. 배우고자 하는 열의가 없는 아이에게 성적 향상을 기대하며 사교육에 과소비하는 것은 낭비일 수 있다.

학원은 이런 이유로 보낼 필요가 있다

1 **수업을 이해하지 못한다** → 모르는 부분을 배운다 → 성적이 향상된다

2 **학습 의욕이 낮다** → 공부할 마음이 없기 때문에 억지로 앉아 있다 → 성적이 향상될 가능성이 낮다

3 **자녀를 돌볼 사람이 없다** → 부모 또한 성적 향상을 기대하지는 않는다

학습 의욕이 낮은 자녀를 둔 부모는 학원을 다니면 선생님이 지켜 보고 있으니까 그 시간이라도 공부하지 않겠느냐고 생각하지만, 배우려는 의지가 없는데 성적 향상을 기대하며 학원을 보내는 것은 부질없는 짓일 수 있다. 차라리 아이와 공부의 필요성에 대해 진지하게 의논해보는 것이 더 효과적일 수 있다.

사교육비, 돈 쓴 만큼 효과가 있을까?

초등학교 3학년인 A양은 C어학원에 다니면서 교재비 포함 45만 원을 지불한다. 영어에는 별 관심이 없지만 레벨도 낮고 우리아이만 쳐지는 것 같은 불안한 마음에 매달 목돈을 지불하고 있다. 하지만 엄마가 맞벌이를 하는 탓에 숙제도 체크해주지 못하고, 단이도 외우지 않아 레벨은 좀처럼 오르지 않는다.

A양이 초등학교 6년 동안 지불한 영어학원비는 45만 원×12월×6년=3240만 원. 4년간의 대학등록금보다 큰 돈이며, 이후로 관심 분야를 찾아 유학까지 다녀올 수 있는 금액이다. 차라리 A양 수준에 맞춰 월 15만 원의 보습 학원을 보내고, 차액은 저축해서 장래 아이에게 꼭 필요한 곳에 쓰는 것이 더 효과적일 수 있다.

02 예체능 사교육비 절약법

개수를 제한한다.

특기와 적성을 개발하고 싶은 마음에 수영, 악기, 태권도, 미술 등의 예체능 사교육을 골고루 수강하면 생활비 지출도 늘어난다. '예체능 학원은 ○개'까지라고 정해두어 지출이 과도하게 늘어나지 않도록 한다.

초등학교 고학년이라면 선택과 집중을 한다.

목적 없이 이런저런 예체능 학원을 다니면 시간과 학원비만 낭비할 뿐! 재능이 있는 아이는 몇 개월만 지도해도 알 수 있다. 학습 기간이 길어지면 투자한 돈이 아까워 망설이게 되므로 재능이 없다고 판단되면 과감히 그만두는 것이 좋다.

03 육아비 절약법

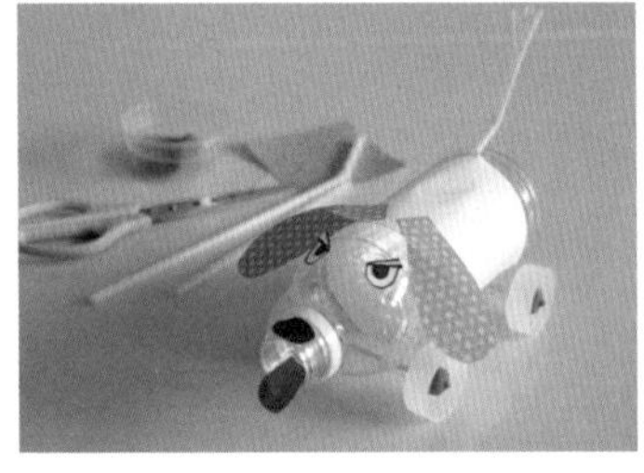

보건소를 활용한다.

결혼 후 1년 이내의 부부라면 예비부모 검진이 무료다. 임신반응검사도 무료로 받을 수 있고, 산모수첩이나 초음파사진을 지참하면 임신초기검사와 풍진항체검사, 태아기형아검사가 무료이며 엽산제, 철분제를 지원해준다. 출산준비교실도 운영하므로 확인해보자.

만든 장난감을 더 재미있어 한다.

아이들은 몇만 원짜리 장난감을 사줘도 30분이면 흥미를 잃는다. 아이에게는 주변의 모든 것이 장난감이다. 색종이와 상자, 노끈, 찰흙 등으로 직접 만든 물건들에 더 큰 재미를 느끼므로 엄마가 조금만 관심을 기울이면 아이 창의력를 기르면서 가계비도 절약할 수 있다.

육아용품과 장난감은 나눠쓴다.

유모차와 유아용품을 새 것, 좋은 것을 구입하고 싶은 게 부모 마음이다. 하지만 아이가 자라면 짐만 되는 물건에 비싼 돈을 지불하는 것은 낭비다. 물려받을 수 있는 것은 물려받고, 중고나라와 지역맘 카페도 적극적으로 활용해볼 것을 권한다.

04 대학 등록금 저축 방법

자녀를 키우는 동안 가장 돈이 많이 들어가는 시기는 언제일까? 대학 시절이다. 대학 등록금은 평균 2600만 원, 대학 4년 동안의 양육비는 무려 7700만 원 이상인 것으로 조사되었다. 고등학교까지의 교육비는 가계비용에서 지출할 수 있지만, 대학 등록금은 단기간에 목돈이 들어가기 때문에 계획을 세워 미리 저축해두는 것이 좋다.

연령대별 양육비 (단위:원)

영아기 (0~2세)	유아기 (3~5세)	초등학교 (6~11세)	중학교 (12~14세)	고등학교 (15~17세)	대학교 (18~21세)
3063만	3686만	7596만	4122만	4719만	7708만

자료 : 한국보건사회연구원, 2013년

Step 1 목표 금액을 정한다

중·고등학생이라면 계열별 등록금을, 진로를 알 수 없다면 평균등록금(약 2600만 원)을 목표 금액으로 정한다.

계열	인문사회계열	자연과학계열	공학계열	예체능계열	의학계열
4년간 등록금	2387만 원	2716만 원	2857만 원	3118만 원	5776만 원(6년)

4년제대학 평균등록금 기준(대학알리미, 2018)으로 지역과 설립유형별로 격차가 있음.

Tip 자녀가 2명인 경우, 첫째에게 너무 많은 교육비를 투자하면 둘째는 학자금 대출을 받게 될 수도 있는 만큼 서로 균등한 액수로 목표 금액을 정한다.

Step 2 목표 기간을 설정하고 저축액을 계산한다

늦게 시작하면 월 저축액이 커지므로 하루라도 일찍 시작하는 것이 좋다. 초등학교 4학년 때부터 9년간 준비한다면 2600만원÷9년÷12개월=월 24만 원을 기준으로 저축한다.

기간	총 저축 기간	월 저축액
초1~고3	12년	2600만 원÷12년÷12개월=월 18만 원
초4~고3	9년	2600만 원÷9년÷12개월=월 24만 원
중1~고3	6년	2600만 원÷6년÷12개월=월 36만 원
고1~고3	3년	2600만 원÷3년÷12개월=월 72만 원

Step 3 저축방법을 결정한다

자녀 명의의 통장을 개설한다.

엄마 통장에 모으면 가계 상황이 어려워질 때 사용하기 쉬우므로, 자녀의 통장을 만들어 '자녀의 돈'라는 사실을 인지하고 대학 가는 날까지 사용하지 않는다.

목표 기간이 짧을 때 (3년 이내)

시중 은행보다 1~2% 높은 금리를 제공하는 제2금융권 은행(저축은행, 새마을금고, 신협 등)의 적금에 가입해보자. 예금자보호가 되는 5000만 원 한도 내에서 분산 투자하고, 3년을 주기로 재가입을 이어가면서 목표 금액을 모은다.

목표 기간이 길 때 (4~10년)

위험을 최소화하기 위해서 '펀드 50%+정기적금 50%'로 분산 투자하는 것을 추천한다. 적금을 통해 안정성을, 펀드를 통해 수익률을 보장받을 수 있다.

● **기본 비용 및 수수료**

(기준 : 여자 10세, 45세 연금개시, 10년납,기본보험료 월13만원)

구 분	목 적	시기	비 용
보험관계비용	계약체결비용	매월	7년 미만 : 기본보험료의 6.38% (8,294원) 7년 이상 10년 미만 : 기본보험료의 4.38% (5,694원)
	계약관리비용	매월	10년 미만 : 기본보험료의 5.5% (7,150원) 10년 이후 : 기본보험료의 1.54% (2,000원)

Tip 변액저축보험은 비추천!

비과세도 되고 복리로 이자도 붙으니 장기 투자할 경우 은행 적금보다 나을 것이라는 막연한 생각에 가입하는 경우가 많다. 하지만 변액보험은 매월 사업비로 평균 11%를 떼어가기 때문에 펀드 투자 금액이 낮아져 수익이 났어도 실제로는 손실이며, 10년 만기 상품이라도 10년 후에 수익을 내기 어렵다. 즉 은행보다 금리가 높아도 은행 예금을 이기기가 어려운 것이 변액저축보험이다.

예) 변액저축보험으로 100만 원을 납입할 경우, 사업비로 10%를 떼면 실제 운용자금은 90만 원이다. 5%의 수익이 나도 적립금은 94만5000원, 실제로는 5.5%의 손실이다.

아이의 새뱃돈은 주식으로 저축한다.

아이의 새뱃돈, 생일, 졸업, 입학 축하금도 매년 모으면 적지 않은 금액이다. 안정성이 높은 대량 우량주에 장기 투자하면 눈덩이 효과가 극대화되어 은행 예금보다 높은 수익률을 얻을 수 있다.

초등학교 때까지 새뱃돈

3만 원×5명×13년 = **195만 원**

고등학교 때까지 새뱃돈

5만 원×5명×6년 = **150만 원**

예컨대 설날 3만~5만 원씩 5명에게 새뱃돈을 받는다면 총 합계는 345만 원. 평소 생일, 입학, 졸업 등으로 받은 돈까지 더한다면 최소 500만 원이 넘는다. 주는 사람에게 감사하는 마음을 가질 수 있도록 20% 내외의 돈으로 아이가 좋아하는 물건을 구입하고, 나머지는 업종 대표주와 같은 우량주를 사서 꼬박꼬박 저축해보자.

새뱃돈 주식 저축법

1. 매년 새뱃돈으로 투자 의견이 매수인 **업종 대표주를 20년간 꾸준히 구입**한다.
2. 자녀가 성인이 될 때까지 **사고팔지 않고 20년간 묵혀**둔다.

Tip 투자 의견이 매수인 업종 대표주를 골라 10년간 투자했을 경우 평균 수익률은 78%였다. 또한 5년 이상 투자할 경우 최악의 경우에도 손실이 발생하지 않았다고 한다.

종목	2001년 주가(저점)	2018년 3월 주가	등락률(%)
LG화학	12,400	411,500	3,318 (33배)
현대차	11,700	156,000	1,333 (13배)
대한항공	4,150	33,350	803 (8배)
삼성전자	140,000	2,588,000	1,848 (18배)
POSCO	74,000	340,000	459 (4배)
NAVER	7,000	809,000	11,557 (115배)

손해 보지 않고 돈 불리는 주식투자법

대부분의 사람은 주식을 매수한 후 날마다 주가를 확인합니다. 조금만 떨어지면 공포감에 휩싸이고, 조금만 올라도 안절부절못합니다. 하지만 주식 투자는 도박이나 머니 게임이 아닙니다. 좋은 씨앗을 뿌리고 기다려야 열매를 맺듯이 우량기업에 투자하고 묵혀둬야 투자 수익을 얻을 수 있습니다. 은행이자는 성에 안 차고 주식은 겁나는 분들을 위한, 손해 보지 않는 주식 투자법을 소개합니다.

1000만 원이 생기면 어디에 투자할까?

은행 예금

손쉽고 안정적이지만 물가상승률(약2.5%)보다 금리(약1.5%)가 더 낮기 때문에 매년 1%씩 손해를 보는 셈이다.

부동산 투자

3~7%대의 안정적인 수익을 얻을 수 있지만, 억대의 목돈이 필요하고 환금성이 낮다.

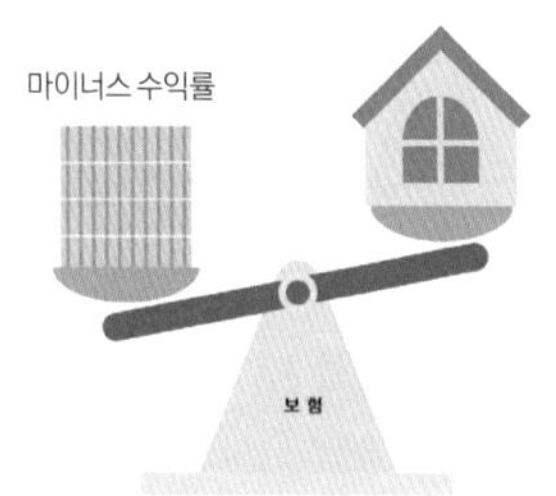

저축보험

사업 비명목으로 평균12%를 떼어가기 때문에 대부분 마이너스 수익률이다.

© GettyImagesBank

주식 투자

지난 10년간 주식의 연평균 수익률은 8.8%로 부동산, 예금의 수익률보다 높다. 원금 손실의 리스크가 있지만 소액으로 시작할 수 있고 환금성이 좋다.

02 왜 주식 투자인가?

1 리스크가 있어야 돈을 벌 수 있다

리스크가 커지면 걱정도 커지지만 수익이 발생할 확률은 높아진다. 걱정을 하지 않아도 될 정도의 투자라면 돈도 벌 수 없다.

2 본업이 있어도 할 수 있다

분식점하나를 차려도 회사를 그만두고 시간과 재산을 걸고 매달려야 한다. 하지만 주식 투자는 본업에 충실하면서 할 수 있는 사업이다.

3 종합주가지수는 지금까지 우상향!

1983년 100포인트로 시작한 종합주가지수는 지금까지 계속 우상향 해왔다. 특히 삼성전자, 롯데제과, 삼성화재와 같이 종합주가지수와 함께 움직이는 대형 우량주는 30년간 꾸준히 상승했다.

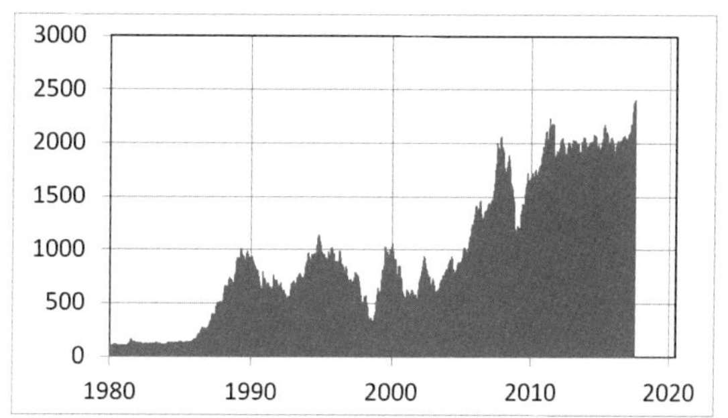

03 주식 투자의 3원칙

1 우량주(Blue Chip)를 구입한다

블루칩이란 카지노에서 사용하는 가장 고가의 파란색 칩으로 '안정성이 높은 대형주'를 뜻한다. 중소기업보다 삼성, LG가 망할 확률이 적듯이 고가의 우량주가 저가주보다 실패할 확률이 적다.

〉투자하면 안 되는 종목

10년 미만의 신생 기업

한국 중소기업의 평균수명은 10년, 검증되지 않은 10년 미만의 신생 기업에는 투자하지 않는 것이 좋다.

시가총액 1000억 미만

시총이 작으면 금방 가격이 오를 수는 있지만 언제 증발할지도 모른다. 자산운용사들도 시총 1000억 미만의 소형주는 투자할 수 없다는 내부 시침이 있으므로 최소한 시총 1000억은 넘어야 시장의 주목을 받을 수 있다.

정부 규제가 심한 종목

정부 규제가 심한 종목은 큰 이익을 내기 어렵다. 예컨대 통신주는 정부의 통신비 인하 정책으로 이익이 많이 나면 압박을 받게 된다.

테마주

테마주 구입은 쪽박 차는 지름길! 매수하는 순간 세력은 내 주머니에서 돈을 빼간다. 특히 몇천 원짜리 저가 테마주라면 작전들의 장난이라고 봐도 된다.

〉투자해야 할 종목

미래의 유망 업종

앞으로 변할 고령화, 저출산, 에너지 부족 사회에 맞춰 건강, 바이오, 제약, 식품 등 성장할 산업에 투자한다.

일등 기업

삼성전자와 LG전자는 1등과 2등이지만 가격은 하늘과 땅 차이다. 1등 기업은 적게 떨어지고 많이 오른다. 성공한다는 보장은 없지만 망할 일도 없다.

잘 아는 종목

네이버에 들낙거리기 시작할 때 네이버 주식을 샀다면, 남편들이 리니지에 푹 빠져서 헤어나오지 못할 때 엔씨소프트 주식를 샀다면 대박 났을 것이다. 기업보고서를 읽기보다 불티나게 잘 팔리는 종목에 주목한다.

저가매수 한다

우량종목에 장기 투자해도 비싸게 샀다면 이익을 보기 어렵다. 저평가된 주식을 싼값에 매수하면 손해 볼 가능성이 줄어든다.

〉주가 상승의 원리

투자의 기본은 저평가된 주식을 싼값에 구입하는 것! 즉 무릎에서 사고 어깨에서 팔아야 한다.
저평가 주가 시장의 재평가를 받으면 주가가 상승해 시세차익을 누리게 된다.

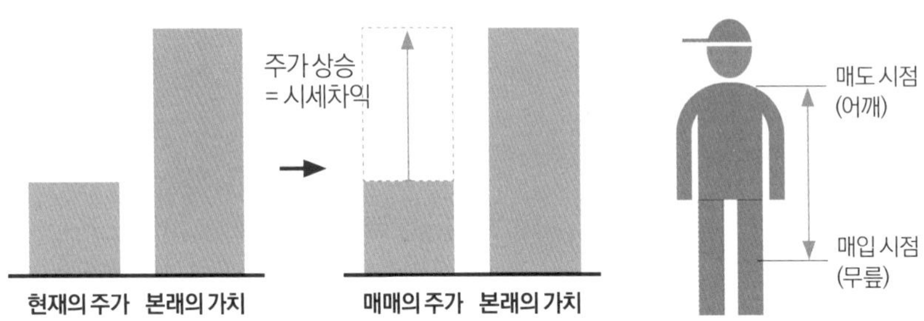

〉주가 하락의 원리

더 비쌀 때 팔겠다는 마음으로 비싼 값에 매입하면 상투를 잡게 된다. 거품이 빠지면 주가도 하락한다.

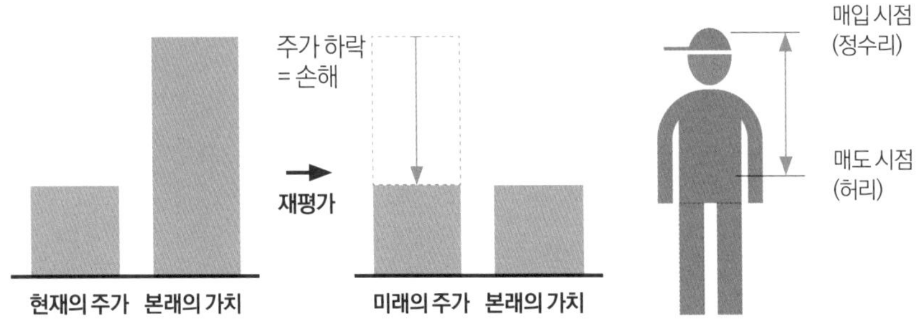

3 장기 투자한다

삼성전자도 단기 투자하면 돈을 잃을 수 있다. 하지만 장기 투자하면 돈을 잃을 확률이 낮아진다.

Memo **95·95의 법칙** 단타 치는 초보자의 95%는 입성한 지 95일 만에 깡통 차고 떠난다.

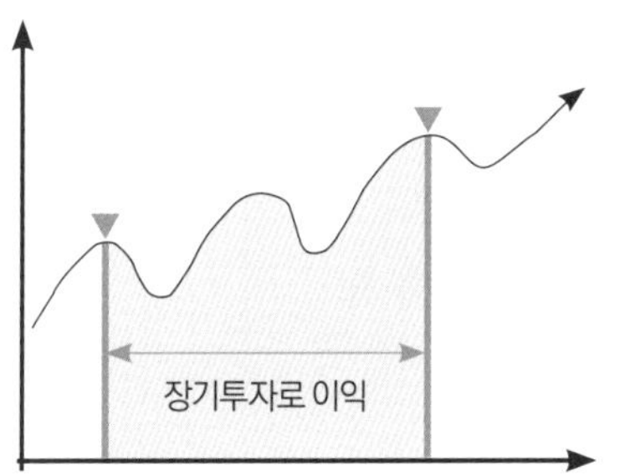

장기 투자한 경우 : 이익 볼 확률이 상승

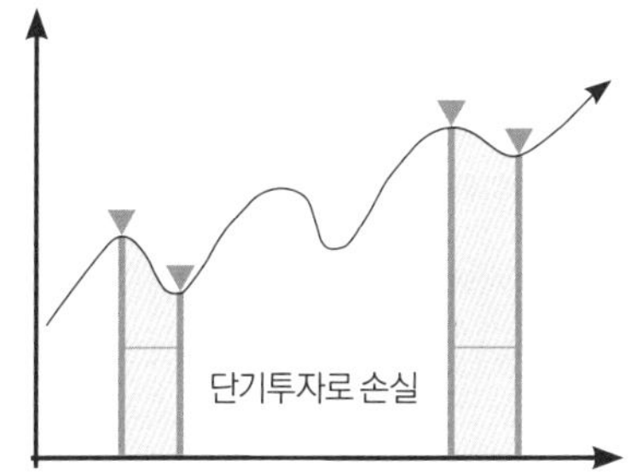

단기 투자한 경우 : 손해 볼 확률이 상승

〉나만의 투자 철학 세우기

사야 할 때가 있고 팔아야 할 때가 있다.

시장에 공포감이 가득하다면 주식시장의 바닥이며 투자 적기지만, 증시가 낙관론으로 넘치고 어디서나 주식 이야기만 한다면 고점이므로 빠져나갈 준비를 해야 한다.

주식시장에서 실패한 유형

코스피가 고점일 때 들어와 저점일 때 퇴장한다.

예) 94학번, 00학번, 08학번

주식시장에서 성공한 유형

코스피가 저점일 때 들어와 고점일 때 퇴장한다.

예) IMF(1998), 9·11테러(2001), 리먼 사태(2008), 유럽 재정 위기(2011)

tips

주글라 파동

경세는 순환한다. 특히 글로벌 증시 대폭락과 경제 위기는 기업의 설비투자 변동으로 인해 발생하는 주글라 파동(Jugla Cycle)과 일치하며 약 10년 주기로 발생한다.

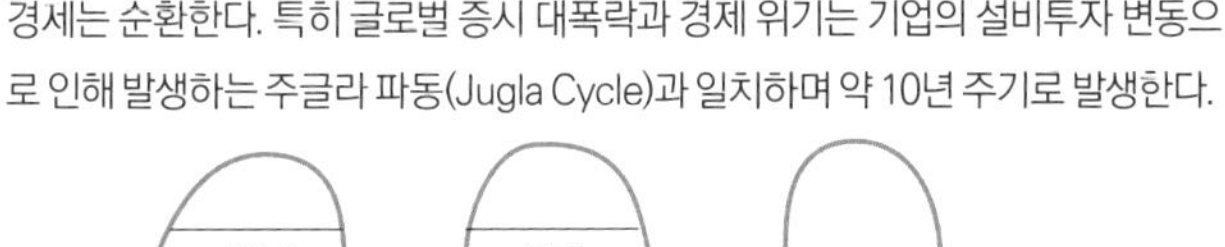

우량주가 바겐세일 할 때 산다.

주식은 일반적으로 3개월에 한 번씩은 조정을 받는다. 이때를 기다려 구입한 후 묻어둔다. 특히 우량주가 파도를 치고 몇 년씩 조정을 받아 절반 가격이 된다면 눈을 감고 사도 좋다.

출처 : 네이버금융(finance.naver.com)

Tip 저평가주를 찾는 법

자산평가(PBR), 수익가치(PER), 성장성(ROE/PER)의 지표를 사용하여 주식을 평가한다.

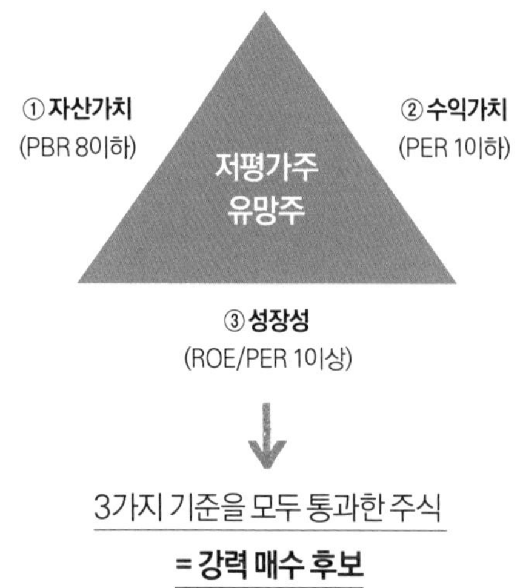

살 때도 팔 때도 분할 투자한다.

주식은 그 누구도 얼마까지 오르고 내릴지 알 수 없다. 감정에 의존해 한 가격에 거래하기보다 주가의 변동 추세를 확인하면서 투자 기간을 분산해 거래한다.

멘토를 찾는다.

개미들이 족집게처럼 종목을 맞추는 것은 결코 쉽지 않다. 유튜브나 카페 등에서 유명한 주식 전문가가 있다면 그들의 1~3년 전 추천 종목의 상승과 하락을 통계 내보자. 객관적이고 정확하게 멘토를 판별할 수 있다.

우량주는 손절매 하지 않는다.

아무리 좋은 주식이라도 1년 동안 10% 이상 등락을 하는 경우는 허다하다. 일시적으로 주가가 빠져도 궁극적으로는 다시 오를 수 있으므로, 우량주는 10% 손해 봤다고 팔아치우지 않는다.

출처 : 네이버금융(finance.naver.com)

공짜 정보는 광고!

내가 알 정도로 공짜 정보를 떠들고 다니는 이유는 나 같은 사람들이 사서 오르기를 바라기 때문이다. 신문기사까지 난다면 시세가 꼭짓점이라고 보면 된다.

주식을 사기 전에 책부터 산다.

주식시장은 전쟁터보다 무서운 곳, 공부하지 않고는 돈을 가져갈 수 없다. 공짜 정보를 찾아 카페와 게시판을 헤매지 말고 기본 3개월은 공부한 후 투자에 나서보자.

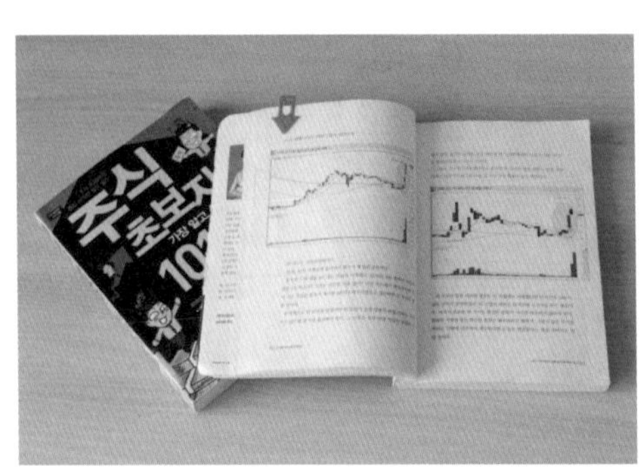

초보자라면 가상 투자부터 한다.

바로 주식을 사지 말고 6개월 이상 가상 투자를 하며 시장을 보는 안목부터 기른다. 포트폴리오를 구성해 모의 투자 어플로 시뮬레이션을 하고 시장 평균수익률을 상회하면 직접 투자에 나선다.

SKT 오전 12:57

모투 내계좌 관심종목

보유현황 | 자산현황

종목	구매가	현재가	등락	수량
SK하이닉스	82,200	81,200	-1,000	1
신세계	381,500	390,500	9,000	1
현대차	151,500	150,000	-1,500	1
현대차우	90,400	88,000	-2,400	1
삼성전자	2,410,000	2,443,00	33,000	1
원풍물산	5,730	5,840	110	1
호텔신라	93,400	105,000	11,600	1
삼성전기	106,000	108,000	2,000	1
OCI	165,000	169,000	4,000	1

업데이트

SKT 오전 12:58

모투 내계좌 관심종목

보유현황 | 자산현황

총자본금	5,000,000
현금+주식평가액	6,136,515
광고보기 : +500,000 가상화폐	
누적수익	1,136,515
누적수익률	22.73%
현금	1,179,025
주식구매	4,866,000
주식 평가액	4,957,490
주식수익	91,490
주식수익률	1.88%

자본금내역 자본금추가 매매 내역

출처: 모의투자(gajisoft7) 어플

100세 인생, 플랜B를 준비하라!

누구나 전원에서 텃밭을 가꾸며 여행 다니는 행복한 노후를 꿈꿉니다. 하지만 대한민국 노인의 현실은 참 외롭고 불쌍하다는 말이 맞는 것 같습니다. 평생 자식 뒷바라지만 하며 살다 보니 정작 자신의 노후는 준비하지 못한 것이죠. 그래서 노인의 절반은 월 83만 원 이하의 저소득으로 빈곤하게 살고 있습니다. 인생의 비극은 '우리가 너무 일찍 늙고 너무 늦게 현명해지기 때문'이라고 합니다. 일찍 준비하는 자만이 안락한 노후를 보낼 수 있습니다. 100세 시대, 노후를 준비하는 현명한 방법을 소개합니다.

01 OECD 최고의 노인 후진국, 대한민국

우리나라 고령화 속도는 세계 1위. 2026년에는 인구의 1/5이 노인인 초고령 사회에 도달한다. 그런 한편으로 OECD 국가 중에서 가장 가난하고 외롭게 살고 있다. 우리나라의 노인빈곤율과 자살률은 OECD 1위, 노인 2명 중 1명(49.6%)이 월 83만 원도 안 되는 낮은 소득으로 생활한다.

노후 걸림돌, 이것부터 해결하자

50대 인구의 두 명 중 한 명은 빠듯한 생활비와 교육비 등으로 노후자금을 준비하지 못하고 있다. 노후자금 저축을 위해 줄이고 해결해야 할 것에 대해 살펴보자.

1 과도한 자녀 교육비와 결혼비용

사교육비에 과소비하는 것은 노후자금과 교육비를 맞바꾸는 것과 같다. 자녀를 위해 너무 많은 지출을 해 노후 준비를 못 하면 결국 자녀에게 짐이 될 수 있다.

2 주거용 부동산의 대출금

수익을 창출하지 못하는 주거용 부동산의 대출금이 남아 있다면 50대까지는 모두 갚아야 한다. 집에 올인하면 평생 대출금만 갚다가 노후를 맞이하게 된다. 대출금을 상환하기 힘들다면 집을 처분하고 평수를 줄이는 방법도 고려해보자.

3 빠르게 증가하는 의료비

한국인은 65세 이후 평생 의료비의 절반을 사용하며, 이후로 사망할 때까지 평균 8100만 원의 의료비를 지출한다. 미리 대비하지 않으면 노후자금 대부분을 병원비로 쓰게 된다. 아프기 전에 실손 보험과 종신보험에 가입하고 의료비통장도 마련해두자.

별도의 노후자금을 준비하고 있는가?

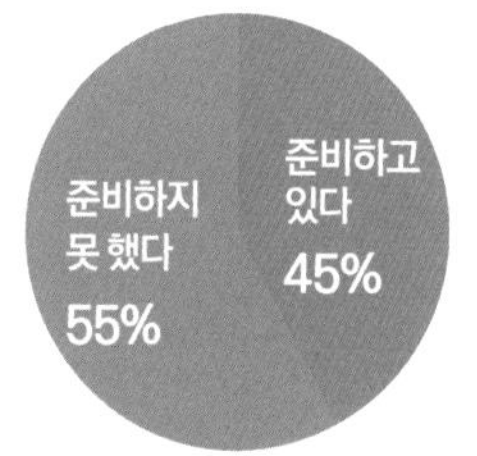

자료 : KB경영연구소, 50대 700명 대상

별도의 노후자금을 준비 못 한 이유는?

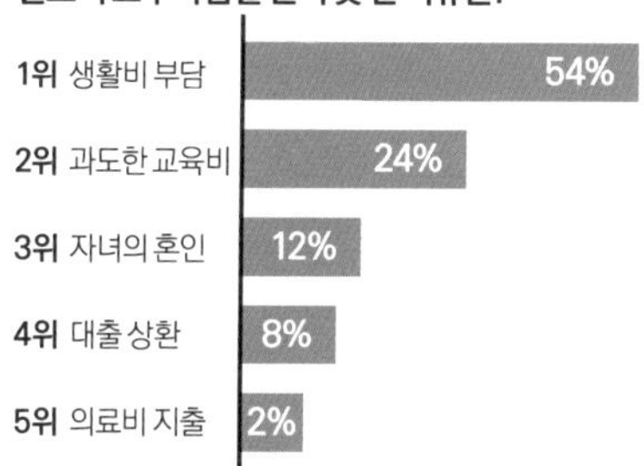

02 노후 설계의 공식

내가 꿈꾸는 노후를 보내려면 얼마를 저축해야 할까? 단 5분이면 내 나이와 자산을 반영한 정확한 저축액을 계산할 수 있다. 적정 노후 소득은 생애 평균소득의 약 70%로, 노후에도 260만 원은 있어야 평균적인 생활을 할 수 있다.

40세 A씨 부부의 노후 대비 저축액은?

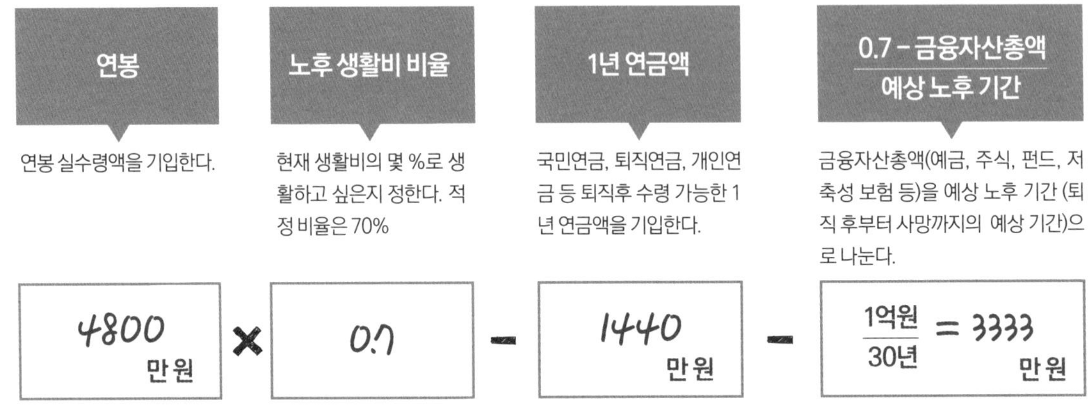

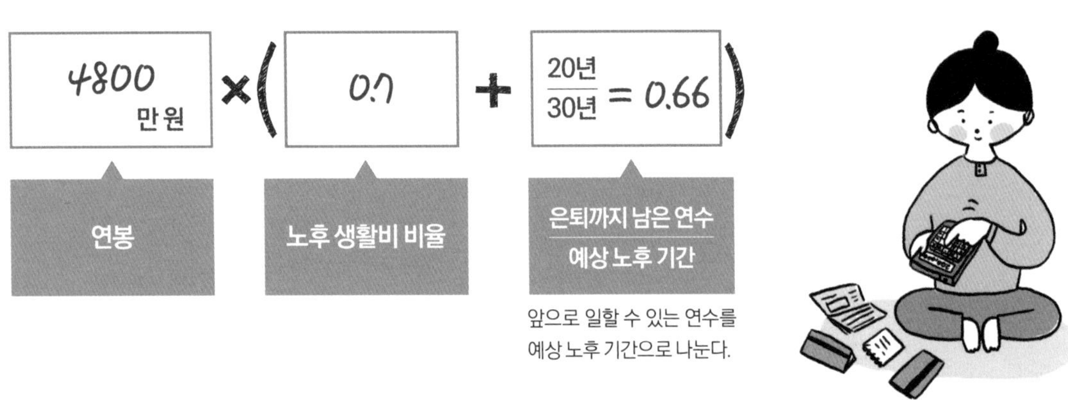

성공적인 노후 설계를 위한 전략 3가지

1 부부가 맞벌이한다

우리나라 여성의 경제활동참가율은 58.4%, 2명 중에 1명은 전업주부다. 하지만 기대수명이 길어지면서 남편 혼자 힘으로 30년을 벌어 60년을 먹여 살리기는 벅찬 시대다. 자녀가 성장한 후 부부가 20년만 함께 일해도 노후 준비는 한결 수월해진다.

노동시장에서 여성들의 생애 경로

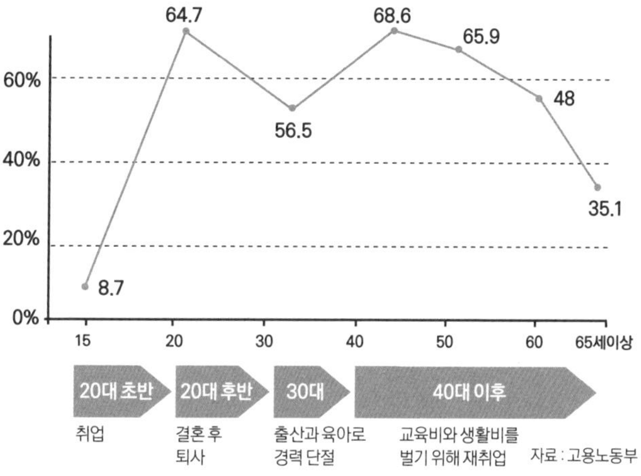

자료 : 고용노동부

여성이 출산과 육아로 직장을 그만두면, 평균 10년이 지난 후 노동시장에 복귀한다. 하지만 고학력의 여성이라도 10년 이상 경력이 단절되면 경쟁력을 잃게 되어 대부분 저임금의 비정규직으로 취업된다. 준비된 사람만이 경력 단절의 벽을 넘을 수 있다. 본인이 원하는 직종의 직업 교육을 꾸준히 받고, 연봉이 낮더라도 원하는 직종에 도전해 일단 취업문부터 뚫어보자.

Memo 여성새로일하기센터
경력 단절 여성의 취업을 지원하는 여성가족부 소속 취업 지원 기관. 전국 150개소가 운영되고 있으며, 직업상담과 교육, 취업 연계 등의 서비스를 지원한다.

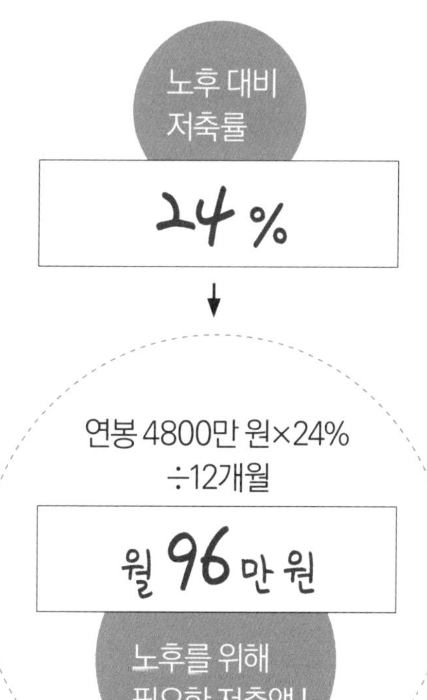

2 인생 삼모작하며 길게 일한다

땅에 농작물을 세 번 심어 거두는 것을 삼모작이라고 한다. 100세 시대 수명이 늘어난 만큼 한 직장에서 은퇴하기보다 자기 개발을 통해 인생 이모작, 삼모작을 하여 노후를 젊고 보람 있게 보내보자.

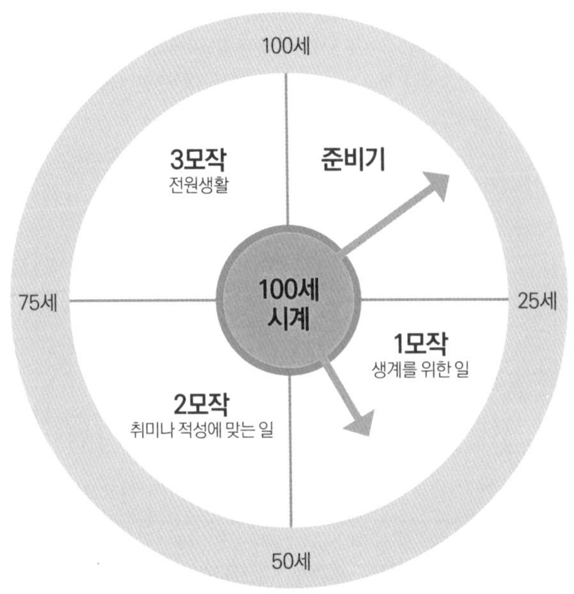

일모작

첫 번째 못자리에서는 생계를 위한 직업을 가지고 60세 전후에 정년퇴직한다. 50세부터는 퇴근 후 자기 개발을 통해 이모작을 준비한다.

이모작

두 번째 못자리에서는 취미나 적성에 맞는 직업을 가지고 70~75세까지 일한다. 사람은 항상 새로운 일을 해야 늙지 않는다. "그 나이에 그런 것 배워서 뭐 하려고?"와 같은 말에 구애받지 말고 아등바등 사느라 못 이뤘던 꿈을 이뤄보자.

삼모작

세 번째 못자리는 시골. 텃밭 일구며 생활한다. 시골은 주거비와 생활비가 적게 들고 텃밭만 가꾸어도 자급자족의 삶이 가능해 경제적이며, 심신이 편한 여생을 보낼 수 있다.

3 4층 연금을 준비한다

은행 금리 1%시대에 안정적인 노후를 보내는 가장 바람직한 방법은 매달 안정적인 '현금 흐름을 창출' 하는 것! 국민연금을 밑바탕으로 매월 돈이 들어오는 4층의 연금 탑을 겹겹이 쌓아 올려보자.

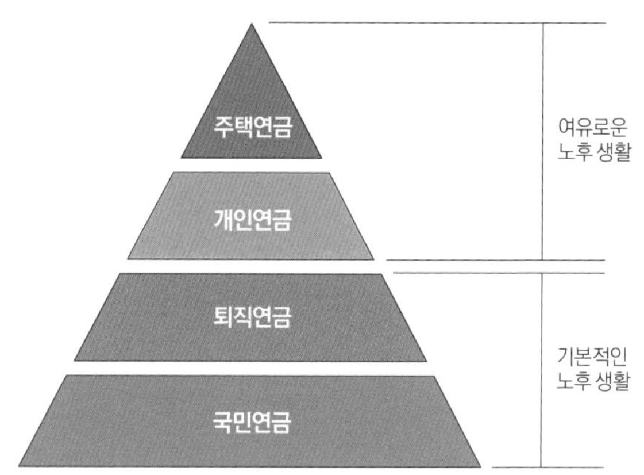

출처 : NH투자증권

3층 개인연금

판매처에 따라 연금저축신탁(은행), 연금저축보험(생·손보사), 연금저축펀드(자산운용사)가 있다. 연금저축신탁은 원금은 보장되지만 수익률이 낮고, 연금저축펀드는 원금보장은 안 되지만 상대적으로 수익률이 높다. 개인연금은 중도 해지하면 기타소득세(16.5%)를 내야 하고, 연금보험이나 변액연금은 보험사가 내세운 예상 수익과 달리 금리가 낮거나 사업비로 원금이 손실될 수 있으니 주의하자.

출처 : 국민연금(www.nps.co.kr)

출처 : 퇴직연금-우리은행(rps.wooribank.com)

1층 국민연금

부부가 동시에 가입하는 것이 좋다. 경력 단절 여성도 '추후 납부'를 통해 국민연금에 재가입할 수 있으며, 소득이 없는 전업주부도 최소 월 8만9550원을 납부하면 국민연금에 임의 가입할 수 있다. 20년 이상 가입자의 월평균 지급액은 약 86만 원, 국민연금만으로는 생활하기 어렵지만 물가상승률이 반영되기 때문에 사적 연금보다는 유리하다.

2층 퇴직연금

개인형퇴직연금(IRP)이란 근로자가 이직 때 수령한 퇴직금을 적립해 55세 이후 연금으로 수령할 수 있는 제도다. 2017년 이후 가입 자격이 확대되어 근로자뿐 아니라 자영업자 등 소득이 있는 모든 취업자는 가입이 가능하다. 중도 해지할 경우 해지된 금액의 16%를 해지 가산세로 내야 하므로 주의한다.

출처 : 한국주택금융공사(www.hf.go.kr)

4층 주택연금

주택을 담보로 맡기고 매월 연금을 수령하는 상품이다. 주택연금 계약 만료 후 남은 주택가치는 자녀에게 상속된다.

From Savings Comes Having **10**

경단녀를 위한 **알짜배기 재택 부업**

30대 여성 3명 중 1명은 경단녀, 남편 월급으로 살림하기 빡빡하지만 아이가 있어서 알바 시간 내는 것도 쉽지 않습니다. 집안일을 하면서도 짬짬이 할 수 있고 자기 개발에도 도움이 되는 재택 부업을 소개합니다.

01 부업 성공 노하우 3가지

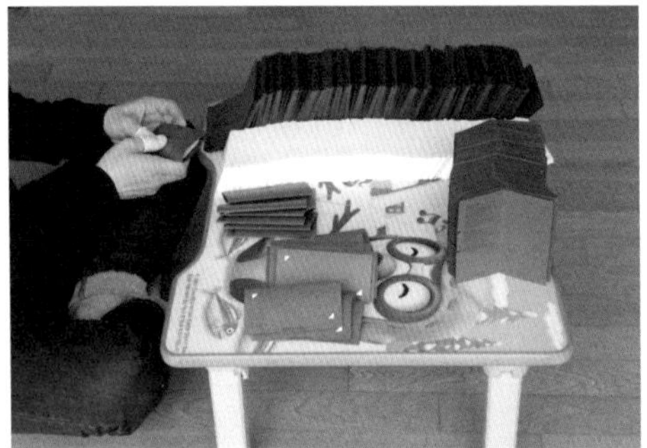

수익의 핵심
★마케터(정회원)모집★

정회원 솔루션 안내

서비스유형	골드형	로얄형	프리미엄형	소호창업형	소호창업 플러스형
수익률	40%	50%	60%	70%	80%
솔루션비용	110,000원	220,000원	330,000원	616,000원	770,000원
건당	88,000원	176,000원	264,000원	495,000원	

살림과 육아에 지장을 주는 부업은 피한다.

부업의 장점이자 단점은 출퇴근 시간이 불분명하다는 것! 부업 때문에 새벽이나 주말도 반납해야 한다면 살림과 육아에도 영향을 준다. 효율적인 시간 관리를 위해 '유치원 보내는 시간, 주말은 오전만'과 같이 부업 시간을 정한다.

초기 비용이 필요한 부업은 NO!

부업을 하기 위해 몇십만 원 하는 교육을 받아야 하는 등 돈을 지불해야 한다면 결국 돈도 못 벌고 손해만 입을 수 있을 수 있으므로 피하는 것이 좋다.

예) 월 300만 원 버는 글쓰기 부업, 카드와 통장을 요구하는 큐빅 부업 등

출처 : 꿈날개(dream.go.kr)

좋아하는 분야를 선택한다.

돈벌이 때문에 단순노동의 부업으로 뛰어들기보다 내가 좋아하는 분야의 일을 선택해보자. 시장을 분석하고 자격증 취득으로 전문성을 높이며 다각적으로 준비하다 보면 돈은 따라오기 마련이며 성공적인 창업도 가능하다.

Memo **꿈날개** 여성가족부 무료 취업 지원서비스, 특히 자격증과 창업, 외국어 관련 500여 강좌를 무료로 들을 수 있다.

02 수입 금액대별로 살펴본 부업 종류

출처 : 캐시슬라이드 어플

출처 : 네이버카페 '모닝콜알바 모닝콜장터'

출처 : 크몽 kmong.com

월 3만 원 코스 앱테크

리워드 앱의 미션을 수행해 포인트를 적립하는 부업이다. 심심할 때 게임 대신 손가락 하나로 할 수 있는 가장 쉬운 벌이로 몇 년 동안 물건을 사도 모을 수 없었던 포인트를 손쉽게 모을 수 있다. 적립된 캐시가 일정 금액을 넘으면 현금으로 지급받을 수 있다.

Memo 엘포인트, 캐시슬라이드, 엠브레인(설문조사 앱), 틸리언(설문조사 앱) 등

월 10만 원 코스 모닝콜 알바

월 3만~5만 원에 모닝콜이 필요한 분을 깨워주는 부업이다. 깨우면서 오늘의 날씨나 명언, 영단어 테스트, 구구단 등을 질문하거나 노래를 불러주어도 좋다. '밤새우고 알바 가야 하는데 오후 3시에 깨워주세요'" 등의 카페 글에 응모해 1000원에 하루만 깨워줄 수도 있다.

Memo 네이버카페 '모닝콜알바 모닝콜장터(http://cafe.naver.com/wakeme)'

월 20만 원 코스 재능마켓

포토샵, 일러스트, 콘텐츠 제작, 운세 보기, 외국어, 핸드메이드 등 각종 재능을 판매하여 수입을 버는 부업이다. 타이핑, 여행 일정 기획, 핸드메이드 소품 판매 등 오프라인 미팅이 필요 없는 작업이 많아 재능 많은 주부들의 재택 부업으로 적합하다.

Memo 크몽에서는 가입 승인을 받으면 누구나 재능을 판매할 수 있다. 메신저를 통해 오더를 받으며 수수료는 매출별로 5~20%다.

월 15만 원 코스 유튜브 애드센스

신상 리뷰, 게임 실황, 다이어트, 요리 등 자신 있는 장르의 유튜브를 제작해 광고 수익을 받는 것이다. 추천 장르는 애완동물 동영상! 제품 리뷰나 게임 실황과 같이 재치 있는 말솜씨와 제품 없이도 제작 가능하다. 애완동물이 없다면 동물원이나 길고양이를 촬영해도 좋다.

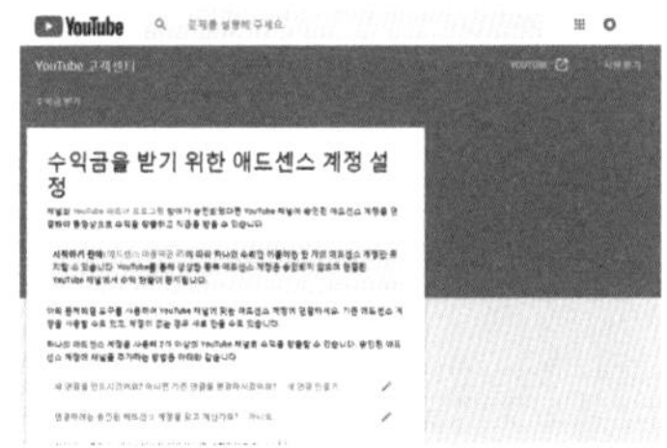

1. 구글 애드센스를 신청한다. 유튜브 동영상 관리자에서 애드센스를 신청해야 유튜브에 광고를 넣고 수익을 창출할 수 있다.

Tip 유튜브의 수익은 클릭당 1원, 1만 뷰라면 1만 원의 광고 수익을 얻을 수 있다.

2. 편집 프로그램으로 편집한다. 편집 프로그램으로 불필요한 부분을 절단하고 제목과 텍스트를 삽입한 후 유튜브 무료음악을 넣어 공들여 제작하는 것이 구독자를 늘리는 요령!

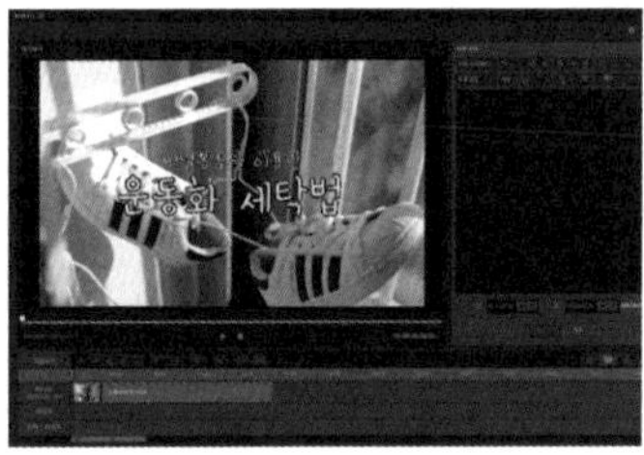

3. 썸네일 이미지를 만든다. 동영상 제목만큼 중요한 것이 썸네일 이미지! 동영상에서 눈길 가는 장면을 뽑아 제목을 넣는다. 인기 동영상을 참고하는 것도 좋다.

Tip **영어 제목은 필수!** 영어 제목을 넣으면 생각지도 못한 세계 곳곳에서 내 동영상을 검색하게 된다. 한국 유튜버에게 반응 없어도 해외에서는 인기 있는 사례도 있다.

출처 : 유튜브

월 30만 원 이상 코스 블로그와 SNS 마케팅

소셜 미디어 시대에 블로그와 SNS를 활용한 마케팅은 가장 손쉬운 재택 부업이다. 자신에게 맞는 목표를 정하고 한 단계씩 밟아 나가다 보면 노력 이상의 성과를 거둘 수 있다.

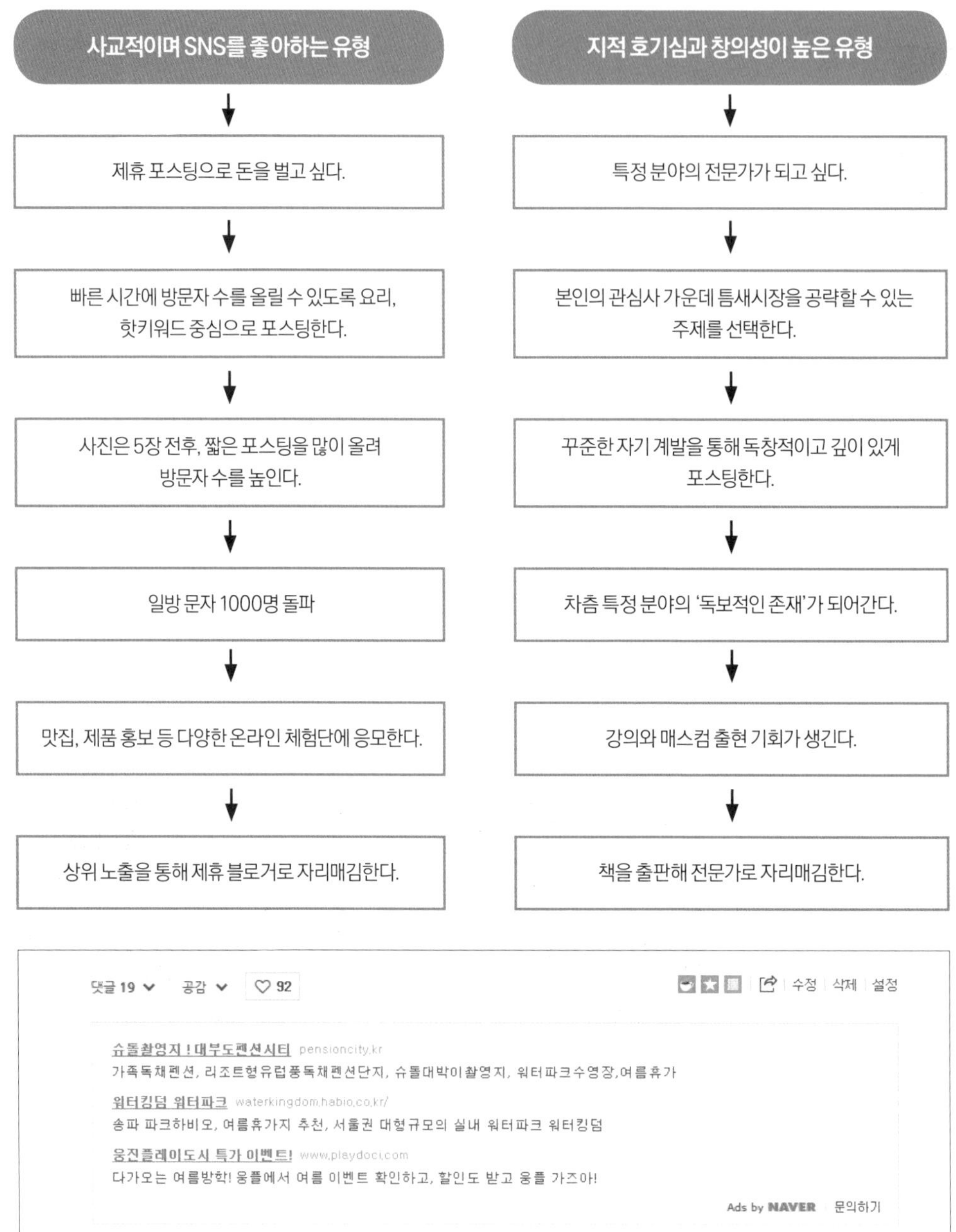

Memo 네이버 애드포스트

블로그 아래에 네이버와 계약한 광고를 자동으로 실어 광고 수익의 일부를 받는 것으로 애드포스트 신청 후 가입심사를 통과하면 등록 가능하다.

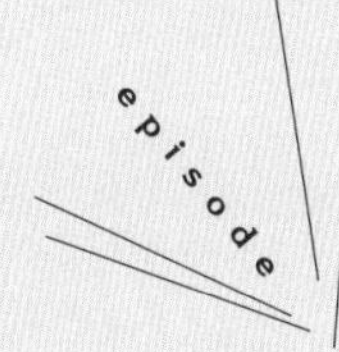

털팽이의 절약 블로그 엿보기

아이디어 만점! 털팽이식 초절약 살림 노하우는 블로그에서도 꾸준히 선보이는 중입니다.

[절약살림법]오래된 쌀로 폭신폭신한 증편만들기

털팽이 2018. 8. 28. 17:26 URL 복사 이웃

오래된 쌀 어떻게 처리하시나요? 오늘은 오래된 쌀로 폭신폭신한 건강떡 증편 만드는 법을 알려드릴께요.

1. 오래된 쌀을 5시간정도 불린 후 방앗간에서 쌀가루를 만들어주세요. 증편용이라고 하면 알아서 갈아줄거에요.

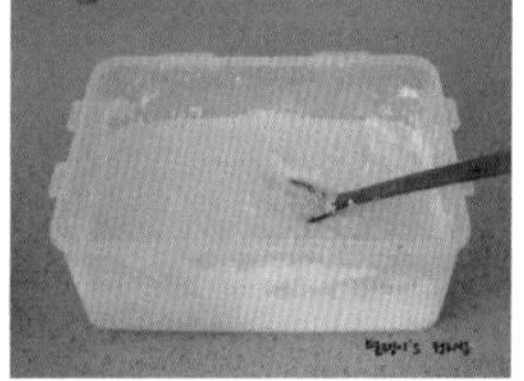

2. 반죽도 초간단. 밀폐용기에 쌀가루 10컵+막거리1컵+물1컵+설탕1컵 을 넣고 대충섞습니다
TIP 설탕줄이면 맛이 없습니다. 이 레시피대로 해도 절대 달지 않으니까 설탕줄이지 마세요.

쌀한되(1.6KG)가는 비용 3000원
막걸리 한병 1100원

재료비 총 4100원

▶만든 증편 75개의 가격은 25000원
(떡집 증편 6개 2000원 기준)

▶4100원의 재료로
25000원의 부가가치 창출
(21000원이라고 해야하나?)

5. 찜기에 기름을 바르고 증편을 담은후 1시간정도 발효합니다.
찜기가 없다면 종이컵써도 되고, 베보자기 깔고 술빵처럼 크게 쪄도 됩니다.
TIP 저의 실패담에 따르면, 찜기에 옮겨담으면서 꺼진 반죽이 충분히 부풀어 올라야 증편이 폭신폭신합니다. 3차발효를 안해 납작해서 몽땅 버린적도 있어요 ㅠ 베이킹해본 분들은 더 쉽게 감잡으실듯합니다.

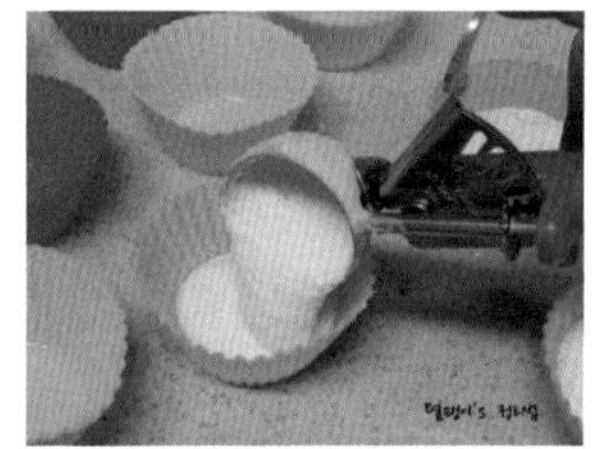

TIP 아이스크림 스푼을 이용하면 쉽게 옮겨 담을 수 있습니다.

epilogue

일상 절약 살림으로 목돈을 모으려면 꾸준한 고민과 실천 의지가 필요합니다.

"첫째도 절약, 둘째도 절약, 셋째도 절약해라."

근검절약하며 평생 번 돈을 사회에 환원하신 제 할아버지 조만복 선생의 좌우명입니다. 할아버지는 구루마에 산 같은 짐을 싣고 순천에서 여수까지 100리 길을 오가며 행상을 하셨습니다. 해방 직후에는 순천에 3칸짜리 '벽성상회'라는 잡화상을 열고 가난에서 벗어나기 위해 남보다 더 부지런히 일하고 절약하셨습니다. 파는 물건이라고는 바늘, 참빗, 빈대 약 같은 푼돈의 물건이었지만, 수입이 생기면 대나무 통에 모았다가 목돈이 되면 땅을 사들였습니다. 그 목돈을 채우기 위해 끼니를 거르고 구둣값을 아끼려고 평생 흰 고무신만 신으셨습니다. 할아버지는 40년 동안 힘들게 모은 현재 가치 100억 이상의 재산을 순천시립도서관과 법원 부지로 기증하고, 가난 때문에 못 배운 한이 젊은이들 가슴에 남지 않도록 장학재단을 만들어 가정 형편이 어려운 대학생들을 도우셨습니다. 그 일로 국민이 받을 수 있는 최고 등급의 훈장인 국민훈장 무궁화장을 받으셨지만, '인생은 공수래공수거'라며 남은 재산마저 미련 없이 사회에 환원하시고, 서까래가 무너져가는 낡은 한옥에서 군불을 때며 여생을 보내셨습니다.

70億 땅 미련없이 기증

구두쇠 老人의 「空手來空手去」 인생

雜貨商 50년 푼돈모아 사둔 땅

도서관·法院·道路부지로 내놔

평생 구두안신고 연탄불도 사용안해

장학재단까지 만들어 大學生들 지원

고인이 된 구두쇠 노인의 옛이야기지만 저는 지금도 할아버지를 존경합니다. 세상에 자수성가한 부자는 많습니다. 하지만 저희 할아버지는 근검절약으로 모은 재산을 정승처럼 나누면서 만복을 베풀 줄 아는, 행복한 부자의 모습을 남기고 가셨습니다. 그런 할아버지의 모습을 본 부모님도 항상 절약과 나눔을 실천하셨고 저 또한 '절약'을 부모님께 배운 가장 훌륭한 가르침으로 새기며 아껴 쓰고 낭비하지 않는 삶을 살기 위해 노력하고 있습니다.

행복한 부자란 어떤 사람일까요?

특별한 기회로 인해 대단한 돈을 얻는 행운이 따르지 않는 이상, 현재 우리의 삶은 모두 비슷한 과정을 겪기 마련입니다. 고정적인 수입이 있다면 그 범위 내에서 생활을 위한 지출을 하고 미래를 위한 저축을 해야 합니다. 소비를 필요로 하는 경제 구조 속에서 무조건 돈을 한 푼도 쓰지 않겠다는 것은 모순적인 행동일지 모르겠습니다. 결국 '어떻게 쓰고 모으는가'의 효율성에 대한 문제이며, 그럼에도 조금 위안되는 사실은 경제 전문가가 아닌 우리조차 생활 살림에서 절약 기본 룰을 익히면 1년에 1000만 원이라는, 결코 적지 않은 목돈을 모을 수 있다는 점입니다. 행복한 부자란 현재의 소비에 불안감을 느끼지 않고, 미래를 위해 투자하는 능력을 가진 사람일 것입니다.

털팽이 조윤경

초절약 살림법

초판 1쇄 발행 2019년 1월 3일
초판 4쇄 발행 2022년 12월 15일

지은이 조윤경

펴낸곳
책책

펴낸이
선유정

편집인
김윤선

디자인
박은희

그림
자토

교정 교열
박소영

출판등록 2018년 6월 20일 제2018-000060호
주소 (03088)서울시 종로구 이화장1길 19-6
전화 010-2052-5619

인스타그램 @chaegchaeglab
페이스북 /chaegchaeg17
전자주소 chaegchaeg@naver.com

ISBN 979-11-962974-3-5 13590

SAVING ACCOUNT BOOK

Housekeeping note

한 줄 가계노트 샘플

매일 한 줄, 3분이면 OK! 쓰는 법은 네이버 블로그
'털팽이의 정리법 (blog.naver.com/white7722)'을 참고해보세요.
놀랄 만큼 효과적인 활용법을 배울 수 있습니다.

년 월 | 한줄가계노트

	꼭 필요한 지출			줄여야 할 지출			
	식/일용품비	교통/차량비	의료비	외식/문화비	의복/미용비	(기타 항목)	
예산							
(월)							
(화)							
(수)							
(목)							
(금)							
(토)							
(일)							
소계							
(월)							
(화)							
(수)							
(목)							
(금)							
(토)							
(일)							
소계							
(월)							
(화)							
(수)							
(목)							
(금)							
(토)							
(일)							
소계							
(월)							
(화)							
(수)							
(목)							
(금)							
(토)							
(일)							
소계							
(월)							
(화)							
(수)							
(목)							
(금)							
(토)							
(일)							
소계							
(월)							
(화)							
소계							
합계							

1일(예산÷30) 1주일(1일X7)

	메모	지출 합계	신용카드	잔고 생활비 예산

	꼭 필요한 지출			줄여야 할 지출			
	식/일용품비	교통/차량비	의료비	외식/문화비	의복/미용비	(기타 항목)	
예산							
(월)							
(화)							
(수)							
(목)							
(금)							
(토)							
(일)							
소계							
(월)							
(화)							
(수)							
(목)							
(금)							
(토)							
(일)							
소계							
(월)							
(화)							
(수)							
(목)							
(금)							
(토)							
(일)							
소계							
(월)							
(화)							
(수)							
(목)							
(금)							
(토)							
(일)							
소계							
(월)							
(화)							
(수)							
(목)							
(금)							
(토)							
(일)							
소계							
(월)							
(화)							
소계							
합계							

1일(예산÷30)

1주일(1일X7)

	메모	지출 합계	신용카드	잔고 생활비 예산

년 월 | 한줄가계노트

	꼭 필요한 지출			줄여야 할 지출		
	식/일용품비	교통/차량비	의료비	외식/문화비	의복/미용비	(기타 항목)
예산						
(월)						
(화)						
(수)						
(목)						
(금)						
(토)						
(일)						
소계						
(월)						
(화)						
(수)						
(목)						
(금)						
(토)						
(일)						
소계						
(월)						
(화)						
(수)						
(목)						
(금)						
(토)						
(일)						
소계						
(월)						
(화)						
(수)						
(목)						
(금)						
(토)						
(일)						
소계						
(월)						
(화)						
(수)						
(목)						
(금)						
(토)						
(일)						
소계						
(월)						
(화)						
소계						
합계						

1일(예산÷30)　　　　　　1주일(1일X7)

	메모	지출 합계	신용카드	잔고 생활비 예산

	꼭 필요한 지출			줄여야 할 지출		
	식/일용품비	교통/차량비	의료비	외식/문화비	의복/미용비	(기타 항목)
예산						
(월)						
(화)						
(수)						
(목)						
(금)						
(토)						
(일)						
소계						
(월)						
(화)						
(수)						
(목)						
(금)						
(토)						
(일)						
소계						
(월)						
(화)						
(수)						
(목)						
(금)						
(토)						
(일)						
소계						
(월)						
(화)						
(수)						
(목)						
(금)						
(토)						
(일)						
소계						
(월)						
(화)						
(수)						
(목)						
(금)						
(토)						
(일)						
소계						
(월)						
(화)						
소계						
합계						

1일(예산÷30) 1주일(1일X7)

	메모	지출 합계	신용카드	잔고 생활비 예산

	꼭 필요한 지출			줄여야 할 지출			
	식/일용품비	교통/차량비	의료비	외식/문화비	의복/미용비	(기타 항목)	
예산							
(월)							
(화)							
(수)							
(목)							
(금)							
(토)							
(일)							
소계							
(월)							
(화)							
(수)							
(목)							
(금)							
(토)							
(일)							
소계							
(월)							
(화)							
(수)							
(목)							
(금)							
(토)							
(일)							
소계							
(월)							
(화)							
(수)							
(목)							
(금)							
(토)							
(일)							
소계							
(월)							
(화)							
(수)							
(목)							
(금)							
(토)							
(일)							
소계							
(월)							
(화)							
소계							
합계							

1일(예산÷30) 1주일(1일X7)

	메모	지출 합계	신용카드	잔고 생활비 예산

	꼭 필요한 지출			줄여야 할 지출		
	식/일용품비	교통/차량비	의료비	외식/문화비	의복/미용비	(기타 항목)
예산						
(월)						
(화)						
(수)						
(목)						
(금)						
(토)						
(일)						
소계						
(월)						
(화)						
(수)						
(목)						
(금)						
(토)						
(일)						
소계						
(월)						
(화)						
(수)						
(목)						
(금)						
(토)						
(일)						
소계						
(월)						
(화)						
(수)						
(목)						
(금)						
(토)						
(일)						
소계						
(월)						
(화)						
(수)						
(목)						
(금)						
(토)						
(일)						
소계						
(월)						
(화)						
소계						
합계						

1일(예산÷30) 1주일(1일X7)

	메모	지출 합계	신용카드	잔고 생활비 예산

년 월 | 한줄가계노트

	꼭 필요한 지출			줄여야 할 지출			
	식/일용품비	교통/차량비	의료비	외식/문화비	의복/미용비	(기타 항목)	
예산							
(월)							
(화)							
(수)							
(목)							
(금)							
(토)							
(일)							
소계							
(월)							
(화)							
(수)							
(목)							
(금)							
(토)							
(일)							
소계							
(월)							
(화)							
(수)							
(목)							
(금)							
(토)							
(일)							
소계							
(월)							
(화)							
(수)							
(목)							
(금)							
(토)							
(일)							
소계							
(월)							
(화)							
(수)							
(목)							
(금)							
(토)							
(일)							
소계							
(월)							
(화)							
소계							
합계							

1일(예산÷30) 1주일(1일X7)

	메모	지출 합계	신용카드	잔고 생활비 예산

초절약 살림으로
1년에 1000만 원
모으기 달성!